U0285878

中国航天科技前沿出版工程·中国航天空间信息技术系列

An Introduction to
Space Environment Awareness

太空环境感知概论

全林　沈自才　著

清华大学出版社
北 京

图书在版编目（CIP）数据

太空环境感知概论/全林，沈自才著.—北京：清华大学出版社，2023.10
（中国航天空间信息技术系列）
中国航天科技前沿出版工程
ISBN 978-7-302-61706-8

Ⅰ.①太… Ⅱ.①全…②沈… Ⅲ.①航天环境－概论 Ⅳ.①X21

中国版本图书馆 CIP 数据核字(2022)第 161856 号

责任编辑：戚　亚
封面设计：傅瑞学
责任校对：赵丽敏
责任印制：曹婉颖

出版发行：清华大学出版社
　　　　　　网　　　址：https：//www.tup.com.cn，https：//www.wqxuetang.com
　　　　　　地　　　址：北京清华大学学研大厦 A 座　　　邮　　编：100084
　　　　　　社 总 机：010-83470000　　　　　　　　邮　　购：010-62786544
　　　　　　投稿与读者服务：010-62776969，c-service@tup.tsinghua.edu.cn
　　　　　　质量反馈：010-62772015，zhiliang@tup.tsinghua.edu.cn
印 装 者：三河市东方印刷有限公司
经　　销：全国新华书店
开　　本：153mm×235mm　　**印　张**：19.75　　　**字　数**：342 千字
版　　次：2023 年 11 月第 1 版　　　　　　**印　次**：2023 年 11 月第 1 次印刷
定　　价：129.00 元

产品编号：091322-01

中国航天空间信息技术系列

编审委员会

"中国航天空间信息技术系列"序

自古以来,仰望星空,探索浩瀚宇宙,就是人类不懈追求的梦想。从1957年10月4日苏联发射第一颗人造地球卫星以来,航天技术已成为世界各主要大国竞相发展的尖端技术之一。当前,航天技术的应用已经渗透到生活的方方面面,并成为国家科技、经济领域的重要增长点和保障国家安全的重要力量。

中国航天通过"两弹一星"、载人航天和探月工程三大里程碑式的跨越,已跻身于世界航天先进行列,航天技术也成为中国现代高科技领域的代表。航天技术的进步始终离不开信息技术发展的支撑,两大技术领域的交叉融合形成了空间信息技术,包括对空间和从空间的信息感知、获取、传输、处理、应用以及管理、安全等技术。在空间系统中,以测量、通信、遥测、遥控、信息处理任务为代表的导弹航天测控系统,以空间目标探测、识别、编目管理任务为代表的空间态势感知系统,都是典型的空间信息系统。随着现代电子和信息技术的快速发展,大量的技术成果被应用到空间信息系统中,成为航天系统效能发挥的倍增器。同时,航天任务和工程的实施又为空间信息技术的发展提供了源源不断的牵引和动力,并不断凝结出一系列新的成果和经验。

在空间领域,我国陆续实施的载人空间站、探月工程三期、二代导航二期、火星探测等航天工程将为引领和推动创新提供广阔的平台。其中,以空间信息技术为代表的创新和应用面临着众多新挑战。这些挑战既有认识层面上的,也有理论、技术和工程实践层面上的。如何解放思想,在先进理念和思维的牵引下,取得理论、技术以及工程实践上的突破,是我国相关领域科研、管理及工程技术人员必须思考和面对的问题。

北京跟踪与通信技术研究所作为直接参与国家重大航天工程的总体单位,主要承担着航天测控、导航通信、目标探测、空间操作等领域的总体规划与设计工作,长期致力于推动空间信息技术的研究、应用和发展。为传播知识、培养人才、推动创新,北京跟踪与通信技术研究所精心策划并组织一线科技人员总结相关理论成果、技术创新及工程实践经验，开展了"中国航天空间信息技术系列"丛书的编著工作。希望这套丛书的出版能够为我国空间信息技术领域的广大科技工作者和工程技术人员提供有益的帮助与借鉴。

沈荣骏

2016年 9月10日

　　太空是人类继陆、海、空之后的又一活动区域，更是全球监测、登高拓远的战略重地，它具有天域开放、要素复杂、影响广泛等特点，是国际战略合作、资源竞争和维护利用的新领域。随着航天发射频次的增加，一方面，多国巨型星座的部署推进（动辄上万颗），使近地空间（尤其是低轨）变得越发拥挤，空间碎片的数量正呈指数级增长，碎片环境直逼人类可用发射窗口的极限；另一方面，受太阳活动、太空辐射、电离层和大气环境扰动等影响，在轨卫星辐射损伤、雷达信号异常、短波通信中断时有发生，甚至有卫星坠毁（如2022年2月美国40颗"星链"卫星坠毁）；此外，随着太空竞争逐渐增强，诸多电磁辐射、粒子束辐照等人工环境逐渐混杂在自然背景环境中，也威胁着人类的太空活动安全。因此，掌握太空环境态势信息逐渐成为人类遨游太空、识别环境风险、利用太空资源的基础，更是实现太空可持续发展的支撑。为适应蓬勃发展的航天活动需要，太空环境在感知对象、范围、深度等方面不断发展，感知对象由常规的自然环境向人工与自然环境混杂方向拓展，感知范围由环境参量向环境效应和修正运用等方向延展，感知深度由大尺度宏观的空间天气事件向小尺度精细识别和环境资源运用发展。

　　历史上曾发生过多次剧烈的空间天气事件，对太空资产和人类生活等带来了显著影响。例如，在1998年的"特大太阳风暴"事件中，大量卫星异常，飞机导航系统失灵；在2000年的"巴士底日"事件中，日本"ASCA"卫星丢失，"X射线"天文卫星提前坠毁于大气层，欧美的"GOES""ACE"等卫星严重受损；在2003年的"万圣节"事件中，25颗卫星需地面操作干预。为应对灾害性空间天气事件对人类活动的影响，在世界范围内，国际太空环境服务中心、国际空间研究委员会、亚洲大洋洲空间天气联盟等组织相应而生，以美国、俄罗斯、日本、欧盟为代表的航天大国和组织制定了诸多太空环境探测计划，并开展了大量的感知实践活动。例如，美国制定了空间天气战略，国际的"与星同在""日地探测"等规划，发展了日地关系天文台、太阳动力学观测卫星、辐射带风暴探测卫星，以及辐射带AP/AE系列模型、IRTAM模型等模型，为认知太空环境及其影响提供了有力支撑。同时，美国将甄别太空人工环境与自然环境扰动纳入业务范畴，俄罗斯、欧盟等在此方向也开展了大量工作。可见，开展太空环境感知已是支撑航天活动必要的基础,是践行航天强国战略的必备技能,对保障太空设施可靠稳定运行和国防安全具有重要的意义。

我国在太空环境领域开展了多年的研究,出版了以《空间天气学》为代表的多本论著,但在太空环境的监测、预警预报、效应评估和信息运用方面的系统论述仍比较缺乏。本书作者在多年从事太空环境及其感知相关研究的基础上,对自然太空环境和人工太空环境进行了界定,梳理了其对人类活动的影响,系统地论述了太空环境感知要素、手段、态势生成和应用等,提出了太空环境感知的发展方向。以期为国内从事太空环境感知相关的科技工作者提供参考。

全书分为5章,各章内容如下:

第1章为概论。介绍了太空环境感知涉及的概念、太空环境的分类、太空环境对人类活动的影响、太空环境感知的发展历程和太空环境感知体系等。

第2章为太空环境感知要素。介绍了太空环境领域内的太阳活动及其对地有效性、航天活动的辐射风险、电离层环境及其影响、轨道大气环境及其影响、临近空间环境及其影响、太空撞击环境及其影响、太空高功率冲击环境及其影响、太空磁场环境及其影响等领域的环境要素构成、特点和感知重点。

第3章为太空环境状态监测。分别从就位探测、遥感探测等视角介绍了可用的太空环境探测手段,并结合快视模型、数据同化等,介绍了由有限点的监测数据来推演全天域环境状态信息的方法和手段。

第4章为太空环境态势生成和应用。结合航天器平台风险管控、航天员在轨安全、在轨功能载荷有效运行等典型运用场景,给出了太空环境态势图的特点、功能、构成和信息运用模式,并从航天器平台风险管控、航天员在轨安全、在轨功能载荷有效运行、导航通信功能维持、天地基雷达有效运行、精密轨道控制、临近空间飞行支持、太空人工环境扰动甄别和运用等视角,对太空环境态势运用模式进行了阐述。

第5章为太空环境感知发展。分别从太空环境感知的组织结构、探测技术、信息处理技术、态势融合等方面,对太空环境感知的现状进行了梳理,并阐述了太空环境感知技术的发展趋势。

本书由全林和沈自才著述,由北京跟踪与通信技术研究所、北京卫星环境工程研究所、中国科学院空间科学与应用中心、中国电波传播研究所、航天工程大学等单位的10余名专家协助整理。参与的主要专家为:第1章(师立勤、王东亚、胡熊等)、第2章(欧明、程永宏、胡熊、徐龙、孙树计等)、第

3 章(荆涛、胡熊、刘业楠、欧明、王鲲鹏、薛莉等)、第 4 章(王鹏、荆涛、欧明、李泠等)、第 5 章(黄鑫、李泠、王东亚等)。在本书写作的过程中,还得到了刘四清、甄为民、王华宁、任志鹏、林瑞初等专家的大力支持,在此一并表示感谢。

　　太空环境感知是一门多学科交叉的系统工程,涵盖了空间天气学、电子学、材料学、物理学、机械工程学等诸多学科。由于作者的水平和经验有限,书中难免存在诸多知识点的不尽完善,甚至还可能存在错漏等不足,敬请广大读者批评指正。本书在撰写过程中,引用了一些国内外经典论述和配图,在此一并表示感谢,有些配图无法溯源,也恳请原作者给予谅解。

作　者

2020 年 9 月于北京航天城

目录

第1章

概论

太空环境是航天器运行的载体,太空中充斥着各种场、粒子和碎片,受太阳活动、地磁暴等影响,轨道上质子、电子、等离子体等扰动明显,可诱发航天器出现碰撞损伤、单粒子效应、充放电效应等,进而导致通信中断、轨道异常等故障,尤其在太阳风暴期间,地球辐射带内的电子、质子等可在极短时间内增加 3~4 个量级,时常诱发航天器功能异常,甚至报废。在太空资产日益增多,发射活动日趋频繁的态势下,太空环境感知已成为太空安全态势的重要组成部分,不同领域不同层级的运用也对太空环境感知提出了不同的需求,需在常规空间天气事件认知的基础上,聚焦人类太空活动和运用特点,明确太空环境感知对象、方法和信息运用,扩充太空态势感知的内涵和外延。

2012 年 2 月 1 日,美国安全世界基金会在其网站上发布了太空态势感知(space situation awareness,SSA)的概念,概述了太空态势感知的方法、对象、力量分布等,认为太空态势感知就是对太空环境及其影响的表征。为适应全球战略的需要,美国在 2020 年提出了天域感知的概念,并强调未来太空是复杂环境的对抗,了解和利用太空必先认识太空环境。本书聚焦典型的太空活动类型,从太空环境的特点、影响和运用等角度,构建太空环境感知体系,并给出典型运用模式。

本章将对太空环境感知的基本概念、太空环境对人类活动的影响、发展历程和感知体系进行系统性阐述。

1.1 概念

太空存在各种类型的场、能量和物质,且处于不断发展和运动中。在太空环境感知领域,目前关注的主要对象为太阳爆发活动对航天器、雷达、望远镜等的影响。

同时,电离层加热、太空化学物质抛洒、高空核事件等人工手段也会影响太空环境要素的分布,而且这些人工环境要素往往与自然环境要素混杂,加剧了太空环境的复杂性,丰富了太空环境感知的维度和内容,也增加了太空环境扰动源识别的难度。

目前,空间科学、空间天气和航天工程等不同领域对自身的认知正处于不断发展中,不同领域对太空环境相关概念的定义各不相同,现有的各概念间既有区别又有联系。

1.1.1 太空与空间

在航天工程领域,"space"经常被翻译为"空间"或者"太空"。这两个词在表达大气层以外的空域时词义重叠,可以互相取代。空间是一个名词,在中文中有多个不同的涵义。而"太空"则是专业名词,专为"大气层以外领域"使用。

"空间"一词具有多种含义:①"空间"是与"时间"相对的一种物质客观存在的形式,但两者密不可分,物与物的位置差异度量称为"空间",位置的变化则由"时间"度量。空间由长度、宽度、高度、大小表现,通常是指四方上下(方向)。②当此词前有修饰语时,可用于说明和限定讨论的具体区域;当所指概念清楚时,可用"某某空间",如外层空间、宇宙空间、室内空间等。③一般泛指易于使用的"空间",如空间分布、空间密度、空间物理学等。④当特指大气层以外的空间时,一般用"太空"。

由于"空间"一词有多种含义,建议在描述地球大气层以外的时空时采用"太空"代替"空间"。但由于"空间"一词的使用时间已经很长,已经形成约定俗成的称谓,例如"空间法学会""中国空间技术研究院"等,在使用时也可延用。

太空(space)区别于发生传统气象现象(风、云、雨、雪、霜、露、虹、晕、闪电、打雷等)的低层大气空间,是指稠密低层大气(通常在10km以下)之上的天域,是地球大气层以外天域的人工和自然环境的总和,又称"外层空间"。

太空和地球大气层并没有明确的边界,因为大气密度随着海拔增加而逐渐变薄。国际航空联合会定义100km的高度为卡门线,为现行大气层和太空的分界线。美国认定到达海拔80km卡门线的人为太空人,在太空船重返地球的过程中,120km是空气阻力开始发生作用的边界。通常,地球物理学家将大气(或称为"空气")分为5层,其中海平面至10km为对流层,对流层有浓密的空气,称为"浓密大气层";10~40km为平流层,40~80km为中间层,80~370km属于电离层的下部,370km以上的空间属于电离层的上部。为区别航空与航天,国际航空联盟(民间机构)申明以卡门线为分界线(约100km高度),以上部分为太空,为航天飞行;以下部分为大气层,为航空飞行。

在现代军事活动中,通常将大气层按照热力性质、电离性质或大气成分进行分类:按大气的热力学性质,一般划分为对流层、平流层、中间层、热层和外层;按大气的电离性质,可分为中性层、电离层和磁层;按大气成分的分布特点,又可分为均质层和非均匀层。在太空物理学研究领域,通常将太空划分为中高层大气、电离层、磁层、行星际、太阳大气等,由于地球大气约有75%在对流层内,97%在平流层以下,极其稀薄的气体一直延伸近千千米,且受太阳活动的影响而不断波动,通常将平流层及以下定义为临近空间或太空大气的边界为宜。

"临近空间"是指传统民用航空高度（暂定 20km）以上、最低卫星维持轨道高度（200～300km）以下的空间，是航空与航天的过渡区域。美国将临近空间定义为 20～300km。当然，随着低轨或超低轨航天器技术水平的提高，太空与临近空间上边界的分界高度正在由常规的 300km 高度不断降低，考虑到 300km 以下的轨道自维持能力还为个例技术，本书认为将临近空间的上边界暂时定义在 300km 高度为宜。随着临近空间战略地位的不断提升，其逐渐被划归太空范畴。

目前，对"太空"的下边界没有准确数值，学者多以 20km 为界，将 20～300km 定义为临近空间，200～1000km 为轨道大气层，60～1000km 为电离层，300～66 000km 为磁层，60 000km 以上为行星际或深空。

参照多方信息，本书所述的感知领域中的"太空"特指海平面 20km 以上的天域，在该天域内感知的主要对象为太空目标、太空环境及各类航天活动安全等，它们是构成未来天域感知的重要组成部分。

1.1.2 太空环境与空间天气

1. 太空环境

太空环境（space environment）的准确定义为"日地空间中能够对人类生活或技术系统造成影响的所有物质条件的总和"，包括自然环境（太空电磁环境、太空粒子环境等）、诱导环境和人工环境，其感知的内容为环境的分布状态、变化情况及其对人类活动的影响，也包含太空环境信息的主动应对和利用等内容。

根据太空人类活动应用和高度分布信息，本书将太空环境划分为太空大气环境、电离层环境、太空辐射环境、太空撞击环境、太空磁场环境和深空环境等。

1）太空大气环境

太空大气（space atmosphere）特指距离地球海平面 20km 以上、近地轨道的大气环境。按照对人类活动的影响可分为临近空间大气和轨道大气，其与常规气象所指的平流层、中间层和热层等重合，对航天器、临近空间飞行器具有拖曳、原子氧剥蚀等效应。大气中的极光、气辉、红闪、蓝急流等发光现象会对侦察、预警等造成影响。大气是目前太空环境感知的重要对象。同时，随着人类活动天域的拓展，太阳大气、火星大气等正纳入太空大气的感知范畴：

临近空间大气，指飞行器在临近空间飞行中所处的大气环境，大气高度通常为 20～300km，主要由 N_2、O_2 和惰性气体等组成，其对航天活动的影响主要为大气阻力和气动热。

轨道大气，指航天器在轨运行过程中周围的大气环境，高度通常为 300～1000km，主要由 O、N、N_2 等组成，其对航天活动的影响主要为大气阻力，同时，氧原子对航天器表面材料的氧化和剥蚀效应也有较大影响。

2）电离层环境

电离层环境指在地球上空 60～1000km 高度（扰动期可达 1500km，甚至更高），地球中性大气受太阳 X 射线、远紫外（far ultraviolet，FUV）、高能粒子和宇宙射线等的作用，大气中的分子或原子发生电离而形成的含有大量离子的区域。电离层环境是日地空间环境的重要组成，它对各种无线电信号的传播方向、速度、相位、振幅等均可产生明显影响，并由此导致无线电信号延迟、折射、吸收等各种效应。因此，它是很多无线电信息系统误差产生的主要源项之一，诸如卫星导航、卫星通信、短波通信、雷达监视和测控系统测量误差等。

3）太空辐射环境

太空辐射环境指对航天器或航天员的安全和健康产生严重威胁的辐射，通常由粒子辐射、紫外辐射、激光、微波等组成，主要分为电离辐射环境和电磁辐射环境。电离辐射环境指能对物质进行电离作用的高能辐射，通常指太空的电子、质子、中子、X 射线等。电磁辐射环境指能对航天器电子学线路、航天员、侦察相机等的安全产生影响的低能辐射，主要指射电、激光、微波等。

4）太空撞击环境

太空撞击环境指能对航天器、地球等产生冲击破坏的环境，通常指空间碎片、微流星体和尘暴等，它们分布在 300～36 000km 的 LEO、MEO、GEO 等轨道或者分布在具有尘与尘暴的星体表面，包括人工环境和自然环境。其中，人工环境主要指空间碎片，自然环境主要指微流星体、尘与尘暴等。对空间碎片而言，业务系统中通常把直径 1cm 以下的碎片划归为太空环境感知范畴，厘米级以上的碎片划归为太空目标感知范畴。

5）太空磁场环境

从场源位置来说，地球磁场可分为内源场和外源场两部分。内源场起源于地表以下的磁性物质或电流，也叫"基本磁场"，它有一个缓慢的长期变化。外源场起源于地表以上的空间电流体系，这些电流体系变化复杂而迅速，外源场通常又称为"变化磁场"。地球磁场在地表与一个位于地心的磁偶极子的磁场相似，从磁北极（地理南极）发出，到了磁南极（地理北极）又回到地球上。地球表面的磁场最强,随着高度增加,地球磁场逐渐减弱。地球磁场在高空,地球外部空间电流产生的磁场与内部磁场相互作用使其偏离偶极子场。就全球平均磁场来看,内源场占地球总磁场的99%,外源场仅占1%。外源场虽然比内源场弱得多,但这1%的外源场起源于外部空间,携带近地太空环境的丰富信息,它的时空变化能够反映太阳、磁层、电离层和高层大气等一连串扰动变化信息,对研究地球太空环境极为重要。

6) 深空环境

深空环境指近地空间之外的天域,主要由粒子辐射环境、等离子体环境、小天体环境、行星及其卫星的环境要素或对象组成。深空环境对深空探测任务影响显著,包括高能带电粒子对航天器的辐射损伤、日球层等离子体对航天器测控通信的影响、行星环境对航天器和航天员安全的影响、小天体碰撞对航天器的物理损伤等。

2. 气象环境

从气象学角度,气象环境(meteorology environment)指以空气为载体的各种物理环境因素的组合,如由温度等引起的风、雨、雷、电、霜等。主要感知对象为温度和各种形式的降水。与气象领域相关的环境主要为"中高层大气"。在气象领域,根据大气温度随高度的变化特性,地球大气可划分为对流层、平流层、中间层、热层和散逸层。其中,接近地面、对流运动最显著的大气区域为对流层,对流层的上界为对流层顶,在赤道地区的高度约17~18km,在极地约8km;从对流层顶至约50km的大气层为平流层,平流层内的大气多做水平运动,对流十分微弱,臭氧层即位于这一区域内;中间层又称为"中层",是从平流层顶至约80km的大气区域;热层是中间层顶至300~500km的大气层;热层顶以上的大气层为散逸层。

1) 对流层

对流层是大气的最下层。它的高度因纬度和季节而异。就纬度而言,低纬度平均为17~18km;中纬度平均为10~12km;高纬度仅8~9km。就季节而言,对流层上界的高度夏季大于冬季,例如,南京夏季的对流层厚度可达17km,冬季只有11km。对流层集中了整个大气质量的75%和几乎全部的水汽,具有以下3个基本特征:①气温随高度的增加而递减。平均每升高100m气温降低0.65℃,其原因是太阳辐射首先加热地面,再由地面把热量传给大气,所以,越接近地面的空气受热越多,气温越高,远离地面则气温逐渐降低。②空气有强烈的对流运动。地面性质不同,受热不均。暖的地方空气受热膨胀而上升,冷的地方空气遇冷收缩而下降,从而产生空气对流运动。对流运动使高层和低层空气得以交换,促进热量和水分传输,对成云致雨有重要作用。③天气复杂多变。伴随强烈的大气对流运动,水相发生变化,并可形成云、雨、雪等复杂的天气现象。因此,对流层与地表自然界和人类关系最为密切。

2) 平流层

平流层是对流层顶至约 50km 高度的大气。平流层的主要特征:①温度随高度增加由等温分布变为逆温分布。平流层的下层气温随高度的增加变化很小。大约在 20km 以上,气温又随高度的增加而显著升高,出现逆温层。这是因为在 20～25km 高度处,臭氧含量最多。臭氧能吸收大量紫外线,从而使气温升高,并大致在 50km 的高空形成一个暖区。平流层顶的气温可升至 270～290K。②垂直气流显著减弱。平流层中的空气以水平运动为主,空气垂直混合明显减弱,整个平流层比较平稳。③水汽、尘埃含量极少。因此,对流层中的天气现象在这一层很少见,只在底部偶然出现一些分散的贝云。平流层天气晴朗,大气透明度好。本层气流运动相当平稳,并以水平运动为主,平流层即由此得名。现代民用航空飞机可在平流层内飞行。

3) 中间层

中间层是从平流层顶到 85km 高度的大气。中间层的主要特征:①气温随高度增加而迅速降低,中间层的顶界气温降至 -83～$-113℃$。因为该层臭氧含量极少,不能大量吸收太阳紫外线,而氮、氧能吸收的短波辐射又大部分被上层大气吸收,故气温随高度增加而递减。②出现强烈的对流运动,所以中间层又称为"高空对流层"或"上对流层"。这是由于该层大气上部冷、下部暖,致使空气产生对流运动。但由于该层空气稀薄,空气的对流运动不能与对流层相比。

4) 热层

热层是中间层顶到 800km 高度的大气。这一层的大气密度很小,在 700km 厚的气层中,只占大气总质量的 0.5%。热层的特征:①气温随高度的增加迅速升高。据探测,在 300km 高度上,气温可达 1000℃以上。这是由于所有波长小于 0.175μm 的太阳紫外辐射都被该层的大气物质所吸收。②空气处于高度电离状态。这一层的空气密度很小,在 270km 高度处的空气密度约为地面空气密度的百亿分之一。由于空气密度小,在太阳紫外线和宇宙射线的作用下,氧分子和部分氮分子被分解,并处于高度电离状态,故热层又称"电离层"。电离层具有反射无线电波的能力,对无线电通信有重要意义。

5）散逸层

散逸层为热层顶以上的大气，它是大气的最外一层，也是大气层和星际空间的过渡层，但无明显的边界线。这一层空气极其稀薄，大气粒子或分子的碰撞机会很小。气温也随高度增加而升高。由于气温很高，空气粒子的运动速度很快，又因距地球表面远，受地球引力作用小，故一些高速运动的空气质点不断散逸到星际空间，散逸层由此而得名。在地球大气层外的空间，还围绕着由电离气体组成极稀薄的大气层，称为"地冕"，它一直伸展到22 000km高度。因此，大气层与星际空间是逐渐过渡的，并没有截然的界限。

3. 空间天气

"空间天气"（space weather）的概念是20世纪80年代以来提出并发展起来的，包含了地球中高层大气、太阳大气和行星际空间在内的日地空间环境条件，如太阳表面、日地空间、地球磁场、高层大气等，能够影响天基地基技术系统性与可靠性，危及人类健康与生命变化的物质。空间天气主要指由太阳活动引起的短时间尺度的环境变化，目前感知的主要对象为太阳爆发活动及由其诱发的空间天气事件，感知内容主要包括太阳X射线耀斑、高能电子暴、太阳质子事件、地磁暴等。

1.1.3　太空环境感知与空间天气预报

态势感知（situation awareness）的概念源于航天飞行的人因（human factors）研究，因为在动态复杂的环境中，决策者需要借助态势感知工具显示当前环境的连续变化状况才能准确地做出决策，态势感知已成为一项热门研究课题。目前，对态势感知的理解仍然存在诸多争议，但为大家广泛接受的是由Endsley提出的态势感知定义，即在一定的时空条件下，对环境因素的获取、理解、展示和对未来状态的预测。

太空态势感知是对一定时间内太空中航天器部署、装备配置、能力、行动和环境等各种信息的综合分析与实时掌控，其本质是通过集成情报、监视与侦察信息，明确太空中的状态与形势而开展的技术活动。主要包括太空目标监视和太空环境感知等方向，各方向可分为态势信息获取、态势理解和态势预测三个阶段。

太空环境感知（space environment awareness）隶属太空态势感知范畴，指对20km以上天域的各类太空环境要素、物态分布、扰动和影响等的监测评估、预报预警等。感知内容主要包括自然环境中的粒子、场和电磁辐射等环境要素的探测、监测、警报和预报，识别太阳风暴、航天装备运行环境状态、电离层状态、空间光学和电磁背景等；也包含监测高空核事件、定向粒子束、太空电磁环境等人工环境，迅即识别环境风险，区分自然环境和人工环境扰动，给出告警预警和应对措施。

空间天气预报（space weather forecast）与常规天气预报中感知平流层以下的风霜雨雪等状态变化类似，空间天气感知的高度主要是 20km 以上的区域，预报对人类太空活动有影响的天气事件的大小、持续时间和影响等信息。

1.1.4　实体域、信息域、认识域

太空环境感知的实体域主要包括太空环境感知的各种传感器、卫星平台与配套设施，以及相应的软硬件、信息交互网络及存储系统等组成，是开展太空环境研究的物理基础，主要包括：

- 地基设施；
- 海基设施；
- 空基设施；
- 临近空间设施；
- 天基设施（近地空间和日地空间）；
- 太空环境监测系统（含数据中心）。

太空环境感知的信息域是指太空环境信息的产生、处理和分享等，主要涉及各种太空环境感知信息、太空环境融合处理信息、太空环境认知分析信息、太空环境专项信息等，以及融合算法与分析工具，是构成太空环境信息系统的核心。主要包括：

- 太空环境感知信息种类，如太阳活动、日地磁活动、粒子、等离子体、环境效应等；
- 信息处理方法，如数据处理算法、融合分析模型等；
- 认知分析信息，如预报预警、自感知与威胁分析等。

太空环境感知的认知域是指研究人员对太空环境的观察、理解和感知，以及做出的决策，包括各种专家知识、专题信息、认知推理知识、信息先验认知等，是发展与提升智能化太空环境感知的重要组成。主要包括：

- 太空环境感知信息历史数据库；
- 专家知识库、推理方法；
- 深度学习与云计算方法；
- 其他智能感知与处理方法。

1.1.5 太阳爆发活动

太阳爆发活动指太阳大气中发生的持续时间短、规模巨大的能量释放现象,太阳活动是诱发近地环境扰动的主要源项,当太阳活动强烈(爆发)时,其对外输出电磁辐射、高能粒子和等离子体云,如果到近地空间,会引发日地空间一系列的强烈扰动,从而造成地球空间人员/系统和地空信息系统等出现不同程度的损害,太阳风暴发生后,通常以三种方式向行星际空间喷射能量和物质,这是空间天气关注的重点。

从时间维度看,爆发性太阳活动对近地空间的影响可主要归纳为三部分。

1)超强的电磁辐射

电磁辐射主要包括X射线、紫外线、射电辐射等,它们在太空中以光速传播,大约8.3min后到达地球,主要攻击目标是向日面电离层和大气环境,会产生电离层突然骚扰、大气密度增加等现象,其攻击能持续几十分钟甚至两小时以上。

2)太阳高能粒子

太阳高能粒子以远远超过声速的速度传播,几十分钟后到达地球,主要攻击目标包括磁层环境、空间飞行器和高纬电离层环境等,能持续几小时到几十小时。

3)日冕物质抛射

日冕物质抛射携带的大量物质和磁场以每秒几百至几千千米的速度传播,能攻击大范围的地球磁层和电离层环境,持续几十小时至几天。其诱发的电离层变化主要包括背景电离层变化和扰动电离层变化,其实质是使电离层中不同尺度的电子密度发生变化,通过散射、折射等方式对穿越其中的电波信号产生影响。强太阳风暴直接引起的电离层异常变化主要表现为3个方面:电离层突然骚扰(sudden ionospheric disturbance,SID)、极盖吸收(polar cap absorption,PCA)和电离层暴(ionospheric storm),其诱发的地磁暴等能对太空大气分布状态产生较强扰动。

1.2 太空环境对人类活动的影响

太空已成为人类活动的重要场所,从1957年人类发射卫星以来,已有5000多颗卫星在轨飞行(不包括"星链"等巨型星座),人类的航天发射数据每年以100多次、500多颗的速度增长,每年约将100t物质送入太空。随着

"星链"等巨型星座的部署,在轨资产正呈现爆发性增长态势。目前,对太空环境扰动的影响多为太阳爆发活动,时刻影响着在轨系统安全,也影响着人类地球空间安全。随着太空活动的日益频繁,其对人类活动的影响范围从在轨卫星、空间电波,到地面飞机、雷达电网等,且影响程度和方式随太空环境事件的不同表现出极强的差异。人类与环境相互影响,是一对矛盾的共同体。

1.2.1 太空自然环境对人类活动的影响

太空存在各种场、物质和能量,它们时刻以特有的方式影响着人类的太空活动,按太空环境要素可分为太空大气(临近空间大气和轨道大气)、电离层、磁层、行星际空间、太阳大气等 5 个典型区域,前 3 个区域统称为"地球太空环境",后 2 个区域属于深空环境范畴。随着人类活动的拓展,与深空相关的火星、月球、银河系等环境也逐渐纳入太空环境感知范畴。

太阳爆发是目前诱发太空环境扰动的主要源头。在太阳爆发中,其出射的高能粒子辐射会直接威胁近地空间航天器与航天员的安全,高能电磁辐射会诱发太空大气温度、密度和风场变化,进而影响近地航天器的运行轨道;同时,高能电磁辐射还会诱发电离层局部的物理状态变化,进而影响短波通信和 GPS 等卫星定位导航系统的正常运行;太阳爆发活动抛射的磁化等离子体云到达地球会引起地磁场的剧烈扰动,进而引起地球磁层内高能粒子增强,地磁场剧烈扰动引起的感应电流会对现代的输电线路和自动化控制设备造成干扰甚至损坏;太空背景电磁辐射、临边大气、南极流等会对太空侦察等带来影响,太空自然环境对人类活动的影响主要包括以下几个方面:

1) 对在轨资产安全的影响

高能粒子会产生单粒子翻转事件和辐射损伤,等离子体会产生表面充放电,高能电子会产生飞行器深层充放电或内带电,地磁暴会产生磁场扰动,电离层扰动及原子氧侵蚀等均会导致在轨运行系统的平台和载荷遭受不同程度的破坏,威胁在轨系统的安全。

2) 对导航、通信系统的影响

电离层暴和电离层强扰动事件可引起短波通信系统的性能下降甚至中断,使导航定位精度下降,电离层强闪烁可引起 VHF/UHF/L 频段的卫星通信系统中断等。

3) 对国民经济基础设施运转的影响

由太阳风暴引起的地磁暴爆发会使地球磁层-电离层发生强烈扰动,在地面产生地磁感应电流(ground induced current,GIC),进而对地面技术系统,诸如电力传输系统、石油、天然气传输管道、通信电缆和铁路装置等产生破坏,严重影响社会正常运转。

1.2.2 太空人工环境对太空活动的影响

太空人工环境可产生类似空间天气事件的影响效果,如当强激光对太空目标进行照射时,会改变侦察相机的背景光条件,诱发相机信号溢出而无法工作;高空核事件能改变太空高能电子、背景光辐射等环境状态分布;再如天基化学物质抛洒、地基微波辐射加热等也能改变局部电离层状态,形成"电离层空洞""电离层镜"等,这些人工手段产生的扰动,往往混杂在自然环境中,难以察觉。

随着人类技术水平的发展和活动能力的拓展,太空电磁辐射、高空核事件诱发环境扰动、人工电离层、人工粒子束等逐渐给太空环境感知提出新要求。按照影响对象,可分为在轨资产安全影响、空间生物影响、电波传播影响、地面资产影响等。

目前存在的主要环境干扰模式和手段如下:

(1)高空核爆事件等活动可产生瞬态强光辐射、强磁场、粒子辐射和感生放射性,同时诱发辐射带、电离层和太空大气的分布及状态变化,直接或间接影响在轨卫星安全、通信保持、航天员健康等。如在"海星"(Starfish)高空核事件(H-弹)实验中产生的人工辐射带,对包括英国的"Ariel 1"卫星、苏联的"Cosmos V"卫星、美国的"Traac""Transit 4B""Injun Ⅰ"和"Telstar Ⅰ"等低轨卫星造成严重损坏,且人工辐射带中的电子可至少持续10年以上。

(2)微波加热、化学物质抛洒等可改变局部电离层状态,诱发60~1000km的电子分布异常,对其中传输的远距离电磁波产生反射、散射、吸收等变化,影响无线通信与导航、雷达正常工作。

(3)天基粒子束、激光和微波等攻击手段的运用可增强或减弱太空局部的辐射环境,如人工或自然界形成的甚低频(very low frequency,VLF)/极低频(extremely low frequency,ELF)波可通过波-粒子相互作用,造成辐射带电子投掷角散射,使高能电子可沿磁力线沉降损失,造成大量的辐射带电子沿磁力线沉降,改变轨道辐射特征分布;粒子束设备出射的正粒子或负粒子可以改变太空辐射环境分布,直接或间接影响太空活动安全。

(4)空间碎片的异常增多可以导致航天器的在轨安全受到严重威胁,尤其是异常增多的空间碎片可能引起碎片间的链式撞击,从而产生大量小碎片或微小碎片,形成空间碎片分布带,对空间基础设施的安全和可靠性带来难以估量的风险。

1.2.3 典型太空环境事件

空间天气可诱发太空环境剧烈扰动,造成不同等级的影响。历史上几次典型太空环境事件及其对人类活动的影响案例如下:

案例一:1989 年 3 月 6 日到 3 月 21 日,日地空间出现特大太阳风暴,对地球太空环境造成极大扰动,加拿大魁北克省整个电网在不到 90s 内全部瘫痪,600 万居民停电长达 9h 之久,仅电力损失就达 200 亿 W,直接经济损失达 5 亿美元。大量卫星出现太阳能电池受损,器件损坏,卫星高度下降等问题。低纬度无线电通信几乎完全失效,轮船、飞机导航系统失灵,海军的卫星高频通信网络在全球范围发生中断。

案例二:1996 年 7 月 24 日,法国"CERISSE"电子侦察卫星与"Ariane V16"末级火箭残骸相撞,导致该侦察卫星的重力梯度稳定杆损坏,卫星失稳。

案例三:北京时间 2009 年 2 月 11 日 0 时 55 分 59 秒,美国 1997 年 9 月 14 日发射的通信卫星"铱星 33"(北美防空司令部代号 24946)与俄罗斯已报废多年的"宇宙 2251 号"军用通信卫星在西伯利亚上空、高度为 788.57km 的空域发生激烈相撞,碰撞产生 10cm 以上可编目碎片 4400 个、1cm 以上的碎片超过 250 000 个、1mm 以上的碎片 2×10^6 个(数据基于 NASA 卫星解体模型计算),至今仍有可跟踪编目碎片 2200 个。

案例四:2000 年 7 月 14 日,太阳发生了剧烈的爆发活动("巴士底日"事件)。日本"ASCA"卫星丢失,1993 年发射的一颗 X 射线天文卫星失去高度定位,导致太阳能帆板错位而无法发电,卫星失去动力,最终于 2001 年 3 月坠入地球大气层。美国和欧洲的"GOES""ACE""SOHO""WIND""NEAR"等重要科学卫星均受到严重损害。

案例五:2003 年 10 月末到 11 月初,太阳产生了一系列剧烈爆发活动,大量的太阳耀斑和日冕物质抛射产生了强烈的地磁暴,地球太空环境出现强烈扰动,全世界范围都能感到它的影响。25 颗卫星需要地面操作干预,很多卫星进入安全模式;一些科学卫星(包括"SOHO""ACE""WIND""POLAR""GOES"等)的数据丢失或损坏,通信受到影响;珠穆朗玛峰团队和一些电视广播通信公司遭到了严重的高频干扰。

案例六:2015 年 3 月 17 日至 3 月 19 日,发生了特大地磁暴(期间 Dst 达到约 247nT;历史上也出现过 Dst 更强的事件,如"卡林顿"事件中 Dst

曾达到约 1700nT),某轨道高能电子环境监测参数增加了近 3 个量级,两天内某卫星平台发生了 15 余次充放电故障。同时,本次事件也导致某单站导航接收机信号在 12h 内不可用,导航定位精度急剧下降。

案例七:针对 2013 年 1 月 1 日到 2016 年 10 月 25 日的某卫星异常进行分析,分析卫星异常包括载荷异常和平台异常数据,并分析其与太空环境参数的关联性。结果显示,卫星异常通常与太空环境扰动中的高能粒子增强有关,同时诱发的环境故障类型主要为高能电子暴、地磁扰动和质子事件,统计显示卫星异常总计 992 次,其中,疑似充放电 300 次,疑似单粒子效应 492 次,二者占总异常的 80%。

可见,太空环境时刻影响着人类活动安全,不同的太空环境事件在扰动要素构成、扰动大小、持续时间等方面呈现较大差异,而太空环境具有要素多、扰动复杂、影响面广、人工环境与自然环境混杂等特点,使各太空环境事件的影响差异显著。为应对环境风险,需针对各类空间天气事件和人类活动影响的差异,将太空环境扰动甄别、影响识别、风险预报等纳入感知范畴。

1.3　太空环境感知发展历程

太空环境感知是随着航天器的发展和太空军事的应用而逐步发展起来的人类活动,其演化先后经历了太空环境预报(空间天气预报)、风险预警和全维态势感知。

1.3.1　太空环境预报阶段

科学界在 20 世纪 50 年代就开展了空间物理研究,曾出现了太阳气象(solar meteorology)、磁层天气(magnetic weather)等称呼。到 20 世纪 60 年代,随着太空环境对航天系统影响的不断显现,美国国家大气海洋局的太空环境中心(space environment center,SEC)和美国空军气象局,均开展了太空环境预报业务。

1962 年,美国空军和 NASA 共同开始了太空环境预报,随即各航天大国均开始了太空环境探测、研究和应用等工作。

20 世纪 70 年代,在美国倡导和平利用太空、防范太空自然灾害等背景下,"空间天气"(space weather)应运而生,并得到发展,到 20 世纪 90 年代已被民方广泛应用(而军方一直沿用"太空环境"称呼)。2009 年,美国在《国家空间天气战略和行动计划》中正式给出"空间天气"的定义后,气象部门才将"太空环境"改称为"空间天气",并沿用至今。

1.3.2 太空环境感知萌芽阶段

20 世纪 90 年代中期开始,美国兴起了新军事变革热潮,提出"美国必须拥有信息优势"。其概念为"识别人类航天活动关联的太空环境要素,感知其状态、变化、影响和趋势,识别由此带来的风险,实施有效应对";或"为运用太空环境而采取的主动控制和甄别活动"。其感知对象为在 20km 以上对航天活动有影响的环境要素,包括人工电离层、太阳质子事件等人工环境和自然环境两部分:识别太空环境微扰和自然灾害,甄别人工主动干扰,开展任务风险分析、预警、预报和雷达电离层修正等应用,实现环境风险规避;利用太空环境特点和变化规律,以最小代价实现太空环境的主动改变和运用。1998 年 3 月,北美防空航天司令部司令首次提出"太空态势感知"(space situation awareness,SSA)的概念,认为 SSA 是获取空间优势的基础,是实现空间控制的关键因素。1998 年 8 月,美国空军发布第一个《太空作战条令》指出,SSA 是太空作战计划人员应该考虑的问题之一。在随后历次《太空作战条令》修订的过程中,SSA 的概念内涵不断丰富。

2001 年,美国空军在《空间作战条令》中提出了空间态势感知的概念,将太空环境与导弹侦察、目标监测、导航等并列,并在历次版本修订中不断细化、深化对太空环境感知的要求。

2004 年发布的《美国空军太空对抗条令》对 SSA 进行了较为详细的论述:"太空态势感知提供了计划、实施以及评估防御性太空对抗(defensive counter space,DCS)和进攻性太空对抗(offensive counter space,OCS)所需的战场感知能力。"SSA 是对在太空的、来自太空的、去向太空的或穿越太空的条件、限制、能力和活动的充分认识。SSA 支持地面和太空作战全域范围内各个级别的计划者、决策者和执行人员,确保其具有尽可能完整地描述太空环境状况或使用太空的能力,是人类开展太空活动的基础支撑信息。美国认为,控制太空的程度依赖于太空态势感知能力。

1.3.3 太空环境感知发展阶段

2009 年,欧洲航天局(European Space Agency,ESA,简称"欧空局")正式启动"空间态势感知"计划,自此欧洲可以时刻观测对卫星和地面设施构成威胁的各类空间目标和自然现象,从而实现独立、安全的空间应用。作为一项任务,太空环境感知正式提出。

2013 年,美国参谋长联席会议确定的《空间作战联合条令》中的五大任务均渗透了太空环境信息,要求来自太空环境的数据必须融入太空态势感知系统,使联合作战部队能确定环境因素对双方部队和设备系统的影响,如美国在太空态势感知任务中强调做好环境威胁预警和评估(TW&A),在空间信息支援任务中强调做好环境监测支持作战联合,在空间控制任务中强调防御性空间控制,提到天基环境监测和扰动识别。

2018 年 4 月 10 日,美国参谋长联席会议发布了新版的《太空作战联合条令》(JP3-14),删除了太空任务领域的划分方式,取而代之的是为联合作战提供 10 项功能,反映了当前太空作战已经不再局限于太空部队各支力量所承担的职能,而是将其充分融入联合作战行动。强调"太空本质上是一个危险的环境,而且越来越拥挤,存在对抗和竞争,既包括太阳活动、辐射带、轨道碎片等自然威胁,也包含人为电磁干扰、激光照射等环境"。该报告在十大能力建设中,描述太空态势感知、战场环境两个领域时均采用了"太空环境"的称呼。在报告第 1 章"联合太空作战概述"中对太空环境进行了分析,从太空天气和碎片两个角度简要分析了太空环境对航天器的影响。

2019 年 10 月,美国航天司令部在一项通知中写道,"太空态势感知"今后更名为"太空天域感知"。通知将"太空域感知"定义为"识别、表征和辨别与太空域相关、可能影响太空活动进而影响国家安保、安全、经济或环境的任何被动或主动因素"。

1.4   太空环境感知体系

太空环境感知是围绕了解太空和利用太空而开展的太空环境要素监测、分析、预测、效应研究、风险评估及太空环境信息主动利用等活动,它不同于常规的空间天气保障范畴,除了在"感"上关心太空环境状态和发展趋势外,更关注"知"的任务,即知道环境态势分布状态、哪些参量与太空活动相关,如何规避环境风险、展示多元环境态势信息。感知的主要内容为通过粒子、场和电磁辐射等环境探测手段,对太空的自然环境(太阳爆发活动、电离层扰动情况等)和人工环境(高空核事件、粒子束、人工电离层扰动等)进行监测,并准确把握其扰动特性和发展态势,生成应对太空环境扰动的预警、参数修正等信息。整个感知体系由感知对象、手段方法、态势生成和运用几部分构成,形成以太空环境业务中心为核心,以太空环境监测台站、各级态势运用部门为支撑的组合体,可以进行太空环境全局监视、扰动迅即告警、风险精准识别,支持环境信息运用。由此形成的参考体系框架示意图如图 1-1 所示。

1)感知对象

太空环境种类多、分布范围广,感知对象重点在于对人类活动有影响的

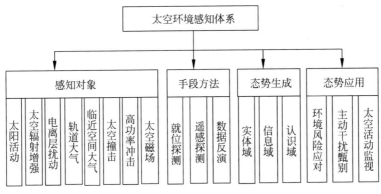

图 1-1　太空环境感知体系

太空环境要素,目前,太阳爆发为太空环境的主要扰动源,其诱发近地空间扰动和影响是感知的重点。此外,感知对象还包括太空高真空、电磁辐射、微流星体等自然背景环境,也包括人工辐射带、电离层镜、空间碎片等人工背景环境。感知的内容包含分布状态、扰动形式和影响大小等。

2)手段方法

数据是感知的基础,是生成多维太空环境态势信息的支撑,获取数据或信息的基本手段为太空环境就位探测和遥感探测,包括能量沉积识别探测器、光学成像探测器、雷达识别探测等。实现重要点位(或体位)的太空环境和效应参量探测及监测,构建太空环境状态模型,实现关注区域或全球三维环境状态监视,支撑全球精细化太空环境信息识别、诊断、预警预报等需要。

3)态势生成

太空环境天域广、参量多、影响大,简单探测难以满足应用需求,需融合探测和数值资源,形成融实体域、信息域与认知域相结合的感知体系,依托探测、数据同化、预警预报、评估、态势图生成等技术手段,构建态势数据库和大型数字环境,支撑太空环境快视模型、全数字预报预警模型等运算,实现精细化太空环境态势信息生成。在认知领域主要为围绕雷达监视、导航定位、航天器等特点,获取精细化的环境信息,融入航天器风险生成模型等,形成太空环境预警预报等信息,支持太空环境信息的运用。

4)态势运用

态势运用为太空环境感知体系的重要环节,针对太空资产在轨安全、灾害性太空活动事件应对等需要,从航天活动辐射风险、电离层环境对人类活动影响、轨道大气环境、临近空间大气、太空撞击环境、太空高功率冲击、太空磁场环境等角度出发,规范太空环境预警、预报、态势图等的内容和特点,实现态势信息的具体应用。同时,利用太空环境信息,可反演高超飞行器飞行等人类航天活动信息。

参考文献

[1] 杜小平,李智,王阳.美国太空态势感知能力建设研究[J].装备学院学报,2017,28(3):67-83.

[2] 赵志斌.美国太空态势感知装备体系研究[J].飞航导弹,2020,(7):77-80.

[3] 宫经刚,宁宇,吕楠.美国高轨天基态势感知技术发展与启示[J].空间控制技术与应用,2021,47(1):1-7.

[4] 刘海印,桐慧.美国空间态势感知装备发展重要动向及影响[J].国际太空,2015,(7):47-51.

[5] 李多.美白宫发布新版《美国国家航天政策》[J].航天器工程,2010,(4):115.

[6] 李明,龚自正,刘国青.空间碎片监测移除前沿技术与系统发展[J].飞航导弹,2020,(7):77-80.

第2章

太空环境感知要素

2.1　概述

太空环境时刻处于变化中,与人类太空活动息息相关,其感知对象主要包含太阳爆发等引起的自然环境和空间碎片等人工环境。与常规空间天气领域关注的对象相比,太空环境除了包含太阳爆发活动诱发近地空间环境扰动及其影响外,还包含太空高真空、电磁辐射、微流星体等自然环境,并关注人工辐射带、空间碎片、电磁辐射等人工环境。

2.1.1　太空自然环境态势

太空环境特指海平面 20km 以上天区域的环境。目前关注的自然环境要素主要为太阳质子、辐射带电子、银河宇宙射线、太空大气密度风场、太空等离子体、磁场、背景声/光/电磁等。

2.1.2　太空人工环境扰动

为主动利用并控制太空环境,人类在电离层加热、激光干扰、微波干扰、人工辐射带干扰等方面开展了大量的研究和实验。目前,改变太空环境的主要手段为物质输入、能量注入和物质-能量联合影响三类。

1) 能量注入

通过微波、激光等装置,将电磁辐射能量输入太空,以加热太空大气诱发其密度和风场变化、扰动电离层改变其浓度和分布、诱发低能粒子分布变化及干扰辐射带等。目前,人类已投入使用的装置有美国 2007 年建成的 HAARP 装置,其部署在美国阿拉斯加,通过将高功率辐射波注入电离层达到主动利用和改变其分布的目的。国际上的同类装置还包括位于俄罗斯莫斯科附近的 SURA 电离层加热实验系统、欧洲的特罗姆瑟加热站等。

2) 物质输入

向太空释放化学物质可以局部改变电离层分布、释放碎片能增加轨道环境的拥挤度,达到改变太空环境状态的目的。1985 年 10 月 13 日,美国使用"F-15"战斗机在 10 000m 高空发射了一枚重达 1.2t 的"ASM-135"机载反卫星导弹,打击一颗在 555km 轨道上运行的报废卫星,"ASM-135"导弹入轨以后,准确地以高速撞击了卫星,将其彻底摧毁,这次实验产生了上万个太空碎片。在 20 世纪 60 年代至 90 年代,美国、加拿大、巴西等国开展了大量中性气体释放实验,取得了很好的效果。

3）物质-能量联合影响

随着太空核设施解体爆炸和粒子束设备的发展运用,太空已不再安全。粒子束设备通常能将中子、电子和质子等微观粒子加速到 260 000km/s 的高速后发射出去,由无数粒子汇合成的一道束流,抵达被攻击目标以实施干扰或破坏。由于粒子束有巨大动能,接触被照射目标的瞬间便可将能量传递给对方,导致目标外表温度迅速升高甚至直接被汽化,或内部器件被烧蚀损坏或运行状态被干扰等。1967 年,美国侦察机发现苏联在赛米巴拉金斯克核试验场开展粒子束设备研究,为避免落后对手,美国也展开了相关研究。1989 年,作为"星球大战"计划的一部分,美国在探空火箭上安装了粒子束发射系统,将其发射出地球大气层以验证有效性,相关技术发展较快。

随着人类科学技术的进步,诸多太空环境干扰方法也在不断发展,目前,电离层和空间碎片为人工环境的重要构成,其主要干扰方法为电离层加热、航天发射和太空碰撞事件。

2.1.3　太空活动信息反演

太空活动信息反演立足太空环境扰动信息,通过关联推演、匹配分析等方法,得到诱发环境扰动的源项特征信息,其既是初级环境信息的运用,也是太空环境信息感知太空活动的一种新方法,其反馈的太空活动信息包括人工电离层干扰、人工辐射带干扰、高空核爆事件等。

以电离层微扰信息为例,通过局部扰动特性监视,辅助相关算法,可以反演人类航天发射活动、地震前兆、人工主动干扰等信息。

2.2　太阳活动及其对地有效性

2.2.1　概念

太阳活动是诱发太空环境扰动事件的主要源头,行星际空间是太阳爆发活动产生的物质和能量传输到近地空间的通道。太阳爆发活动主要通过改变近地空间的磁层、电离层、中高层大气等要素的分布,影响人类的近地活动。同时,通过对行星际重要点位的监测,判断扰动是否能达到地球并影响太空活动,即"太阳活动及其对地有效性"。

2.2.2　太阳活动要素识别

太阳活动及其对地有效性感知的核心内容包括中长期的太阳活动信息

和太阳爆发状态、太阳爆发能量能否到达地球,以及太阳能量到达地球的时间、影响区域范围等,为此需要建立太阳到近地空间能量传输因果链,支持太阳活动事件的预报和警报。在太阳活动感知中,需要采用天基地基监测手段,获取日地连线重要点位的环境参数,并依据太阳活动和行星际监测参数和物理模型,计算太阳耀斑、日冕物质抛射、太阳风扰动等核心状态参数。太阳大气是太阳可见光日轮以外的等离子体区域,包括光球层、色球层和日冕,表征太阳大气活动状态的参量包括黑子、耀斑、日冕物质抛射、冕洞等,它们是地球太空环境扰动的主要来源。

1. 太阳耀斑

太阳耀斑是发生在太阳大气局部区域的一种最剧烈的爆发现象。它能在短时间内释放大量能量,引起局部区域瞬时加热,向外发射各种电磁辐射,并伴随粒子辐射突然增强。耀斑产生的强烈电磁辐射在 10min 内就可以影响地球电离层和中高层大气,是形成通信干扰、卫星载荷损伤和轨道改变的重要因素。在太阳耀斑爆发过程中产生的高能质子在二十多分钟内就能到达地球附近,影响人类航天活动。

2. 日冕物质抛射

日冕物质抛射是磁化等离子体自日冕层向外喷发的大尺度剧烈爆发活动。经过早期的加速后,被抛射的物质经过高层日冕进入行星际空间,从而形成行星际日冕物质抛射(interplanetary coronal mass ejection, ICME)。在传输过程中,ICME 会与邻近太阳风或者其他 ICME 发生相互作用。部分朝向地球传播的 ICME 进入近地空间后,对地磁层、等离子层和电离层等产生不同程度的影响,引发空间天气事件,如地磁暴、地磁亚暴、高能粒子事件等。日冕物质抛射对地球磁层、电离层和大气层的影响往往持续几十小时甚至数天。

3. 太阳风扰动

太阳风是日冕物质持续向行星际空间膨胀而形成的等离子体流,太阳风对地球磁层的影响是长期的和相对稳定的,通常不属于太阳活动的范畴。太阳风扰动是诱发近地空间扰动的主要源头,造成太阳风扰动的主要因素有两点:一是太阳活动爆发,如太阳耀斑和日冕物质抛射等;二是冕洞高速流。这两种因素都能造成太阳风明显偏离常态。冕洞高速流形成的强烈太阳风扰动也会产生大磁暴和磁层亚暴。

行星际传播是太阳爆发活动产生的物质和能量传输到近地空间的通

道。在感知过程中需要依据太阳活动和行星际监测参数和物理模型,计算太阳耀斑、日冕物质抛射、太阳风扰动等核心状态参数,建立太阳到近地空间能量传输因果链,支持太阳风暴事件的预报和警报。

2.2.3 太阳活动对近地空间的影响

1. 太阳活动对地球辐射带影响

地球辐射带是太空时代的一项重大发现,由美国学者詹姆斯·范·艾伦(James Van Allen)首先发现,又称为"范艾伦辐射带"(Van Allen radiation belts)。它由美国宇航局的"先驱者 3 号"和"探索者 4 号"探测器(在 1958 年发射升空)传回的数据所揭示。地球辐射带通常分为内辐射带和外辐射带。其中,内辐射带在赤道平面上空 100～10 000km 的高度($0.01R_e$～$1.5R_e$,R_e 为地球半径),纬度边界约为 $40°$,强度最大的中心位置距离地球表面 3000km 左右,主要成分是质子和电子,也有少量重离子。外辐射带在赤道平面高度大约 13 000～60 000km($3R_e$～$10R_e$),中心位置约在 20 000～25 000km,纬度边界约为 $55°$～$70°$。外辐射带主要由 0.1～10MeV 的高能电子和少量质子组成,电子能量范围为 0.04～4MeV。

此前,科学家一直认为地球周围只有两个范艾伦辐射带,即内辐射带和外辐射带。但 2012 年夏季发射的范艾伦探测器于 2013 年 3 月 6 日在地球周围发现第三个此前未知的范艾伦辐射带,又被称为"第三辐射带"。该辐射带的形成一共持续了 4 周时间,最后被来自太阳的一场强烈的行星际冲击波歼灭。太阳活动对地球辐射的影响示意图见图 2-1。

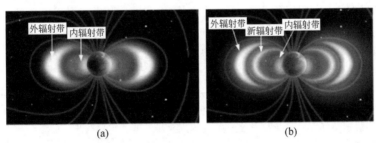

图 2-1 太阳活动对地球辐射带的影响

(a) 典型的两辐射带结构;(b) 三辐射带结构

地球外辐射带随着太阳风行星际环境和地磁活动而动态地变化,在太阳活动和地磁扰动期间,将出现灾害性的空间天气,如高能电子暴事件、太阳质子事件、槽区高能粒子注入和瞬时性新辐射带事件、强能电子和离子注入事件等。高能电子暴事件指外辐射带中能量约为几十万电子伏到几兆电子伏的相对论电子通量增强,主要发生在强磁暴和大磁暴期间。瞬时辐射带事件指大磁暴期间在内外辐射带之间的槽区形成了新的辐射带,其成分既有高能质子,也有能量高于数兆电子伏的相对论电子。其中,电子带持续几个月左右,质子带可以持续2~3年甚至更长时间。

2. 太阳活动对南大西洋异常区影响

南大西洋异常区(South Atlantic anomaly,SAA)指位于南美洲东侧南大西洋的地磁异常区域,其磁场强度较相邻近区域的磁场强度弱,约是同纬度正常区域磁场强度的一半,即负磁异常区。该区域涉及的纬度范围为10N~60S,经度范围为20E~100W,区域中心大约在45W、30S处,因它处于巴西附近,所以又称为"巴西磁异常"。南大西洋异常区的粒子通量和区域面积受太阳活动的调制,在太阳活动谷年和太阳活动峰年存在较大的差别。

3. 太阳活动对太阳宇宙射线的影响

太阳宇宙射线(solar cosmic ray,常称为"太阳宇宙线")主要是指太阳耀斑爆发期间发射的大量高能质子、电子、α粒子、重核粒子流,其中,绝大部分由质子组成,能量范围一般从10MeV到几百亿电子伏,所以又称为"太阳质子事件"。能量在10MeV以下的太阳粒子称为"磁暴粒子",能量低于500MeV的太阳质子事件称为"非相对论质子事件",能量高于500MeV的太阳质子事件称为"相对论质子事件"。

太阳宇宙射线的发生是随机的,并有几天的持续时间,在太阳活动峰年出现更频繁。太阳宇宙射线所含的高能粒子在太阳耀斑爆发期间不断地从太阳表面活动区喷射出来。不同的太阳耀斑具有不同的粒子能谱。在日地平均距离(1个天文单位)处,太阳高能质子的年积分通量见表2-1。

表 2-1　太阳高能质子的年积分通量

能量 E/MeV	$E>30$		$E>100$	
太阳活动状况	接近峰年	接近谷年	接近峰年	接近谷年
年积分通量/cm^{-2}	8×10^9	5×10^5	6×10^8	5×10^4

太阳耀斑与太阳活动有密切关系。在太阳活动峰年期间,太阳耀斑爆发频率高。在太阳活动谷年期间,太阳耀斑爆发次数少,但是耀斑的强度可能会更高。例如,1972年发生的太阳大耀斑事件出现在太阳活动峰年的4年以后,接近太阳活动谷年。

伴随太阳耀斑会喷射大量高能质子,在太阳质子事件期间,会同时发射

1MeV～10GeV 能量范围的质子和重核粒子。依据太阳耀斑的大小,太阳宇宙射线的粒子密度比银河宇宙射线高一个到几个数量级。美国海军实验室依据 1972 年太阳质子事件的探测数据建立了太阳耀斑模型,图 2-2 中给出了 1AU 处一般情况(Fm)、恶劣情况(Fw)、大异常情况(Fa)的太阳耀斑质子能谱。由图 2-2 可以看出,在最恶劣情况下太阳耀斑质子通量密度比银河宇宙射线通量密度高 5 个数量级。

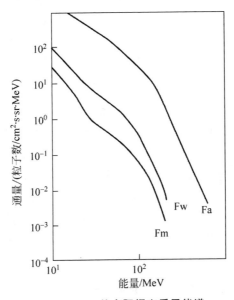

图 2-2 1AU 处太阳耀斑质子能谱

4. 太阳活动对银河宇宙射线的影响

银河宇宙射线(galaxy cosmic ray,GCR,常称为"银河宇宙线")是来自太阳系以外的带电粒子。银河宇宙射线由能量很高、通量很低的带电粒子组成,其中,质子成分占 85％,α 粒子成分占 14％,重离子成分占 1％。银河宇宙射线粒子的能谱范围很宽,从 10MeV 到几十兆电子伏。银河宇宙射线在行星际空间中传播时,受到行星际磁场的影响,其时间特性明显受到太阳活动的控制。特别是银河宇宙射线中的低能粒子,受太阳活动的影响最大。

自 20 世纪中期以来,对银河宇宙射线的通量和能量变化进行了大量的观测研究,发现其与太阳活动具有非常重要的关系,新罕布什尔大学(University of New Hampshire)地海空学院的 Chicago/LASR 射线物理仪器所探测到的银河宇宙射线密度与太阳黑子数的对应关系见图 2-3。

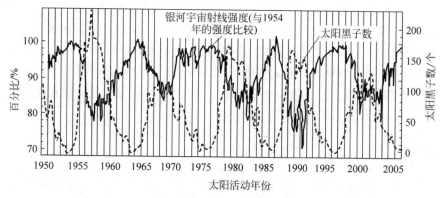

图 2-3　1951 至 2006 年间银河宇宙射线密度和太阳黑子数的对应关系图

由图 2-3 分析可知,在太阳活动处于平静期时,银河宇宙射线的能谱处于低端,通量具有随能量减少而增加的趋势。银河宇宙射线的强度随时间变化受太阳活动 11 年周期的调制,在太阳活动 11 年的周期里,1GeV/u 以上的银河宇宙射线粒子流的能量会有 1～2 倍的变化,在太阳活动谷年达到最高值。能量在 1GeV 以下的银河宇宙射线粒子通量受到太阳活动周期的影响。在太阳活动峰年,太阳风最强,IMF 磁场也最强,此时,通量被削弱的程度最大。在太阳活动谷年,通量被削弱的程度最小。深空中的磁场通常很弱,银河宇宙射线在整个行星际空间的分布被认为是相对稳定、各向同性的。

5. 太阳活动对等离子体环境的影响

在日冕物质抛射过程中,伴随其中磁场能量的急速剧烈释放,会有数十亿吨的等离子体被抛射到宇宙空间。这些大量喷发的低能等离子体云将在十几小时至两三天后到达地球,持续数天。

由于受太阳风的影响,靠近太阳一侧的地球磁层受到压缩,而背离太阳的一侧磁层则形成拖尾。当太阳活动爆发后,其引起的等离子体云将进一步压缩地球磁层导致其变形,从而导致向阳面(白天)的磁层顶受到压缩而离地球更近,背阳面(黑夜)的磁场受到拉伸而形成柱状拖尾。

等离子体云通常携带南北方向的磁场,当磁场转为南向和地磁场相互作用时,太阳风会向磁尾注入能量和粒子,最终导致磁层的扰动,产生地磁暴和地磁亚暴,进而引起其他太空环境的扰动,出现热等离子体注入、高层大气密度增加、高能电子暴、电离层暴、地磁感应电流和极光等。

6. 太阳活动对太阳电磁辐射的影响

在太阳活动峰年,尤其是太阳爆发时,在短时间内,太阳电磁辐射突然增强,持续时间约为几分钟到几十分钟。

太阳电磁辐射的能量主要在可见光和近红外区域,在射电、紫外线和 X 射线光谱区,其能量所占比例较小。当太阳活动剧烈尤其是太阳耀斑爆发时,射电、紫外线和 X 射线波段的电磁辐射增强幅度可达几个数量级。

7. 太阳活动对原子氧环境的影响

在 $200 \sim 700 km$ 高度的轨道上,气体总压力为 $10^{-5} \sim 10^{-7} Pa$,环境组分有 N_2、O_2、Ar、He、H 和 O 等,相应的粒子数密度约为 $10^6 \sim 10^9 cm^{-3}$。原子氧(O)在残余气体中占主要成分。

在 LEO 环境中,主要环境组成为原子氧(O)和分子氮(N_2),其中原子氧的含量约为 80%,分子氮约为 20%。原子氧是氧分子经受太阳紫外线($l \leqslant 243nm$)辐照而产生的:

$$O_2 + h\nu == O + O \ (99\%) \qquad (2\text{-}1)$$

$$O_2 + h\nu == O^+ + O^- \ (\ll 1\%) \qquad (2\text{-}2)$$

原子氧的浓度不仅与轨道高度有关,而且与纬度、地球磁场强度、太阳活动周期、时间和季节有关。

在太阳活动峰年时,在 $300 \sim 500km$ 高度内,原子氧的数密度从 $10^9 cm^{-3}$ 变化到 $10^8 cm^{-3}$;在太阳活动谷年的同高度范围内,原子氧的数密度从 $10^8 cm^{-3}$ 变化到 $10^6 cm^{-3}$。所以飞行器在太阳活动峰年发射,经历的原子氧暴露会更多一些。不同轨道高度的原子氧的密度也不同,在 $200km$ 处,其密度约为 $10^8 \sim 10^9 cm^{-3}$,相当于室温下约 $10^{-8} Pa$ 的压力;在 $500km$ 处密度为 $10^6 \sim 10^8 cm^{-3}$。

2.2.4 太阳活动的感知对象

1. 太阳活动的环境要素

及时掌握太阳活动状态是提高空间天气预报能力的关键所在,也是太空环境感知领域掌握太空自然环境状态,甄别人工主动干扰的基础。感知中通常通过太阳磁场演化监测来判断太阳活动状态,支撑太空环境预报;通过软 X 射线、极紫外线、白光日冕、色球成像监测,及时记录太阳大气中的耀斑、日珥(暗条)爆发、日冕物质抛射、冕洞形态、黑子形态与运动,了解太阳大气结构变化情况,支撑空间天气预报;通过对 X 射线、极紫外线、低频射电、高能粒子流量的监测,了解太阳爆发的过程,判断太阳爆发的强度。

行星际是磁层之外高速太阳风和磁场控制的等离子体区域,也是深空的一部分,此区域活动主要受太阳爆发和宇宙射线的影响,了解太阳风在行星际中的活动情况,是判断太阳风能否对地球构成影响的重要依据。通常借助等离子体和磁场监测仪的原位探测,获得高速太阳风、行星际磁场、日冕物质抛射的变化情况,了解行星际状态。

2. 太阳活动的参量特性

针对扰动源项监测预报需要,开展太阳活动周演变、太阳耀斑、日冕物质抛射和太阳风扰动等精细化感知,实现高时空分辨率、高精度、多波段、多视角的不间断监测是感知的重点,涉及的核心参量包括太阳黑子相对数、太阳射电流量(包括 10cm 射电流量和频谱)、软 X 射线流量、太阳磁场、极紫外线太阳图像、日冕成像、高能粒子、太阳风速度、太阳风数密度、太阳风磁场、行星际磁场等,各类监测对象关联的探测要素见表 2-2。对太阳活动指数、地磁场、太阳风参数的测量,有助于了解空间环境全局参量,支持航天发射活动窗口的选择、近地空间扰动的识别等。

表 2-2　各类监测对象关联的探测要素

	太阳活动周演变	太阳耀斑	日冕物质抛射	太阳风扰动
太阳黑子相对数	√			
太阳射电流量	√	√	√	
太阳软 X 射线流量	√	√	√	
太阳磁场	√	√	√	√
太阳极紫外线图像		√	√	
日冕成像		√	√	√
高能粒子		√	√	
太阳风速度			√	√
太阳风数密度			√	√
太阳风磁场			√	√
行星际磁场			√	√

2.3　太空辐射环境及其影响

2.3.1　概念

1. 自然辐射环境

地球磁场通常被太阳风压缩在一个到数十个地球半径的旋转抛物面形的有限区域内,这个空间称为"磁层",其结构示意图见图 2-4。磁层为主要的航天活动区域,其监测要素包括太阳和银河宇宙射线产生的带电粒子、中性粒子、等离子体、电磁场等环境。在向日侧,磁层顶近似为半球形,磁层顶对日点的地心距离约为 $10R_e \sim 12R_e$，太阳风动压增强时减小到地球同步轨道高度，即距地心 $6.6R_e$ 以下。在背日侧，在太阳风的压缩下，地球磁力线向背着太阳一面的空间延伸得很远，磁层顶被拉长成很长的圆柱形，圆柱的半径约为 $20R_e$，圆柱内的空间称为"磁尾"，近地轨道带电粒子辐射主要来源于地球辐射带、太阳宇宙射线、银河宇宙射线，其主要成分是电子、质子、少量重离子等。

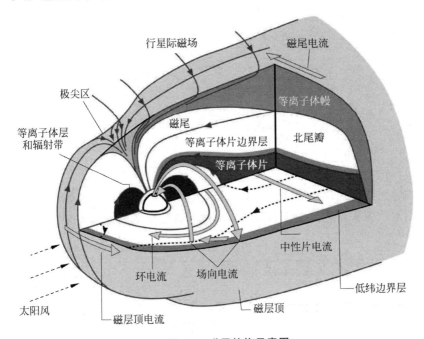

图 2-4　磁层结构示意图

1）地球辐射带

地球辐射带是指地球磁层中被地磁场捕获的高能带电粒子区域，也称作"地磁捕获辐射带"和"范艾伦辐射带"。地球辐射带是人造地球卫星上天后的一个重要发现，卫星上的辐射探测仪器探测到在地球周围空间大范围内存在高强度的带电粒子区域，这些带电粒子被地磁场捕获。根据捕获粒子的空间分布位置，可以将地球捕获辐射带分为内辐射带和外辐射带，图 2-5 为地球辐射带的结构示意图，其位置和能量介绍见 2.2.3 节。

内辐射带质子能量一般在几兆电子伏到几百兆电子伏，通量为 10J/（m^2 · s），电子的能量一般为几十万电子伏，能量大于 0.5MeV 的电子能量通量约为 10^5J/（m^2 · s）。

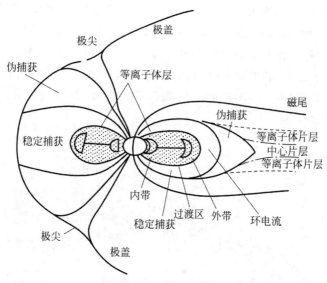

图 2-5 地球辐射带的示意图

内辐射带受地球磁场控制相对稳定,大部分粒子密度的瞬态变化是由太阳活动诱使大气密度变化引起的。内辐射带的主要参数见表 2-3。

表 2-3 内辐射带主要参数

粒子类型	能量范围/MeV	最大通量/$(cm^2 \cdot s)$	中心位置高度/km
质子	>4	>10^6	约 5000
	>15	>10^5	约 4000
	>34	>10^4	约 3500
	>50	>10^3	约 3000
电子	>0.5	>10^8	约 3000

外辐射带主要由高能电子和少量质子组成,其能量低,强度随能量增加而迅速减少,在地球同步轨道上能量大于 2MeV 的质子通量比银河宇宙射线小一个数量级。所以,从某种意义上讲,外辐射带是一个电子带。外辐射带受地球磁尾剧烈变化影响较大,粒子密度起伏较大,有时可高达 1000 倍。

南大西洋异常区在 2.2.3 节有所介绍,由于是负磁异常区,其空间高能带电粒子环境分布发生改变,尤其是内辐射带在该区的高度明显降低,其最低高度可降到 200km 左右,该异常区也随地磁活动在缓慢变化。

南大西洋异常区是产生严重低轨道航天器辐射危害的区域,是带电粒子诱发异常或故障的高发区,穿过该区域的航天器轨道倾角通常超过 40°。

2）太阳宇宙射线

太阳宇宙射线的介绍见 2.2.3 节。

当太阳光球中非常强的强磁场达到临界不稳定状态时，强磁场会突然调整、释放能量，以消除这种不稳定状态，从而发生太阳耀斑。太阳耀斑的瞬时释放能量高达 10^{32}erg，占太阳总输出能量的 0.1%，持续时间从几分钟到数小时不等，使日冕温度提高到 2×10^7K，伴随这种高温变化，大通量密度的粒子被加速并从太阳表面喷出，粒子成分主要是电子和质子，同时还有大量射电辐射和 X 射线辐射。由于磁场结构的复杂性，粒子密度和能谱随地球上位置的不同有很大变化。在同一次太阳耀斑中，不同地球轨道位置上的粒子通量密度变化可以达到 100 倍。另外，太阳耀斑与太阳活动有密切关系。在太阳活动峰年时，发生太阳耀斑事件的频率高。在太阳活动谷年时，发生太阳耀斑事件的次数少，但是强度可能会更高。例如，1972 年的太阳大耀斑发生在太阳活动峰年的 4 年以后。

相对论质子事件从太阳到地球的传输时间在 1h 之内，非相对论质子事件的传输时间从几十分钟到几十小时不等。费曼等通过对太阳耀斑中不同能量的质子通量密度进行积分，给出了可以预示太阳质子积分通量的模型。图 2-6 给出了利用该环境模型获得的不同设计寿命航天器预期能接受的能量大于 10MeV 质子积分通量概率的曲线。

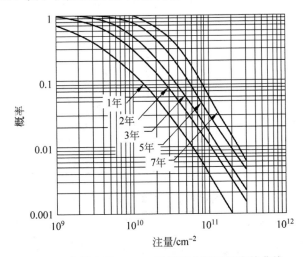

图 2-6　能量大于 10MeV 质子积分通量概率的曲线

太阳耀斑事件除产生大量质子外，还伴随少量的重离子。表 2-2 和表 2-3 给出了太阳耀斑事件中重离子以 H 为 1 归一化的相对丰度。用

表 2-2 中重离子的相对丰度乘以太阳耀斑质子能谱就可以得到每种重离子的能谱。通常在实际情况中，太阳耀斑中的重离子没有完全电离。其中，太阳耀斑中能量为 $5\mathrm{MeV/u} \leqslant E \leqslant 20\mathrm{MeV/u}$ 的重离子的荷质比上限为 0.1，完全电离的重离子的荷质比在 0.5 左右。重离子的电离程度会影响其能否穿入地球磁层，在同样能量下，离子的电荷态越高，越难穿入磁层。

　　由表 2-4 和表 2-5 看出，太阳耀斑中的重离子含量很小，低 Z 离子中除 He 比质子小 2 个数量级外，其余比质子小 4~7 个数量级。高 Z 离子含量更少，比质子小 8~12 个数量级，重离子含量总的趋势是随原子数的增加而减少。由于太阳耀斑中的重离子含量非常少，其效应一般表现为单粒子效应。

表 2-4　平均、恶劣情况太阳耀斑事件低原子序数(Z)离子的相对丰度

元素	平均情况丰度	恶劣情况丰度	元素	平均情况丰度	恶劣情况丰度
H	1	1	P	2.3×10^{-7}	1.1×10^{-6}
He	1.0×10^{-2}	3.3×10^{-2}	S	8.0×10^{-6}	5.0×10^{-5}
Li	0	0	Cl	1.7×10^{-7}	8.0×10^{-7}
Be	0	0	Ar	3.3×10^{-6}	1.8×10^{-5}
B	0	0	K	1.3×10^{-7}	6.0×10^{-7}
C	1.6×10^{-4}	4.0×10^{-4}	Ca	3.2×10^{-6}	2.0×10^{-5}
N	3.8×10^{-5}	1.1×10^{-4}	Sc	0	0
O	3.2×10^{-4}	1.0×10^{-3}	Ti	1.0×10^{-7}	5.0×10^{-7}
F	0	0	V	0	0
Ne	5.1×10^{-5}	1.9×10^{-4}	Cr	5.7×10^{-7}	4.0×10^{-6}
Na	3.2×10^{-5}	1.3×10^{-5}	Mn	4.2×10^{-7}	2.3×10^{-6}
Mg	6.4×10^{-5}	2.5×10^{-4}	Fe	4.1×10^{-5}	4.0×10^{-4}
Al	3.5×10^{-6}	1.2×10^{-5}	Co	1.0×10^{-7}	5.5×10^{-7}
Si	5.8×10^{-5}	1.9×10^{-4}	Ni	2.2×10^{-6}	2.0×10^{-5}

表 2-5　平均情况太阳耀斑事件高 Z 离子的相对丰度

元素	平均情况丰度	元素	平均情况丰度	元素	平均情况丰度
Cu	2.0×10^{-8}	As	3.0×10^{-10}	Rb	3.0×10^{-10}
Zn	6.0×10^{-8}	Se	3.0×10^{-9}	Sr	1.0×10^{-9}
Ga	2.0×10^{-9}	Br	4.0×10^{-10}	Y	2.0×10^{-10}
Ge	5.0×10^{-9}	Kr	2.0×10^{-9}	Zr	5.0×10^{-10}

续表

元素	平均情况丰度	元素	平均情况丰度	元素	平均情况丰度
Nb	4.0×10^{-11}	Ce	5.0×10^{-11}	Re	2.0×10^{-12}
Mo	2.0×10^{-10}	Pr	8.0×10^{-12}	Os	3.0×10^{-11}
Tc	0	Nd	4.0×10^{-11}	Ir	3.0×10^{-11}
Ru	9.0×10^{-11}	Pm	0	Pt	6.0×10^{-11}
Rh	2.0×10^{-11}	Sm	1.0×10^{-11}	Au	1.0×10^{-11}
Pd	6.0×10^{-11}	Eu	4.0×10^{-12}	Hg	1.0×10^{-11}
Ag	2.0×10^{-11}	Gd	2.0×10^{-11}	Tl	9.0×10^{-12}
Cd	7.0×10^{-11}	Tb	3.0×10^{-12}	Pb	1.0×10^{-10}
In	9.0×10^{-12}	Dy	2.0×10^{-11}	Bi	6.0×10^{-12}
Sn	2.0×10^{-10}	Ho	4.0×10^{-12}	Po	0
Sp	1.4×10^{-11}	Er	1.0×10^{-11}	At	0
Te	3.0×10^{-10}	Tm	2.0×10^{-12}	Rn	0
I	6.0×10^{-11}	Yb	9.0×10^{-10}	Fr	0
Xe	2.7×10^{-10}	Lu	2.0×10^{-12}	Ac	0
Cs	2.0×10^{-11}	Hf	8.0×10^{-12}	Th	2.0×10^{-12}
Ba	2.0×10^{-10}	Ta	9.0×10^{-13}	Pa	0
La	2.0×10^{-11}	W	1.0×10^{-11}	U	1.2×10^{-12}

3) 银河宇宙射线

磁层中的环境也受银河宇宙射线影响,其成分和能量见 2.2.3 节。同时,此区域与行星际或深空区域的差别在于,由于受磁层保护,少数宇宙射线粒子可以沿磁力线沉降到磁层内,在极区以外,仅少量能量特别高的宇宙射线粒子能穿透地磁场屏蔽进入磁层内,其他绝大部分宇宙射线粒子均被地磁场所屏蔽,不会对地球轨道航天器造成威胁。在赤道附近地磁磁场线平行于地球表面,大部分带电粒子被地磁场偏转,而在地磁场的南北极,由于磁场线垂直于地球表面,高纬度的银河宇宙射线粒子可以沿着磁力线进入两极。因此,LEO 航天器在通过两极时受到的银河宇宙射线辐射通量最大,在赤道时最小。

4) 次级辐射粒子

对于初始粒子或原始粒子的低能组分,航天器防护层可有效减少其对航天器内部的辐射。然而,对于高能粒子,航天器内部的辐射有可能随着防护层厚度的增加而增加。这是由于高能原初粒子(主要是质子和离子)的一部分会与航天器自身材料的原子核发生相互作用,从而产生次级粒子,导致内部辐射增加:①靶物质核碎片,当高能带电原初粒子(捕获质子或银河宇宙射线质子)与航天器材料的重核(例如铝核)或者与航天员身体的 C 原子或 O 原子核发生碰撞时,会产生两个或更多的次级粒子,包括中子、质子和重核;②弹核碎片,当一个高原子序数和能量(HZE)粒子与靶核碰撞时,除了产生高能质子和中子之外,也能产生更大的弹核碎片,这些弹核碎片保留了大部分原初 HZE 粒子的动能。

5) 太阳电磁辐射环境

太空电磁波主要来源于太阳辐射,其次来源于其他恒星的辐射和经过地球大气的散射、反射回来的电磁波,再次来自地球各类活动出射的电波,如大型雷达等。

太空电磁波的波段可以分为几个范围:软 X 射线波段,波长范围小于 10nm,光子能量在 0.1~10keV;远紫外波段,又称为"真空紫外波段",波长范围在 10~200nm;近紫外波段,波长范围在 200~400nm;光发射波段(可见光和红外波段),波长范围在 400~2500nm。太阳电磁辐射光谱图见图 2-7,其中对于紫外波段的划分和称谓,各文献略有不同,太空电磁波的能量主要来源于太阳电磁辐射。根据美国的 ASTM E490-22 标准,在地球轨道上,太阳电磁辐射位于地球大气层外,在距离太阳为一个天文单位处,并垂直于太阳光线的单位面积,在单位时间内接收到的太阳总电磁辐射能量约为 $1361.1W/m^2$,这一能量又称为"太阳常数"。其中可见光、红外辐射波段的能量约为太阳常数的 91.9%,为 $1250W/m^2$。近紫外波段的能量约为太阳常数的 8%,为 $110W/m^2$。远紫外(真空紫外)波段的能量约为 $0.115W/m^2$,占太阳常数的 0.008%。X 射线波段的能量约为 $2.5\times10^{-6}W/m^2$。太阳光谱能量绝大部分集中在光发射波段,这部分光波会引起材料表面温度变化。X 射线的能量通量很小,主要由太阳耀斑产生,所以

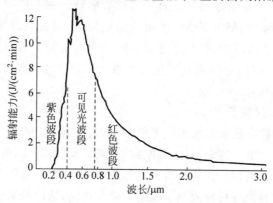

图 2-7 太阳电磁辐射光谱图

受太阳的活动的影响,可以作为短期突发事件研究。而紫外波段的能量虽然在太阳常数中占比很低,但是由于光子能量高,会使大多数材料的化学键被打断,造成材料性能退化。所以在地球轨道上,长时间太空电磁波对材料性能退化的影响的研究对象主要针对紫外波段。

1976 年,美国宇航局根据高空平台的观测结果,发布的太阳常数为 $1353(\pm 21)\mathrm{W/m^2}$;根据 1976—2017 年多颗卫星上的观测平台 40 余年连续不断的观测结果,得出的太阳常数为 $1361.1\mathrm{W/m^2}$,标准差为 0.5% 的波动范围($1357.1 \sim 1363.3\mathrm{W/m^2}$)。40 余年的卫星数据揭示了太阳常数也存在不同时间尺度的波动。1957 年,国际地球物理年决定采用 $1380\mathrm{W/m^2}$。世界气象组织(World Meterorological Organization,WMO)于 1981 年公布的太阳常数是 $1368\mathrm{W/m^2}$。太阳常数也有周期性的变化,变化范围在 $1\% \sim 2\%$,这可能与太阳黑子的活动周期有关。

2. 人工辐射环境

磁层空间是人类活动的重要场所,人工环境和人工活动激发的自然环境波动时刻影响着航天安全。同时,随着人类太空环境的发展,各类干扰手段还在持续发展中,目前改变磁层辐射环境的主要手段为高空核爆炸、粒子束设备攻击、电磁干扰等。

1) 高空核爆炸

高空核爆炸一般指爆炸高度在 30km 以上的核爆炸行为。实际上,高空核爆炸的爆炸高度通常在 100km 以上。核爆炸释放的瞬发 γ 射线和 X 射线与其作用范围内的介质相互作用可以产生核电磁脉冲(nuclear electromagnetic pulse,NEMP)。当核爆炸时,瞬时发出的 γ 射线和 X 射线与周围的气体原子发生碰撞,把原子中的电子打出来,沿径向朝外飞出,形成"康普顿电流"。由于受大气密度、设备系统、地磁和大气中蒸汽等影响,核爆炸表现为非球对称模式,所以康普顿电流将发生振荡,形成强大的电磁辐射。另外,核爆炸产生的"火球"是一个高温高压的等离子体,"火球"将把地球的磁力线排斥在外。当"火球"高速膨胀时,磁力线受到压缩;当"火球"消失时,磁力线又恢复正常,这种磁力线的压缩和恢复也将产生电磁辐射。

1957 年,第一颗人造地球卫星成功发射升空之后不久,美国率先用火箭将 1000 万 t TNT 当量的原子弹运送到 75km 的高空进行核爆炸实验,在其后的 5 年里,美国和苏联分别进行了 15 次和 14 次高空核爆炸试验。美国和苏联在这些实验中发现,高空核爆炸引起的人工辐射环境对卫星在轨安全存在严重威胁。尤其是 20 世纪 60 至 70 年代,美国在"海星"计划的多次高空核爆炸实验中发现,未采取有效防护措施的在轨卫星极易被高空核爆炸引起的人工辐射摧毁。作为"海星"计划的一部分,1962 年 7 月 9 日,美国在太平洋约翰斯顿环礁(Johnston Atoll)上空 400km 高度进行了一次 140 万 t 级的高空核爆炸实验。在该实验中,由于核爆炸引起的大量电子被地球磁场所捕获,在近地卫星轨道上测量到了高达 $10^9 e/(\text{cm}^2 \cdot \text{s})$ 的电子通量,这些由于核爆炸而突然增加的电子,导致当时在轨道上运行的多个卫星的能源系统、遥控系统等电路中的电子元器件出现部分或全部失效,致使卫星功能部分或全部丧失。作为"海星"计划的多次高空核爆炸的结果,在地球天然辐射带的内、外辐射带之间本来辐射较温和的槽区,形成了一条人工辐射带(高能电子带),并一直持续到 20 世纪 60 年代末才完全消退。这一人工辐射带,对运行于低地球轨道的人造卫星等航天器的安全具有严重的威胁。由于高空核爆炸对太空环境破坏严重,对在轨卫星的运行影响太大,这也是美国和苏联于 1963 年签订部分禁止核试验条约的主要因素。

高空核爆炸后在地球内、外辐射带之间的槽区产生的"人工辐射带",主要是由于高空核爆炸产生的放射性爆炸碎片发生 β 衰变形成的高能电子被注入地球磁场,并被地球磁场捕获而形成。地球磁场对高空核爆炸产生的高能电子的这一捕获过程,与地球辐射带的形成类似,也是由高能电子在地球磁场中受到的三种运动方式造成的。当核爆炸产生的高能电子进入地球磁场后,在垂直于电子运动和磁力线的方向上受到洛仑兹力的作用,运动轨迹发生偏转。由于高能电子通常是以与磁力线具有一定角度的方向进入地磁场,洛仑兹力的作用将使高能电子围绕磁力线做螺旋运动,这是这些高能电子在地球磁场中产生的第一种运动方式。由于地球磁场是一个偏心偶极子磁场,其磁力线在地磁南、北极汇集,这一特性使进入地磁场、并围绕磁力线做螺旋运动的高空核爆高能电子与天然辐射带粒子一样,沿着磁力线在两个镜点之间来回振荡,做弹跳运动,这是这些高能电子的第二种运动方式。同时,地球的自转运动使捕获于磁力线上的高能电子还产生垂直于磁力线的东西方向的漂移运动,对于电子而言是向东漂移,这是这些高能电子的第三种运动方式。

在"螺旋运动"和"振荡运动"两种运动的共同作用下,不同能量的高能电子被牢牢地束缚在相应的磁力线上,呈稳定捕获状态,而"漂移运动"使该捕获粒子的磁力线沿着地球经度在东西方向漂移,使粒子做"振荡运动"的磁镜点在南北半球高纬区分别划出两个圆,连接着两个圆的所有磁力线段形成一个磁壳(称为"漂移壳"),可以用磁镜点的磁场强度 B 和磁壳在赤道

面的地心距离 L 表示,即 (L,B) 坐标,相应能量的高能电子就被稳定地束缚在不同的漂移壳之内,也就是形成了稳定的电子捕获带,即高空核爆炸产生的高能电子人工辐射带。

高空核爆产生混合效应。"海星"计划的实验结果表明,高空核爆炸可以大大增强低高度的电子辐射带电子通量,根据回收卫星的观测结果,在"海星"计划的实验后,在高度为 400km 左右的低地球轨道上,平均辐射剂量由原先的 0.01rad/d 上升到 10rad/d,增加了近 10^3 倍。在南大西洋异常区的底部,爆炸后 9 个月内,人造电子辐射带的衰减半衰期从初期的 10d 变化到 100d,说明高能电子受到了地球磁场的捕获,从而延缓了衰减过程。同时,没有观测到质子和中子的放射现象,说明高空核爆炸产生的人工辐射带成分主要是高能电子。

2) 粒子束设备干扰环境分布

粒子束设备是利用加速器把质子和中子等粒子加速到每秒数万千米至每秒几十万千米,并通过电极或磁集束形成非常细的粒子束流并发射出去,用于对目标进行轰击,造成目标区的粒子通量急剧增加。粒子束设备可以分为带电粒子束设备和中性粒子束设备。粒子束设备在太空可以改变数十千米到数百千米的环境分布。如果存在大气环境,则可能发生明显的衰减效应,大大降低攻击距离。

粒子束设备发射的定向能具有能量高、定向性强、近光速等特点。既可以直接摧毁目标,也可以通过强大的电磁场脉冲热效应或者利用目标周围产生的 X 射线、γ 射线等特殊环境,迫使目标电子设备失效或者受到损坏。

通常,带电粒子束设备作为地基设备来使用,而中性粒子束设备则作为天基设备来使用,但随着技术的发展,粒子束设备的天基布署逐渐成熟。苏联于 1974 年开展粒子束设备研究,美国则从 1978 年开展相关研究。20 世纪 70 年代中期以来,苏联在电离层和大气层外的"宇宙"系列卫星、载人飞船和"礼炮号"空间站上进行了 8 次带电粒子束设备传导实验;在列宁格勒地区进行过粒子束设备的地上实验,实验装置有线性电磁感应加速器、γ 射线仪器、X 射线仪器、磁力存储器和多频道超高压开关等,而且进行过带电粒子束对洲际弹道导弹、宇宙飞船和固体燃料密封保存的照射实验。

美国海军在 20 世纪 70 年代研究了带电粒子束拦截导弹的核弹头,美国国防部于 1981 年设立了定向能技术局来开发粒子束设备和激光设备。美国已经确定粒子束设备的潜在用途为拦截导弹、攻击卫星等运用。截至 2013 年,由于加速器笨重,粒子束设备尚未投入使用,随着能量技术的发展进步,此类设备将成为人工干扰太空环境状态分布的一种新方式。

3）电磁干扰环境分布

航天器遭受的电磁辐射,无论是自然还是人工主动干扰,多为脉冲形式。在现有物理机制中,通常将卫星看作一个含有大量电路、孔隙的复杂导电体,电磁脉冲与其作用的途径可以分为"前门耦合"和"后门耦合"两种。所谓"前门耦合"是指电磁脉冲通过天线等传输线耦合进电子系统,对电子设备和器件进行干扰和毁伤;而"后门耦合"则是电磁脉冲通过机箱体的缝隙、孔阵等非正规通路对电子系统进行作用,以干扰或毁伤电子设备中的微电子器件。从使用的能量上看,可分为强功率毁伤和低功率干扰两类,前者如核爆炸产生的强电磁脉冲、高功率微波设备等,它们通过在目标表面和内部产生的强电场和电流,在瞬间或很短的时间内烧毁电子元器件(晶体管、集成电路、继电器、滤波器和电阻电容等),使电子设备失效。仿真分析表明,当目标遭受功率密度为 $0.011\mu\mathrm{W/cm}^2$ 的微波波束照射时,雷达、通信设备和导航系统的相应频段将被干扰,无法正常使用。当遭受的功率密度达到 $0.1\sim1\mu\mathrm{W/cm}^2$ 时,雷达、通信设备和导航系统的器件性能将下降甚至失效。当遭受的功率密度达到 $10\sim100\mu\mathrm{W/cm}^2$ 时,就会在照射表面产生较大的感生电流,烧毁关键器件。

美国 HAARP 团队、欧洲 EISCAT 团队、俄罗斯 SURA 团队开展了高频电离层加热和诊断技术研究,采用地基大功率高频(high frequency,HF)无线电波定向注入技术,构建了人工可控电离层加热生成模型,进行了人工可控电离层的定向扰动验证,发现了电离层加热不均匀性现象,取得了初步的超视距超短波通信、人造极光、超低频通信等研究结果。

4）人工微波干扰环境分布

太空微波环境攻击主要包括低功率干扰和高功率毁伤两类模式。其中,低功率干扰的主要对象为电子系统和雷达等侦察设备等,手段以连续波和特定谱段为主,通常可产生电子系统和生物系统功能紊乱等效果。高功率微波主要是指频率在 $300\sim300\mathrm{GHz}$、峰值功率大于 $100\mathrm{MW}$ 的强脉冲电磁辐射,可以远距离干扰、扰乱、损伤、毁坏设备装备和重要设施中的电子系统,具有光速攻击、发射成本低、可同时杀伤多个目标、毁伤不留痕迹、瞄准度要求精度较低(与激光相比)等特点。

5）天基激光干扰环境分布

随着激光、新材料、微电子、电光等技术的发展,激光技术在航天工程领域有了广泛的应用。激光器自问世不久就成为空间技术领域用于解决各种工程和科学问题的重要工具,如 1971 到 1972 年发射的"阿波罗"15 号、16

号和 17 号飞船上均搭载了红宝石激光器,用于测量高度。目前,激光器系统已经在航天工程中有广泛的应用,如激光遥感、深空光通信、激光推进等。

另一方面,基于激光技术衍生出一种利用高能激光束产生强大杀伤威力的定向能激光设备,它利用激光束的高能量产生高温,并采取束的形式实现定向发射,改变目标区域的环境状态分布,以摧毁或损伤作用目标的设备系统。激光设备是当前所谓新概念设备中理论最成熟、发展最迅速、最具实战价值的高能设备,它以无后坐力、无污染、直接命中、效费比高等诸多优点成为发达国家未来重点研制的设备。

天基激光设备是利用激光器打击、破坏卫星运行环境或直接损坏其正常功能的一种攻击手段,形象地说,是用于攻击在轨运行的卫星的"杀手"。空间激光设备按照设置场所的不同,可分为地基与天基两种,前者指设置在陆地、舰船与飞机上的,后者是设置于空间轨道或航天器上的激光设备。

天基激光设备的作用机制是利用强激光与材料的相互作用,使材料产生暂时性或永久性的破坏。例如,使卫星光电系统致盲或受到干扰;使成像系统的窗口产生龟裂或磨砂效应,进而失去对目标的监测能力;可以造成卫星能源系统的破坏,由于太阳电池板是暴露在外面积最大的部件,也是激光设备重点攻击的目标;另外还能够破坏卫星表面的温控涂层导致卫星内温度失控,从而造成卫星工作失常。为抵抗这种破坏性环境的产生,应对卫星的一些敏感部位和部件进行加固,改进卫星表面结构,提高抵抗激光设备的能力。

3. 太空辐射效应

根据太空中的人工环境和自然环境、电离辐射和电磁辐射、设备和人员区别对待的原则,可将辐射环境对人类活动的影响划归为材料或设备损伤效应和辐射生物学效应。材料或设备损伤效应的作用对象为航天器、雷达、光学望远镜等设备,主要指环境与对象相互作用,发生单粒子效应、电离总剂量效应、位移损伤效应、表面充放电效应、内带电效应、材料应力衰减、表面脆性增强等,进而影响材料或设备效能;辐射生物学效应的作用对象主要为航天员,主要指环境与机体相互作用,发生器官损伤、神经扰乱、遗传基因突变等危害,进而影响正常的航天任务。

1) 单粒子效应

单粒子效应又称"单事件效应",是单个高能粒子在器件的灵敏区内产生大量带电粒子的现象,属于电离效应。当能量足够大的粒子射入集成电路时,由于电离效应(包括次级粒子的)可产生数量极多的电子-空穴对,引起半导体器件的软错误,使逻辑器件和存储器产生单粒子翻转,CMOS 器件产生单粒子闭锁,甚至出现单粒子永久损伤的现象。集成度的提高、特征尺寸的降低、临界电荷和有效 LED 阈值的下降等均会使其抗单粒子扰动能力降低,器件的抗单粒子翻转能力明显与版图设计、工艺条件等因素有关。

2)电离总剂量效应

与单粒子效应通常是由单个高能重离子或高能质子引起的机制不同,电离总剂量效应通常是由许多带电粒子长时间辐射累积引起的。在航天工程中,电离总剂量效应一般简称为"总剂量效应"。

3)位移损伤总剂量效应

与电离损伤不同,带电粒子入射航天材料或器件后,还可能以不同的撞击方式使吸收体原子离开其位置,产生晶格缺陷,从而产生位移损伤。该损伤效应也与带电粒子损伤的长期累积相关,故称为"位移损伤总剂量效应",简称为"位移损伤效应"。

4)充放电效应

充放电效应是指卫星与空间等离子体、低能电子或高能电子等环境相互作用而发生的静电电荷积累和泄放过程,分为表面充放电效应和内带电效应:

(1)表面充放电效应是指在卫星与空间环境的相互作用下,电荷在卫星表面材料中积累和泄放的过程。空间等离子体增强是引起在轨卫星表面充放电的主要原因之一。

(2)内带电效应是指高能电子穿透航天器舱壁,进入航天器内部,进而在电子线路板等绝缘材料内部沉积,当充电电位达到一定击穿电压后,会发生放电,导致卫星异常和失效,其中,高能电子暴是引起在轨卫星内带电的主要原因。

5)材料辐射损伤效应

太空辐射环境可以作用于航天器材料,使材料内部产生电子-空穴对、造成分子键的断裂或交联、高分子材料的裂解出气等,进而引起材料的光学性能、热物性能、电学性能或力学性能发生变化。

6)辐射生物学效应

辐射生物学效应是指在太空辐射环境作用下,生物机体吸收辐射能量,引起机体电离或激发,使生物大分子的结构破坏或变异,进而改变组织或器官的性状和功能,甚至导致机体死亡的生物效应。空间辐射生物学效应可

以按照出现时间、发生规律或者出现范围进行分类:

（1）按效应的出现时间，可以分为近期效应与远期效应。近期效应又可分为急性效应与滞后效应。急性效应是短期的大剂量辐射引起的效应，如急性放射病与急性皮肤放射损伤；滞后效应是长期的小剂量辐射后产生的效应。远期效应一般发生在受辐射后几年到几十年之间，如辐射所致肿瘤、白内障和辐射遗传效应等。

（2）按效应的发生规律，可以分为随机性效应与确定性效应。随机性效应是指效应的发生概率与剂量大小相关，而效应的严重程度与剂量大小无关的一些辐射效应，如致癌效应和遗传效应等。一般认为它不存在剂量的阈值，但接受的剂量越低，发生该效应的概率也越小。

7）激光辐射损伤效应

强激光具有运用方式灵活、能流密度大等特点，是未来影响航天器安全、航天员健康的重要太空环境要素。对航天器的破坏主要来自热烧蚀破坏效应、激波破坏效应和辐射破坏效应。

（1）热烧蚀破坏效应

高功率激光照射到靶材上后，材料物质的电子由于吸收了光能产生碰撞而转化为热能，使材料的温度由表及里迅速升高，当达到一定温度，即温度阈值时，材料被熔融、汽化，由此形成的蒸汽以极高的速度向外膨胀喷射，同时冲刷带走熔融材料的液滴或固态颗粒，从而在材料上造成凹坑甚至穿孔。

激光的热烧蚀破坏效应取决于激光参数、环境参数、靶材物质参数，以及激光与目标作用的距离和时间。在给定的激光、环境、靶材、距离参数条件下，激光与靶材作用的时间越长，热烧蚀破坏的效应就越大。

（2）激波破坏效应

激波破坏效应是脉冲强激光特有的物理效应。脉冲强激光辐照靶材达到峰值时，会在靶材表面形成一个烧蚀等离子层。该等离子层迅速向外喷射，施于靶面一个冲击压力——烧蚀压力。烧蚀压力加载产生的向靶内传播的激波称作"压缩加载波"。当该激波到达靶材的后自由面时，发生反射转换，变为拉伸波。当拉伸力达到阈值时，便会引起拉伸损伤，即断裂破坏。

激波在靶材内传播时引起的靶材断裂的厚度与激光波长、脉宽、强度、脉冲形状、烧蚀压力和靶材材料参数、靶材厚度有关。

（3）辐射破坏效应

靶材表面因激光照射汽化而生成等离子体，等离子体一方面对激光起屏蔽作用，另一方面又能辐射紫外线和 X 射线，对目标造成损伤。紫外线和 X 射线的本质是电磁辐射,紫外线的波长范围是 10~400nm,X 射线的波长范围是 0.001~0.1nm,均为不可见光。

紫外线可以使磷光和荧光物质发光,能穿透大气层,但不易穿透玻璃。适当照射紫外线有消毒作用,但照射时间过长、强度过大,会对人体,特别是眼睛造成伤害。因此,激光产生的紫外线的主要破坏作用是激光致盲,而在毁伤空中目标方面没有作用。

X 射线在光谱中能量最高,可从几十兆电子伏到几百兆电子伏,具有极强的穿透能力:X 射线可以使感光材料曝光;当其作用时间较长时,可以使物质电离,改变其电学性质;可以对材料产生光解作用,使其发生暂时性或永久性色泽变化;可以对固体材料造成剥落、破裂等物理性损伤,进而可对航天系统产生辐射损伤。

对强激光三大破坏效应的对比分析可知,热烧蚀破坏效应是长脉冲强激光毁伤航天器等目标的主要手段。激波破坏效应只对很薄的金属壳体部位构成物理性损伤。辐射破坏效应中的射线对滞留空中时间较长的航天器构成多方面的严重威胁。因此,航天器不同部位抗强激光毁伤技术的着眼点应有所不同。

8) 微波和电磁辐射损伤效应

如前所述,高功率微波(HPM)和电磁脉冲(EMP)对电子设备的破坏原理是通过极强的电磁脉冲,通过"前门"和"后门"两种途径进入电子设备,在电子系统内部产生强电场和强电流,进而对电子设备进行干扰和破坏。相对而言,较低功率的微波或人工电磁辐射可以作为一种电子对抗手段,而高功率的微波或电磁辐射则会直接带来电子设备的损毁。

2.3.2 太空辐射环境及其效应要素识别

太空辐射环境主要包括电离辐射和电磁辐射,电离辐射主要来自地球辐射带、太阳宇宙射线、银河宇宙射线、中子等。其中,带电粒子辐射的成分主要是电子、质子和少量重离子。电磁辐射主要来自太阳电磁辐射,对航天材料和器件影响较大的主要是紫外辐射、γ 射线和 X 射线等。

太空辐射环境将对航天材料和器件带来严重的辐射损伤,主要包括单粒子效应、电离总剂量效应、位移损伤效应、表面充放电效应、内带电效应、太阳电磁辐射效应等,见表 2-6。不同太空辐射效应对航天器的影响见表 2-7。

表 2-6 不同轨道对应的太空辐射环境和效应

效应 \ 轨道	低地球轨道（LEO）	太阳同步轨道（SSO）	中地球轨道（MEO）	地球同步轨道（GEO）	行星际飞行轨道
单粒子效应	太阳质子、重离子，内辐射带质子，南大西洋异常区	太阳质子、重离子，内辐射带，南大西洋异常区	宇宙射线中的高能质子和重离子	宇宙射线中的高能质子和重离子	宇宙射线中的高能质子和重离子
电离总剂量效应	太阳宇宙射线，银河宇宙射线，内辐射带电子和质子，南大西洋异常区电子和质子	太阳宇宙射线，银河宇宙射线，内辐射带电子和质子，南大西洋异常区电子和质子，犄角区电子	太阳宇宙射线，银河宇宙射线，外辐射带电子	太阳宇宙射线，银河宇宙射线，外辐射带电子	太阳宇宙射线，银河宇宙射线
位移损伤效应	太阳质子、重离子，内辐射带质子，南大西洋异常区	太阳质子、重离子，内辐射带，南大西洋异常区	宇宙射线中的高能质子和重离子	宇宙射线中的高能质子和重离子	宇宙射线中的高能质子和重离子
表面充放电效应	忽略	高纬度地区遭遇极光沉降粒子	地磁活动时遭遇热等离子体	地磁活动时遭遇热等离子体	太阳风
内带电效应	忽略	忽略	高通量、持续时间长的高能电子	高通量、持续时间长的高能电子	忽略
太阳电磁辐射效应	太阳电磁辐射	太阳电磁辐射	太阳电磁辐射	太阳电磁辐射	太阳电磁辐射

表 2-7 太空辐射效应的对象和影响

太空辐射效应		对象	影响
单粒子效应	单粒子翻转	静态存储器	存储数据翻转，计算机指令混乱
		静态存储器型 FPGA	FPGA 配置存储器内容改变，用户逻辑或数据发生错误
		CPU、DSP	电路逻辑功能混乱，程序错误、走飞或死锁
	单粒子锁定	体硅 CMOS 器件	器件形成不可控道路，产生持续大电流；器件所使用的二次电源被突然陡增的电流损坏，对使用相同二次电源的其他仪器设备产生影响
	单粒子烧毁 单粒子栅击穿	功率 MOSFET 器件	器件硬损伤，功率变换器或电源电压剧烈波动甚至烧毁，严重威胁航天器电子系统安全

续表

太空辐射效应	对象	影 响
电离总剂量效应	电子元器件及材料	电子元器件和材料的性能漂移、功能衰退甚至失效
位移损伤效应	太阳电池片	太阳电池短路电流和开路电压下降，输出功率降低
	光电耦合器、CCD	器件的电流传输比降低，光响应度降低
表面充放电效应	航天器表面材料、电子系统、涂层	静电放电产生的电磁脉冲通过辐射或传导进入卫星电子系统，对其产生影响甚至引发故障
内带电效应	航天器内部介质材料、电子系统、涂层	深层静电放电对电子系统产生干扰甚至引发电子电路故障
太阳电池阵等离子体充电	太阳电池阵	太阳电池阵短路，甚至失效
太阳电磁辐射效应	航天器外表面材料	外表面材料性能退化
	太阳电池	影响发电效率和光放电管理
	光学敏感器件、相机	产生背景噪声和杂散光干扰

由表 2-6 和表 2-7 可知，不同轨道航天器所面临的太空辐射效应有所不同，其中低地球轨道的表面充放电效应、内带电效应和等离子体充放电效应的发生概率可以忽略，内带电效应主要发生在中、高轨道上，而不同太空辐射效应对航天材料、器件或分系统的损伤不同，感知中需开展个体差异性监测，发展个性化风险预警技术。

1. 高能粒子和单粒子事件

太空环境中高能带电粒子入射到器件后，经常会在器件内部的敏感区形成电子-空穴对，进而形成能打开联结的信号，这些故障统称为"单粒子效应"（single event effect，SEE）。航天器上的单粒子效应主要是由重离子和质子引起的，而质子主要是与半导体材料发生核相互作用产生重离子，进而由重离子诱发单粒子效应。单粒子效应按照损伤程度可以分为两类，产生破坏性效应和非破坏性效应。

破坏性效应：单粒子锁定（single event latch-up，SEL）、单粒子快速反向（single event snapback，SESB）、单粒子绝缘击穿（single event dielectric rupture，SEDR）、单粒子栅击穿（single event gate rupture，SEGR）和单粒子烧毁（single event burnout，SEB）。

非破坏性效应：单粒子暂态（single event transient，SET）、单粒子扰动

（single event disturb，SED），单粒子翻转（single event upset，SEU）、单粒子多单元翻转（single event multiple-cell upset，MCU）、单粒子多位翻转（single event multiple-bit upset，SMU）、单粒子功能中断（single event functional interrupt，SEFI）和单粒子硬错误（single event hard error，SEHE）。

SEE 是包含所有效应的通用术语。对单粒子效应的研究经过 30 多年发展，形成了许多首字母缩略词用来表示各种状态（表 2-8），其中最常见的是单粒子翻转和单粒子锁定。

表 2-8 单粒子效应缩略语列表

缩略语	效 应	描 述
SEU	单粒子翻转	数字电路改变逻辑状态
SESB	单粒子快速反向	在 NMOS 器件，尤其是 SOI 器件中产生的大电流再生状态
SEL	单粒子锁定	器件转换到破坏性的、高电流状态
SEGR	单粒子栅击穿	在栅氧化物高场区由单个离子诱发形成的导电通道
SEDR	单粒子绝缘击穿	由单个离子在 FPGA 等线性器件的介质高场区造成的破坏性击穿
SEB	单粒子烧毁	功率晶体管的另一种破坏性失效模式
SMU	单粒子多位翻转	由一个入射粒子导致在存储单元多位的状态改变
SEFI	单粒子功能中断	器件进入不再执行设计功能的模式
SEMBE	单粒子多位错误	一个离子造成一个以上的逻辑状态改变
SET	单粒子暂态	暂态电流在混合逻辑电路中传播导致输出错误
SEHE	单粒子硬错误	单个离子造成的不可恢复性错误

2. 高能辐射和电离辐射总剂量

太空带电粒子入射到卫星吸收体（电子元器件或材料）后，产生电离作用，同时其能量被吸收体的原子电离而吸收，从而对卫星的电子元器件或材料造成总剂量损伤。总剂量效应具有长时间累积的特点，吸收体的损伤随着辐射时间的延长通常具有加重的趋势。这种效应与辐射的种类和能谱无关，只与最终通过电离作用沉积的总能量有关，属于累积效应。总剂量效应是辐射效应中最常见的一种，能够引起材料加速退化、器件性能衰退、生物体结构和机能受损等。太空辐射环境中对总剂量效应有贡献的主要是地球辐射带的电子和质子，其次是太阳宇宙射线中的质子，辐射带捕获电子在吸收材料中的二次轫致辐射对总剂量效应也有重要贡献，尤其是对卫星内部的电离辐射有较大贡献。

总剂量效应的机制比较复杂,不同的电子元器件或材料具有不同的损伤或退化机制。对于一些半导体材料,由于带电粒子辐射使其内部产生了电离的电子空穴对,影响了材料的电学性能或光学性能;而对于电子元器件,如MOS器件,带电粒子在器件界面上生成了一定数量的新界面态,影响了器件中载流子的迁移率、寿命等重要参数,进而对电子元器件的电学性能产生影响。

总剂量效应可导致卫星电子元器件或材料性能产生退化,甚至失效,主要表现为温控涂层开裂、变色,太阳吸收率和热发射率衰退;高分子绝缘材料、密封圈等强度降低、开裂;玻璃类材料变黑、变暗;双极晶体管电流放大系数降低、漏电流升高、反向击穿电压降低等;MOS器件阈电压漂移,漏电流升高;光电器件暗电流增加、背景噪声增加等。

对电离总剂量贡献较大的一般为能量不高、通量不低、作用时间较长的空间带电粒子,主要是辐射带捕获电子、质子和太阳耀斑质子等。

3. 高能粒子及位移损伤剂量

地球辐射带捕获质子和太阳耀斑质子是卫星电子元器件和材料产生位移损伤效应的主要来源。与电离总剂量效应用不同辐射剂量(rad 或 Gy)描述辐射损伤不同的是,位移损伤通常用等效粒子通量来描述。

太空环境中高能辐射粒子与卫星器件材料发生作用,其结果使卫星材料晶格原子发生位移,空间中对器件位移损伤起重大作用的辐射粒子主要是质子、电子和次级中子。

位移损伤对器件影响的作用过程如下:①位移损伤形成的缺陷能级在禁带中心形成一个中间能级,使价带电子更容易跃迁到导带,从而增加器件的热载流子,使器件暗电流增加;②位移损伤形成的缺陷能级在禁带中心形成一个复合中心,使导带中的电子和价带中的空穴复合,这种作用会使载流子寿命缩短;③位移损伤形成的缺陷能级在禁带中心形成一个载流子陷阱,载流子陷阱俘获载流子后过一段时间再将它释放,在CCD器件中,这种作用会使电子转移效率降低;④缺陷能级补偿受主或施主,产生所谓的载流子去除效应,使平衡态多数载流子浓度降低;⑤缺陷能级产生缺陷辅助隧道效应,对PN结反偏电流有贡献。此外,位移损伤形成的缺陷结构会增加其对载流子散射的贡献,造成载流子迁移率下降。

光电器件对位移损伤比较敏感,主要有太阳电池、光电耦合器、光纤等。太阳电池在位移损伤作用下,可导致其短路电流 I_{sc} 和开路电压 V_{oc} 下降,以及电池输出功率的下降。有研究表明,利用等间隔温度递增(等时退火)后,会使位移缺陷浓度下降。通过热处理可以延长辐射期间的器件寿命,退火可以使某些受辐射损伤的器件恢复性能。

4. 等离子体和航天器表面充电电位

航天器在轨运行期间处于低能等离子体环境的包围之中,其主要成分为低能电子和质子,主要源于日冕物质抛射的太阳风。等离子体的粒子通量、能量等参数与太阳活动、光照、地球磁场、轨道空间位置等相关。等离子体环境将与航天器的表面材料相互作用,使航天器表面积累电荷。卫星表面材料的介电性能、几何形状等不同,会使卫星表面之间、表面与深层之间、表面与卫星接地之间产生表面电位差,当这个电位差达到一定量值后,将会以电晕、击穿等形式产生放电,或者通过卫星结构、接地系统将放电电流耦合到卫星电子系统中,导致电路故障,威胁卫星安全。

运行于太空中的航天器的表面与周围环境存在电荷交换。假设航天器的表面电位为 ϕ;由表面电位流入的电荷流为 $I_{in}(\phi)$,流出的电荷流为 $I_{out}(\phi)$;由表面电位而吸引或排斥不同粒子而产生的电流分别为表面入射离子流 $I_i(\phi)$,表面入射电子流 $I_e(\phi)$,由入射离子诱发的二次电子流 $I_{si}(\phi)$,由入射电子诱发的二次电子流 $I_{se}(\phi)$,表面光电子流 $I_{ph}(\phi)$,由入射电子引起的后向散射电子流 $I_{be}(\phi)$。航天器表面与周围环境会很快形成电流平衡:

$$I(\phi) = I_{in}(\phi) - I_{out}(\phi) + I_i(\phi) + I_e(\phi) - I_{se}(\phi) - I_{si}(\phi) + I_{ph}(\phi) - I_{be}(\phi)$$

航天器与周围环境电荷交换的示意图见图 2-8。

表面充电分为绝对充电和不等量充电(差异充电)。在绝对充电时,航天器的导电结构体相对于周围等离子体可以达到一个净电位。

如果航天器表面材料选用了介质材料(如 Kapton、Teflon 等),会发生不等量充电,航天器表面的不同介质材料表面相对于空间等离子体带有不同的悬浮电位。在 GEO,因等离子体密度很低,太阳辐射产生的光电子发射流在电流平衡公式中起重要作用。航天器光照面发射的光电子会抵消电子流作用,使光照面电压变正;在背阳面,没有光电子存在,航天器表面通常充有负电位。随着背阳面负电位的增加,会产生电位势垒阻止向阳面的光电子发射,从而整个航天器开始充负电位。在等离子体环境温度较高时,航天器表面不同位置的电位差可能高达千伏。

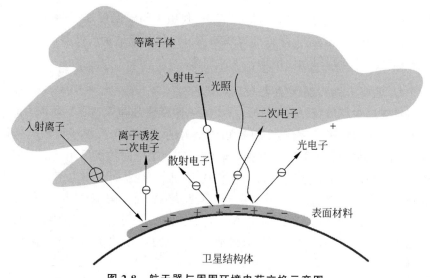

图 2-8　航天器与周围环境电荷交换示意图

　　不等量充电比绝对充电更具有危险性,其会导致航天器表面电弧或静电放电(electrostatic discharge,ESD),从而引起航天器出现在轨异常。常规地球轨道表面充放电的风险区域和程度见图 2-9。

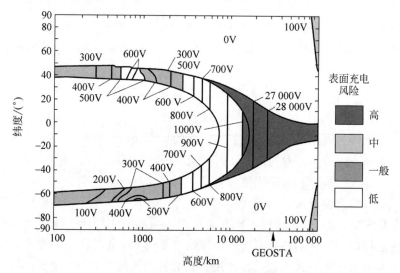

图 2-9　地球轨道表面充电风险

　　表面充放电效应的主要危害包括放电电流造成供配电系统烧毁、短路,破坏卫星能源系统。静电放电会击穿元器件、破坏卫星电子系统;放电会产生电磁脉冲干扰,造成电路器件翻转;静电放电也会击穿表面材料、影响材料性能。卫星带电会导致结构电位漂移、影响测量系统。卫星材料表面带电还会增强表面污染,从而影响传感器、窗口玻璃、镜头的性能。

5. 高能电子暴和航天器内部充电电位

卫星轨道上的高能电子(能量为 0.2～10MeV)具有很强的穿透能力,能够穿过航天器舱壁,沉积在航天器内部的印制电路板、电缆等介质中;加之绝缘材料的电导率很低,或者没有良好的接地,造成沉积的电荷泄放不畅。当沉积电荷的速度大于电荷泄放的速度时,介质中的局部电场就不断增强;当电场达到介质材料的击穿阈值时(一般认为在 $10^7 \mathrm{V/m}$ 量级,具体会因材料的不同而有所差别),会发生静电放电,从而对星内电子系统产生干扰,导致卫星异常甚至失效,这被称之为"内带电效应"。高能电子在一定厚度的材料内部的充放电效应被称为"深层充放电效应"。航天器内部充电原理的示意图如图 2-10 所示。

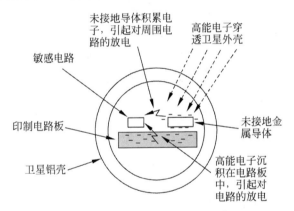

图 2-10 航天器内部充电原理示意图

高能电子增强主要发生在地球外辐射带,受影响的主要是 GEO 和 MEO 上的卫星,在发生高能电子通量增强事件时,GEO 和 MEO 大于 2MeV 的高能电子通量一般会比平静状态下高 2～3 个数量级,可诱发卫星出现深层充电效应。图 2-11 给出了 2015 年 3 月大地磁暴期间,北斗 MEO 卫星、风云 GEO 卫星的地磁指数(geomagnetic indices,Dst)和电子通量的变化。从图中可以看出,在强磁暴期间,近地空间高能电子通量短时间内增加了近 3 个量级,在图中方块示意的时段内,卫星故障显著增多,且多为卫星内带电故障。

内带电效应在历史上多次造成卫星故障和失效,高能电子甚至被称为"卫星杀手"。2000 年 4 月,高能电子诱发了"Brazilsat A2"卫星异常,卫星

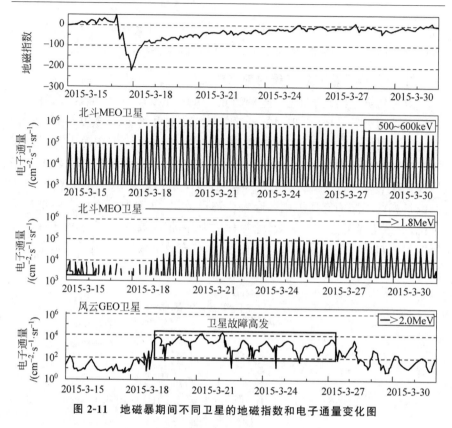

图 2-11 地磁暴期间不同卫星的地磁指数和电子通量变化图

失效前 8h,其所在处的高能电子通量超过 $5\times10^5/(cm^2\cdot s)$,2h 的高能电子注量超过 $1.8\times10^{10}/cm^2$;1997 年 1 月 6—11 日,高能电子暴造成"TELSTAR-401"通信卫星失效,损失高达 7.12 亿美元;1998 年 5 月 19 日的太阳风暴引起磁层粒子暴,造成美国"GALAXY-4"通信卫星由于内部充电而失效,致使美国 80% 的寻呼业务中断,大量通信中断,并使金融交易陷入混乱。历史上最强的一次高能电子增强事件发生在 2004 年 7 月底至 8 月初,它是由连续的太阳爆发活动引起的,7 月 29 日,大于 2MeV 的高能电子日积分通量高达 $9.3\times10^9/(cm^2\cdot day\cdot sr)$,是目前观测到的最强的高能电子暴。

6. 材料辐射损伤效应

材料的辐射损伤效应主要来自高能粒子和高能光子。其中,高能粒子包括带电粒子和不带电粒子,高能光子主要来自太阳光,其损伤机制均是高能粒子或光子对材料的电离辐射或位移损伤。

以高能光子为例。太阳光的辐射对航天器的在轨运行具有重要的影响,尤其是紫外波段,虽然其能量比例较低,但由于其光子能量较高,可对航天器在轨运行带来严重的威胁,高能光子对航天材料的效应影响见图 2-12。主要包括以下几个方面:

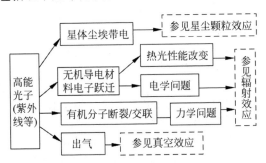

图 2-12 高能光子对航天材料的影响关系图

1)对热控材料的影响

对于长期在轨运行的航天器,太阳紫外辐射会使热控材料性能退化甚至失效,这将导致其超过热设计的允许范围,使航天器难以满足热控制需要。

2)对绝缘材料和密封材料的影响

太阳电磁辐射中的紫外辐射,由于其具有较高的频率、较短的波长,对高分子材料具有重要的影响。通常,绝缘材料和密封材料均由高分子材料组成,在长期的紫外辐射作用下,高分子材料将变脆、变硬,甚至开裂,对绝缘材料和密封材料带来致命威胁。

3)对光学材料的影响

能量较高的紫外光将引起高分子材料的价键断裂,进而释放大量的分子污染物,这些分子污染物凝结在光学材料表面,导致其透射率降低,从而影响其在轨性能。

4)对生物体的影响

紫外辐射和 X 射线辐射等高能光子由于具有较高的能量,可对人体器官造成不同的损伤,尤其对航天员在轨执行任务具有较大的威胁。

7. 太空辐射诱发生物学效应

太空辐射主要会造成遗传物质的损伤进而产生一系列影响,如基因突变、染色体畸变、细胞癌变、失活和生长发育异常等。太空辐射对生物体的损伤主要与吸收剂量有关,以人为例,人体急性全身辐射暴露的临床效应见表 2-9。

表 2-9　人体急性全身辐射暴露的临床效应

吸收剂量/Gy	临 床 效 应
0～0.25	一般察觉不到临床症状,可能有迟发效应
0.25～1	一次性淋巴细胞和中性白细胞减少,一般无失能症状,可能发生继发效应,但不严重
1～2	恶心和疲劳,有可能出现呕吐,淋巴细胞、红细胞和中性白细胞减少并缓慢恢复
2～3	开始几小时内即产生恶心、呕吐和疲劳等症状,骨髓功能严重降低、发热、无食欲、咽喉发炎、有出血点,除非并发感染或体质虚弱,一般 3 个月内可能恢复
3～5	开始数小时内产生恶心、呕吐、腹泻和肠绞痛等症状,潜伏期可达 1 周,第 2 周有脱发、无食欲和发烧,第 3 周则有严重的且难以恢复的骨髓功能降低、出血、口腔和咽喉发炎、腹泻与消瘦,26 周内有可能死亡,存活者有继发效应
>5	开始数小时内产生恶心、呕吐和腹泻等症状,第 1 周末出现脱发、无食欲、发烧、口腔和咽喉发炎、出血,表现出明显的中枢神经损伤、造血功能严重降低,第 2 周可以产生迅速消瘦和死亡,死亡率可达 100%

此外,电离辐射还会对 DNA 分子造成不同程度的损伤,包括碱基丢失或修饰、DNA 链交联、单链断裂和双链断裂等。按照生物大分子损伤的机制,可以分为直接效应、间接效应、旁效应等。

(1)直接效应是指辐射直接作用于具有生物活性的大分子,如核酸、蛋白质等,使其发生激发、电离或化学键的断裂而造成分子结构和性质的改变,从而导致组织细胞发生一系列生理功能障碍,进而导致机体正常功能与代谢作用的障碍。

(2)间接效应是指辐射作用于生物分子的周围介质(主要是水),引起水分子的电离与激发,生成水解自由基,这些自由基再与生物分子发生物理化学反应,生成生物分子自由基,从而间接造成生物分子损伤。其主要原理基于自由基和水化电子的强氧化还原能力。

(3)旁效应是指受到辐射的细胞可以将辐射造成的影响传递给其他没有受到辐射的相邻细胞,使未直接受到照射的细胞表现出与受到照射的细胞类似的生物学效应,包括细胞凋亡、基因突变、基因表达改变、微核、基因不稳定和细胞生长异常等。

一方面,辐射可能对 DNA 的结构造成损伤,包括碱基损伤、糖基破坏、DNA 链断裂、DNA 交联等;另一方面,辐射可能对 DNA 的代谢和功能改变造成影响,包括 DNA 代谢变化、DNA 合成抑制、DNA 降解增强、DNA 功能变化等。

在航天活动中,较重要的非电离辐射主要包括紫外辐射、短波辐射与微波辐射,前者来源于太阳辐射,后者主要来源于飞行器的通信与遥测设备等。

紫外辐射的生物学效应主要是由于紫外线被物体吸收后引起原子价态的改变,产生光化学反应,从而导致细胞死亡。紫外辐射在人体组织中的穿透能力较弱,其生物学效应主要局限于皮肤和眼睛。根据紫外照射后红斑反应的严重程度可将其分为四级:

一级红斑:肉眼能观察到的红斑,24h 后皮肤可完全复原,对应的照射剂量称作"最小红斑剂量"。

二级红斑:与中等的晒斑类似,3~4h 后减退,并伴随色素沉积。

三级红斑:伴有水肿和触痛的严重红斑反应,持续数日,色素沉着明显,有鳞片状脱皮,且皮肤常见分层脱落。

四级红斑:水肿较三级更严重,可形成水疱。

此外,当微波与短波辐射作用于生物机体时,其电场与组织内分子原有的电场的相互作用可使组织内分子的动能和势能改变,并可进行能量交换,影响机体功能。

8. 人工辐射带干扰甄别

高空核爆炸将在地球天然辐射带的内、外辐射带之间的槽区形成一条人工辐射带(高能电子带),并将对运行于低地球轨道的人造卫星等航天器的安全带来严重的威胁。

"人工辐射带"主要由高空核爆炸产生放射性碎片(或物质),在核衰变中产生大量的 β 射线,它们注入地球磁场中,形成高能电子辐射带,人工辐射带的产生机制及影响详见 2.3.1 节中"2. 人工辐射环境 1)高空核爆炸"。

高空核爆炸可以大大增强地球磁层中低高度的电子辐射带电子通量,可以使航天器的平均辐射剂量比原先的辐射带本底增加 10^3 倍。而在南大西洋异常区的底部,人造电子带的衰减半衰期从初期的小于 10d 可变化到 100d。在此类核爆事件中,质子和中子基本没有增加,说明高空核爆炸产生的人工辐射带主要是高能电子。因此,可以通过对南大西洋异常区或者槽区的高能电子通量的监测来判断是否发生了高空核爆并推测其可能带来的影响。

9. 太空电磁干扰甄别

太空电磁干扰主要是电磁脉冲通过"前门耦合"和"后门耦合"将电子设备和器件耦合到电路系统,干扰或毁伤电子设备中的微电子器件。太阳耀斑、强电磁脉冲和高功率微波设备等均会产生强电磁辐射,通过在航天器表面和内部产生瞬态强电场和电流烧毁电子元器件(晶体管、集成电路、继电器、滤波器和电阻、电容等)。如何甄别太空电磁环境来自人工或自然是今后太空环境感知面临的一项重要任务。

2.3.3 太空辐射环境及其效应感知对象

太空辐射环境的感知对象主要包括粒子辐射和电磁辐射,主要参量为不同粒子、光子和电磁场的能量、通量、注量等。对太空辐射效应的监测、评估主要包括单粒子效应、电离总剂量及其效应、剂量率及其效应、位移总剂量及其效应、表面充电电位及其效应、内部充电电位及其效应、电磁辐射损伤及其效应等。

1. 太空辐射环境及其效应的要素

及时掌握太空不同环境中带电粒子和不带电粒子的能量、通量和注量的变化,是预报各类太空辐射环境及其效应的基础。监测太空中高能光子辐射能量和光谱的对应关系,监测太空背景电磁辐射、磁场扰动等,是航天器在轨维持和风险应对的基础。

及时监测太空中航天器单粒子的 LET 变化有利于甄别与应对可能发生的不同种类单粒子效应;监测太空中的电离损伤和位移损伤的剂量率和总剂量的变化有利于应对可能产生的电离总剂量效应和位移损伤总剂量效应。同时,监测航天器的表面电位和内部电位的变化有利于在轨辐射损伤的甄别定位和应对。

2. 太空辐射环境及其效应的参量特性

针对太空辐射环境及其变化,以及可能产生的太空辐射效应,根据任务特点和感知需求,可以进行不同维度的感知:①从太空辐射环境及其建模角度,需要对太空辐射环境如粒子和光子的能量、通量和注量进行精细化感知,以区分不同粒子、不同能量、不同通量和注量。②从效应的预警预报角度,需要对不同种类的辐射环境进行分段监测。比如内带电效应,通常指能量大于某一定值(如 2MeV)的电子穿透航天器舱壁,进而在内部电子线路板上沉积引起的效应。因此,需要对该能量及以上的电子通量进行监测。同理,对单粒子效应的预警,也只有特定能量或者特定 LET 的粒子才可能引发不同屏蔽内器件出现单粒子效应,如单粒子锁定、单粒子烧毁等。因此,需要对该 LET 以上的粒子进行监测并预警。

2.4 电离层环境及其影响

2.4.1 概念

1. 电离层分布

电离层是太空环境的重要组成部分,位于距地面 60km 至上千千米的空间区域,其中存在大量由于太阳辐射而形成的自由电子,穿过电离层的无线电信号将受到自由电子的影响,特别是甚低频至 C 频段。电离层具有复杂的地域性和变化性,如赤道异常区、远东异常区和闪烁高发区,日变化、年变化、随太阳活动的 11 年周期变化、暴时变化等。电离层对无线电信号的影响主要包括吸收、折射、闪烁、散射等,产生诸如法拉第旋转、多径、多普勒频移、衰落、衰减、色散、时延等效应。这些效应会影响无线电系统的信号传播特征,进而影响系统的功能实现和性能发挥,严重时会导致系统失效。

电离层是日地空间环境的重要组成,它对各种无线电信号的传播方向、速度、相位、振幅等均存在明显影响,并由此导致无线电信号延迟、折射、吸收等各类效应,因此它是很多无线电信息系统重要的测量误差来源之一,如卫星导航、卫星通信、短波通信、雷达等。

电离层电子密度高度方向变化的一个主要特征就是电离层的分层结构。根据高度的不同,电离层可相应划分为 D 层、E 层、F 层,其中 F 层是 F_1 层和 F_2 层的统称。通常状态下,电离层各层的主要状态参数见表 2-10。

表 2-10 电离层各层的主要状态参数

区域	高度/km	层	最大电离高度/km	电子密度/m^{-3}	附 注
D	60~90	D	75~80	$10^9 \sim 10^{10}$	夜间消失
E	90~140	E			密度和出现时
		E_s	100~120	2×10^{11}	间均不稳定
F	>140	F_1	160~200	3×10^{11}	夏季白天多
		F_2	250~450	$1 \times 10^{12} \sim 2 \times 10^{12}$	出现

　　电离层分层结构只是电离层状态的一种近似描述，实际上电离层具有昼夜、季节、年等不同的周期性变化特征，电离层随纬度和经度呈现复杂的空间变化。由于各层的化学成分、热结构不同，各层的特征参量随时间和空间的变化也不尽相同。

　　1）低纬度区域

　　如前所述，地磁赤道附近的电子密度比临近地磁纬度更低，而磁赤道两侧$\pm16°\sim\pm18°$的区域白天会出现两个明显的极大值，这种现象称为"磁赤道异常"（equtorial ionospheric anomaly，EIA），属于低纬电离层的正常结构。利用长期以来的研究成果，可将低纬区电离层赤道异常特征归纳为

　　（1）磁赤道的峰值电子密度存在局部极小值，而在磁赤道两侧$\pm16°\sim\pm18°$的区域内存在极大值，形成通常所描述的"双驼峰"结构，且F_2层峰高在磁赤道上空被极大地抬升而出现最大值，电离层总电子含量（total electron content，TEC）的变化也存在类似的分布特征。

　　（2）随着高度的减小，等离子体同中性粒子的碰撞增加，受此影响，磁赤道两侧双峰的分布按一定的磁力线排列，这种对磁力线的依赖性随高度的减小而减小。

　　（3）磁赤道异常现象一般只出现在白天，夜间会逐渐消失而变成单峰结构。

　　（4）磁赤道异常存在季节变化，夏至日和冬至日前后，夏季半球的峰宽且峰值高度偏低，而冬季半球峰窄且峰值高度更高。

　　（5）当高度超过1000km时，赤道电离层的异常特性几乎消失。

　　（6）磁赤道异常现象存在明显的经度不对称性。

　　2）中纬度区域

　　中纬区域的电离层变化最为典型。其中，日间F_2层的电子密度最低，夜间则下降10倍左右。夜间的F区浓度主要由风场和1000km高度上的带电H^+占主体的等离子体沉降作用来维持。日间的F层峰值高度通常低于夜间。若将中纬度电离层的E层、F_1层和F_2层的电子密度换算为临界频率的话，可明显看到其与基于太阳黑子数度量的太阳活动呈线性关系。

　　3）高纬度区域

　　高纬度电离层的变化主要受到高能极光粒子沉降、太阳风和强电磁场（外部空间粒子到达地球并与磁场相互作用产生的强电场）的控制。高纬度区域可以分为以下三个亚区域：

　　（1）极冠区：地磁纬度高于64°的极盖区域。该区域在冬季处于极夜状态，电离层的电子密度主要依靠太阳风驱动对流维持。当地磁活跃时，太

阳风使太阳产生的等离子体转移；在地磁平静期间，太阳风使较小的粒子沉降而产生等离子体。

（2）极光椭圆和亚极光区或中纬 F 槽区：该区域为可见极光经常环绕的带状区域，是粒子沉降和电涌流的活跃区。该区域典型的电离层特征是极光 E 层，即沿极光椭圆的 E 区电离带。在夜间，极光椭圆朝赤道方向 $5°\sim10°$ 内的区域为亚极光区，该区 F 层呈现电子密度显著下降而电子温度显著增加的特征，存在尖锐边界和明显的水平梯度，这种窄纬度现象又称为"中纬槽"，槽的位置存在一定的南北半球和经度变化，属于电离层的一种正常结构。

2. 电离层形成机制

1）中性大气的光化学电离

在太阳紫外辐射、宇宙高能粒子、X 射线辐射的共同作用下，地球中性大气粒子电离，生成电子-离子对。在地球大气的最高高度区域，太阳辐射最为强烈，但由于缺乏足够的大气粒子与太阳产生光化学反应，这一区域大气的电离程度非常有限。随着高度的降低，大气粒子开始增多，电离的强度也进一步增强。电离过程涉及的主要中性气体成分和离子成分包括 O、N、H 的分子和离子，如 O_2，O_2^+，O，O^+，O^-，N_2，N^+，N_2^+，NO^+，H 和 H^+ 等。

不同纬度区域电离过程的控制因素也各不相同，如太阳 FUV 和宇宙 X 射线辐射是中低纬区域主要的电离来源；但是到了高纬区域，受极光粒子沉降作用的影响，高能粒子会与大气中性分子发生碰撞，从而导致中性成分出现微粒电离。此外，电子可附在中性分子上，产生负离子，而负离子会发生分离从而导致电离，但是这种情况只会发生在电离层的 D 层高度。整体而言，电离层最主要的电离源是太阳远紫外线和 X 射线。

2）空间离子的复合

当一个自由电子过于接近一个正离子时，电子会被离子捕获而消失，该过程称为"复合过程"。电离层的复合过程主要包括四大类：

第一类是离子-离子复合。

第二类是离子-电子复合，其中，又可分为分解型、辐射型和三体型复合。

第三类是离子-原子位置交换。

第四类是附着反应，相对于其他过程，第四类过程的影响较小。

以上几类复合过程在不同电离层高度上的影响或贡献是不同的：在 D 层，三体附着过程非常重要；因其中原子和离子较少，离子-离子交换过程对 D 层贡献较小；E 层很少存在负离子，因此离子-离子复合难以发生，分解型离子-电子复合是主要的损失来源，离子-原子位置交换也非常重要；F 层几乎不存在负离子，因此离子-离子复合基本消失，其重要的影响因素是分解型离子-电子复合和离子-原子位置交换，而其中的附着反应非常弱，产生的负离子也很少。

3）电离层粒子的输运

如果说光化学过程描述的是电离层中离化物质的产生和消失，那么输运过程则描述了离化物质的运动变化，如漂移和扩散运动。在电离层连续性方程中，输运项是影响电离密度随时间变化的一个重要部分。对于不同的高度，光化学过程和输运过程所占的比重也是不同的，在 D 层和 E 层，光化学过程起控制作用，但到了 F 层，中性粒子的浓度越来越低，输运过程逐渐起到主要的控制作用，F_2 层可以看作光化学过程和输运过程控制间的过渡区。

电离层一般存在四种比较重要的输运过程：①电子和离子在电场作用下的运行，一般用带电粒子的迁移率和电导率来表示，这些运动与地磁场和碰撞频率有关；②由于重力和压力梯度、黏滞力等的作用，外加地磁和粒子碰撞的约束会引发电子和离子产生扩散分离效应。受极化场的作用，两者扩散的方向和速度是一致的，因此也称其为"双极扩散效应"；③中性风场对带电粒子有拖拽作用，拖拽力的大小由带电粒子的速度与风场速度之差来决定；④在热层中，由于太阳辐射作用、高能粒子加热和焦耳加热引起的温度变化和热胀冷缩效应会影响电离层中带电粒子的变化。从以上四种过程可以看出，整个输运过程既包括电动力学过程，也包括动力学和热力学过程。

3. 电离层扰动

电离层是由太阳高能电磁辐射、宇宙射线和沉降粒子作用于大气，使其分子和原子产生部分电离，形成的由电子、离子和中性粒子组成的等离子体区域。其扰动源项多而复杂，目前认为，电离层的感知对象包括自然电离层环境和人工电离层环境。目前的干扰手段中以人工化学物质抛洒和微波加热等最为成熟。

1）自然活动诱发

太阳和地磁扰动都会直接影响热层变化，例如当发生磁暴事件时，受极区粒子沉降引起的焦耳加热作用，热层的温度会出现数倍乃至数十倍的升高，大气密度也变得更加稠密。受到太阳辐射、X 射线、宇宙高能粒子的碰撞、光化学离解等共同作用的影响,地表 60～1000km 高度的中性大气大部分被电离而产生电子、离子和中性分子,这些由准中性等离子体汇集而成的区域就是电离层,电离层可以看作中性大气的离化部分,热层大气则可被认为是电离层的中性背景,两者存在明显的耦合效应。电离层主要分布在 60～1500km,其由等离子体组成。

2) 人工活动诱发

低能电子对电场、磁场等响应敏感,经过多年探索与实践,目前,已发展形成三种人工调控电离层技术:一是能量注入,即向电离层发射大功率高频电波;二是物质释放,即向电离层释放特定物质;三是物质与能量联合注入,如高空核事件等。从技术基础、环境可恢复性和实验可重复性等综合考虑,能量注入(又称"电离层加热")已成为人工调控电离层的主要技术途径。

(1) 微波加热干扰电离层

1901 年马可尼(Marconi)成功地完成了无线电信号的横越大西洋实验,由此发现了电离层的存在。随着认识的不断深入,人们深刻了解到电离层的状态对于无线电通信质量的好坏起着举足轻重的影响。1933 年,"卢森堡效应"被发现以后,人们认识到电离层作为天然的等离子体实验场是可以被人工主动干扰的,于是诸多国家把目光投向人工改变电离层的各种方法。

1937 年,Bailey 首先提出了通过发射大功率无线电波加速电子使电离层人工电离的可能性;1938 年,Bailey 又提出了"利用夜间 E 层的电子回旋加热照亮夜空"的想法。1958 年,Bailey 和 Goldstein 提出了"利用电子回旋加热改变电离层电子密度的时空分布以便于空间电波传播"的构想。1960 年,Ginzburg 和 Gurevich 建议用大功率无线电波调制电离层的 F 层;他们也指出,验证这个结果需要很大的辐射功率。这期间,还有一个非常有趣的构想——"Berkner 小炉"产生。Berkner 于 1950 年提出的高频加热电离层的设想:利用高强度的高频波对高度为 90km 左右的电离层的某一有限部分进行人工加热来产生电离层不均匀体,进而尝试利用电波散射机制进行甚高频波段的通信。从 20 世纪 30 年代到 60 年代,虽然关于高频电波加热电离层的理论研究取得可喜的进步,但实际上,直到 20 世纪 60 年代的中后期,第一台专门用于加热电离层的实验发射机才开始在美国科罗拉多州的普拉特维尔建立,该发射机是由 Utlaut 领导的研究组获得的反导弹预警系统的弃用雷达改造而成的连续波高频发射机,最大辐射功率为 2MW,发射频率波段为 2.7～25MHz,频率步进为 600kHz/m,它的发射天线是一个 10 单元的圆环阵列天线,天线增益为 19dbi。该发射机从首次尝试调制电离层就获得了众多引人注目的实验结果,例如电子密度和电子温度的显著增加、人工扩展 F 层、场向等离子体不均匀体、电波异常宽带吸收等。

普拉特维尔电离层加热实验的成功充分说明了大功率无线电波人工改变电离层是可行的。它大大激发了随后的几十年里人们进行高频加热电离层实验的热情,众多的加热计划付诸实施。1977 年,美国在阿拉斯加建立了 HIPAS 加热装置。1980 年,Arecibo、SURA 和 Tromso 等加热装置相继开始运作。其中,著名的 EISCAT 非相关散射雷达就是 Tromso 实验观测站的主要组成部分。1993 年,美国著名的 HAARP 计划开始实施,目标是建立一个现代化的电离层研究实验基地。随着更大辐射功率发射装置的建立,非相干散射雷达技术也更加成熟,最大程度增强了诊断手段,使人们对高频电波人工改变电离层产生的众多非线性现象有了更深入、更准确的了解。这些实验获得的丰富观测结果再次说明了利用地面大功率发射装置人工地改变电离层的可行性。随着加热实验的不断开展,众多的加热效应得以发现,人工扰动电离层的理论研究也不断深入。整个 20 世纪的 70—90 年代,关于高频波人工扰动电离层的研究成为电离层电波传播领域的热点。

人们在对一系列现象尝试做出合理解释的过程中,发现绝大多数现象都可以用两个理论来解释:一个是欧姆加热理论,一个是参量不稳定性理论。

相对于参量不稳定性理论,欧姆加热理论研究的是经典的波粒作用非线性过程。欧姆损耗形成的等离子体加热造成电子温度的急剧变化,进而导致电子密度和其他等离子体参数的变化;同时,电离层温度的变化引起了碰撞频率及与其紧密相关的非线性现象的变化。已有研究表明,在 F 层,由于偏移吸收引起的欧姆加热和各种机制造成的非线性加热(主要是参量衰减不稳定性),其吸收能量占所有吸收能量的 60%,其中,10%~30% 的吸收导致大强度的等离子体波产生,进而使参量具有不稳定性。其中,10%~30% 的能量通过欧姆加热而被吸收,只有大概 10% 左右的能量用于电子的加速。在更低的 D 层和 E 层,如果频率足够低,能量将全部被吸收,此时欧姆损耗机制将占据主导地位。

参量不稳定性理论则与加热过程中的波波非线性相互作用密切相关。当强电磁波穿透等离子体时,带电粒子在其扰动下发生振荡,如果这些等离子体振荡能够以波的形式在受扰区域传播甚至随时间而增强,那么这些等离子体将具有不稳定性。这种等离子体不稳定性的激励过程包含了三波甚至多波的耦合过程。迄今为止，被广泛讨论的参量不稳定性有两种情况。一种是被激励的波为纯增长模式，即 $Re(\omega)=0$，被称为"纯增长不稳定性"；另一种是激励出两个模式的波，一个电子等离子体波（电子朗缪尔波）和一个离子声波，且它们都具有随时间（或空间）增长的特性，被称为"衰变不稳定性"。由于参量不稳定性是高频电波加热电离层 F 层的主要机制，可以用来解释加热过程中观测到的众多 F 层非线性现象：受激电磁辐射、等离子体线的增强、扩展 F 层，等离子体片等。Volkov、Akhiezer、Oraevskii 和 Sagdeev 等首先提出了关于等离子体中波模式变换的非线性理论。他们发现一定条件下的电子朗缪尔波可衰变成另一个朗缪尔波和一个离子声波，是首次对参量不稳定性过程中波的激励与耦合过程做系统研究的学者。他们的理论基于冷等离子体流体力学方程组，但是忽略了碰撞机制的作用，因而只适用于入射电场强度远大于阈值的情况。Nishikawa 则研究了激励参量不稳定性的一般模型。他分析了三种情况下等离子体波的激励：①$\omega_1 + \omega_2 \approx \omega_0$；②$\omega_1 \ll \omega_2 \ll \omega_0$；③$\omega_1 \ll \omega_0 \ll \omega_2$。研究结果表明前两种情况下被激励出来的波是振荡的，而第三种情况下被激励出来的波是非振荡的。Stubbe 接着做了很多工作，他进行了一些加热实验并开始研究加热过程中受激电磁波的辐射现象。Leyser 发现上、下混杂波的相互作用可以解释参量不稳定性过程中电磁波辐射的一些谱特性。直至现在，关于参量不稳定性理论的研究还在深入，比如激励参量不稳定性的条件、激励参量不稳定性的串级理论、利用参量不稳定性来定量解释各种尺度的场向不均匀体、参量不稳定性和瑞利-泰勒不稳定性的相关性等。

毫无疑问，利用高频电磁波加热电离层使人们看到人工改变和控制电离层为己所用的曙光。人们逐渐认识到开展加热实验的昂贵性、加热结果表现出的地域性和时域性，并且越来越深入地了解高频电磁波加热电离层的物理机制，开始尝试建立关于高频电磁波加热电离层的过程及其效应的各种数值模型，以期对不同加热条件下的加热效果进行定量的预测和评估，使计算机模拟高频电波人工扰动电离层过程成为可能。Meltz 等通过数值模拟得到了寻常波入射、过密加热情况下的磁子午面内电子温度和电子密度扰动的结构；Bernhardt 和 Duncan 基于麦克斯韦方程组和磁流体力学方程组构建了可以用来描述高频电磁波加热电离层的一般方程组，考虑了无线电波在加热过程中的自聚焦效应。针对平面波入射和波束发射两种情况，模拟得到了高频加热电离层的时空演变过程，但仅仅考虑了欠密加热的情况。随后，Shoucri 等建立了极区电离层 F 层的高频电磁波加热模型，但只考虑了欧姆加热的情况；Hansen 等建立了 Hansen 边界条件，进一步从数值上分析了高频电波欧姆加热 F 层的效果；Hinkel 等考虑了无线电波传播路径和电离层输运过程，建立了一个高频电波加热电离层的自洽模型，同样地，他们仅仅考虑了欧姆加热机制；Stocker 等将高频电波加热电离层的模拟结果和 EISCAT 的加热实验观测结果做了比较分析，在误差允许范围内，两者表现出很好的一致性。Blaunstein 计入了背景电离层的梯度非均匀性和输运系数的高度变化，模拟得到了对一个中纬地区的电离层 E 层和 F 层进行加热的结果。以上都是在假设高频电磁波垂直入射电离层的情况下得到的结果，Field 等则专门研究了在高频电磁波斜入射情况下对电离层的加热。

总而言之，人工高频电磁波加热电离层的实践意味着人类能主动控制电离层的变化进程，这与仅仅对自然的电离层进行被动利用相比大大地前进了一步。高频电磁波加热电离层的人工变态研究将无线电波和电离层介质作为一个相互作用的系统研究，尤其强调大功率电磁波对介质特性的改变及其可能产生的效应，不仅有助于对电离层各种物理、化学过程的深入理解，发现电离层中的新效应和新现象，建立更好、更可靠的电离层模式，推动电离层预报能力的增强，也有助于对电离层无线电通信更系统的认识，在实际应用中具有重要意义和明显价值，这些都将为人类主动利用电离层和避免电离层灾害提供不可或缺的依据。

（2）化学物质释放影响电离层

早在 1956 年 3 月，美国就进行了早期的火箭运载化学物质释放实验，尝试产生人工电子云和使电离层电子浓度增强。除了高空核设备爆炸，早在 1973 年 5 月 14 日，NASA 就在利用"土星 V"火箭发射天空实验室（Skylab）时，制造了一次非常壮观的高空大气人工扰动，并观测到电离层环境的显著变化。电离层的巨大变化导致大西洋上空地-地短波通信系统中断数小时。它在电离层高度上释放了大量尾气（主要成分是 H_2O），产生了一个巨大的"空洞"，使总电子含量减少了近 60%，最大反射频率降至 2MHz 左右，使大西洋广大地区上空的地-地通信中断。可见，人工电离层带来的扰动是十分巨大的。随后，在"HEAO-C"的发射过程中也发现了电离层耗空达到了 80%，"电离层洞"持续达 3h。

从 20 世纪 90 年代开始，美国实施了"SIMPLEX"（Shuttle Ionospheric Modification with Pulsed Localized Exhaust）系列计划，利用航天飞机在轨机动发动机的脉冲点火进行了一系列利用尾焰向电离层注入等离子体束的电离层人工变态实验（液体燃料，主要成分是 H_2O），产生了电离层扰动现象。"SIMPLEX"系列计划发现，航天发动机的尾气可以产生电离层扰动和空洞现象,洞的尺度可达 $30 \sim 60 km$。例如 1997 年 10 月 4 日,在"STS-86"执行任务时,在机动子系统(orbital maneuvering system,OMS)(液体推进剂)点火 45s 后,位于秘鲁的 JICAMARCA 非相干散射雷达观测到 359km 高度处的电离层洞,电子浓度损耗达 34%,此时监测得到的洞半径为 23km 左右。

4. 电离层的时间变化

电离层的时间变化可分为规则变化和不规则变化。

1) 规则变化

随太阳周期变化。电离层的长周期变化存在明显的太阳活动依赖性。太阳活动水平通常用太阳黑子数表征,太阳黑子主要出现在太阳纬度 $5° \sim 30°$ 的区域。黑子在太阳活动的监测中一直占据十分重要的角色,日面上黑子数的多少不仅表征了太阳活动水平的高低,以黑子群为中心的太阳活动区域还是绝大多数太阳爆发活动的发生源区。黑子数的高峰年称为"太阳活动峰年",黑子数最少年称为"太阳活动谷年",两次谷年之间定义为一次太阳活动周。最早的太阳黑子观测记录可追溯到公元 325 年,目前已经累积了几个世纪的观测资料。对太阳黑子数时序观测数据的谱分析表明,太阳黑子呈现约 11.1 年的稳定周期变化。当然,这个周期变化并不是完全对称的,从太阳活动谷年到峰年平均需要 4.3 年,而从峰年到谷年则需要 6.6 年。除了太阳黑子数外,人们通常还用另一种能代表太阳活动周变化的参量——太阳 10.7cm 射电流量($F_{10.7}$)。从长期的监测发现,$F_{10.7}$ 与太阳黑子数存在非常强的相关性,$F_{10.7}$ 能很好地代表太阳活动的水平,并且由于其在地面就可以监测获取,长久以来在许多重要的电离层和中高层大气模型中,都以 $F_{10.7}$ 作为输入来表征太阳活动水平。

随季节变化。一般而言,夏季夜间的 F 层最大电子密度和 TEC 比冬季高,但在中纬区域,夏季正午的峰值电子密度比冬季低,这就是常说的"冬季异常"或"季节异常",这种异常在中纬区域比低纬和高纬地区更为明显。"冬季异常"只在白天发生,通常认为其与夏季中性大气中电子-离子成分的增加而引起的损失率升高有关。夏季夜间 F_2 层的高度比冬季高,这种趋势在低纬地区更为明显。夜间,F 层在较高处更厚。一般而言,夜间最大电子密度和 TEC 在夏季大于冬季。在中纬区域的夏季,F 层通常会出现 F_1 层和 F_2 层,在这种情况下,F_2 层的峰值电子密度相对较低且主要在一个相对较高的位置上出现。F_1 层实际上并非十分清晰,只是在 $180 \sim 220 km$ 高度附近有个稍微弯曲的拐弯。然而,相比冬季或日出日落时分而言,在夏季或中午更有可能看到 F_1 层的出现。

随日变化。电离层中可观测到最明显的变化是日变化,它因地球的自转而产生。日间,向阳面电离层可见 D、E、F_1 和 F_2 层,电离 F_2 层的峰值高度约为 300km;夜间,D 层和 F_1 层消失,主要为 E 层和 F_2 层;D 层的电子密度很小,在 80km 的高度,日间的电子密度一般为 $1 \times 10^9\,\mathrm{m}^{-3}$,而夜间只有 $1 \times 10^7\,\mathrm{m}^{-3}$。电离层的电离过程随着太阳天顶角的减小而增大,一般峰值密度出现在中午稍靠后的时间,日落后的电子密度会显著地降低。所有高度的电子密度在日间均高于夜间。在低纬地区,电离层峰值高度在本地时间 19:00 可达到最大,然后再下降,午夜峰值高度比中午低 100km 左右。在中纬地区,电离层 F_2 层的峰值高度自日出后升高,夜间比中午高 $50 \sim 100km$。在高纬地区,尤其是纬度很高的地区,随着季节的变化,电离层可能处于长时间的日照或黑夜中,太阳天顶角只有微小的变化,因此其日变化非常缓慢。在极点上,日变化很难察觉。其他因素,如粒子沉降,对低纬赤道区电离层的变化所起作用很小;而在极区,其对电离层的变化可能起很大作用。

2) 不规则变化

电离层中有些行为是重复性很强的、有规律的,如周、日变化和季节变化,但也有很多不规则的、随机不均匀的变化。电离层的不均匀性包括 E_s 层、扩展 F 层等;电离层的不规则变化则主要涵盖电离暴、电离层行波式扰动、电离层闪烁、电离层突然骚扰等。

E_s 层(突发 E 层)。E_s 层是指电离层 $90 \sim 120km$ 高度区域内发生的一种短暂的偶发不均匀结构。E_s 层的厚度仅为数百米到数千米不等,但其水平尺度可达数十千米到数百千米。极端情况下,E_s 层可能在更大范围内连续。E_s 层的形成原因有两种学说:一是由于流星产生的电离,二是大气切变风所致。对 E_s 层的观测结果表明,E_s 层通常出现在赤道区域的白天和高纬地区的夜间,中纬地区的 E_s 层也通常于夏季白天出现,冬季夜间出现频次较少。

扩展 F 层。顾名思义,扩展 F 层是电离层 F 层中出现的一类偶发不均匀结构。所谓扩展,其实是指在垂测电离图中出现的临界频率漫散展宽,导致描迹高频段出现分岔或模糊不清的现象。扩展 F 层主要出现在磁低纬赤道区的夜间和极区,磁极附近的冬季扩展 F 层出现极其频繁,但中纬地区极少出现扩展 F 层。现有研究表明,瑞利-泰勒不稳定性和 $E \times B$ 不稳定性引发的底部电离层泡(bubble)抬升过程中的破碎效应是扩展 F 层出现的可能原因。

电离层暴。大的磁暴会导致电离层产生强烈的扰动效应,称为"电离层暴"。电离层暴一般指由于太阳日冕物质抛射(coronal mass ejection, CME)事件引发的大尺度电离层结构和动态变化。由于太阳风能量的急剧增加,极区电离层和热层会产生极大的扰动并导致该区域等离子体的显著变化,通常该变化会向更低的纬度传播,扰动影响的区域与电离层暴的强度相关。目前,已经有大量测量方法可对电离层暴的发生时间、影响等级和过程进行预估和监测。

电离层行波式扰动。电离层行波式扰动(travelling ionospheric disturbance, TID)通常指 F 层中出现的类似水波传播的一类电离层不均匀体结构。TID 主要可以分为三种:大尺度 TID、中尺度 TID 和小尺度 TID。大尺度 TID 一般由极光区或极区亚暴产生的重力波(acoustic gravity wave, AGW)激发产生,具有较长的波长(上千千米)和变化周期(30min 以上),其水平相速度约为 400~700m/s,F 层的电子密度偏离正常值的幅度约 20%~30%,该扰动在高、中纬地区较为常见,而且从高纬向赤道方向移动。中尺度 TID 通常由低层大气中的重力波激发,其波长为 100~1000km,周期为 12min~1h,水平相速度约为 100~300m/s;小尺度 TID 一般由底层大气激发产生,其传播速度、波长均明显低于中尺度 TID。

5. 电离层事件

电离层事件主要包括电离层闪烁、电离层突然骚扰、极盖吸收和极光吸收。

电离层闪烁。电离层闪烁是指无线电波穿越电离层时产生的电子密度不均匀体传播,由不均匀体对无线电波的散射而产生了幅度、相位、极化和到达角的快速随机变化。其主要表现为信号电波快速起伏、信号的峰-峰起伏可达 1~10dB 或更大,起伏可持续几分钟到几个小时,闪烁在 HF、VHF、UHF 和 L 波段上都能观测到,情况严重时会导致信号失锁甚至中断。近赤道区是电离层闪烁的高发区,在典型条件下,日落前后该区域的电离层闪烁会持续数小时以上。极区电离层闪烁的主要表现为相位闪烁,虽然其闪烁强度比近赤道区小,但其持续时间最长可达数天。

电离层突然骚扰(SID)。电离层突然骚扰是伴随着太阳耀斑爆发产生的一种现象。其主要表现为电离层 D 层电子密度出现急剧的增加,从而导致地球向日面大部分高频短波通信信号出现急剧衰减乃至信号中断,其中太阳 X 射线增强是 D 层电子密度增加的主要原因。在 SID 期间,电离层的 E 层和 F 层也会出现类似的效应。

极盖吸收和极光吸收。极盖吸收和极光吸收是伴随太阳耀斑爆发出现的一种现象。极盖吸收（PCA）主要出现在磁纬度 64°以上的区域,它的产生与电离层 D 区大气电离突然增强有关。极光吸收（AA）则是主要发生在极光带（宽约 6°～15°）内的一种局域性现象,其主要表现为低电离层电子密度出现剧烈增强从而引发无线电出现强烈的吸收现象,极光吸收的出现时间与极盖吸收不同,它通常在太阳峰年往后延迟 2～3 年才频繁出现。极盖吸收与极光吸收存在明显差异,PCA 发生的概率较小,且一般只在太阳活动峰年出现。

2.4.2　电离层环境影响要素识别

电离层产生于太阳高能电磁辐射、宇宙射线和沉降粒子与大气分子、原子的作用,通过电离或激发形成电子、离子和中性粒子组成的等离子体区域,其高度从 50km 一直延伸到几千千米,电子密度峰值大约在 300km 附近。

该区域是影响地球空间通信信号传播的重要介质,对电波传播具有折射、反射、吸收、闪烁等影响。电离层具有复杂的地域性和变化性,如赤道异常区、远东异常区和闪烁高发区,日变化、年变化、随太阳活动的 11 年周期变化、暴时变化等。电离层对无线电信号的影响主要包括吸收、折射、闪烁、散射等,产生诸如法拉第旋转、多径、多普勒频移、衰落、衰减、色散、时延等效应。这些效应会影响无线电系统的信号传播特征,进而影响系统的功能实现和性能发挥,严重时会导致系统失效。电离层的主要感知对象为电子密度、总电子含量、临界频率、电离层闪烁、电离层暴等。电离层环境对无线电系统的影响分为星地通信、导航定位、空间目标监视雷达、天波超视距雷达、星载 P 波段 SAR 和短波通信等,其示意如图 2-13 所示。

1. 自然活动引发的电离层变化

自然活动引发的电离层变化主要有:

1）太阳活动引发的电离层变化

太阳是电离层变化的最重要的影响源,太阳辐射变化能够对全球电离层的变化产生全局性的影响,从而强烈控制电离层的变化行为。大量的研究表明,电离层存在的日变化、27 天变化、季节变化、年变化和 11 年周期变化均与太阳存在直接的关联。除了正常的太阳周期变化,太阳上存在的扰动效应同样会对电离层产生显著影响,包括太阳耀斑、日冕物质抛射、冕洞高速流等,伴随这些扰动事件的发生,电离层会出现正负暴、突然骚扰、极光

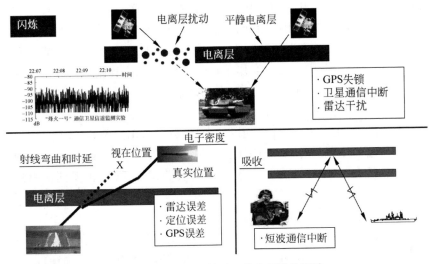

图 2-13   电离层环境对无线电系统的影响

带吸收和极盖吸收等现象,从而导致灾害性空间天气的发生。

太阳耀斑是太阳电磁辐射突然增强的一种表现,是太阳强烈的、短时间的能量释放过程,耀斑的持续时间变化不一,短至几分钟,长至几小时。尽管发生在短时间内,却能够释放 $10^{20} \sim 10^{25}$ J 的巨大能量。研究表明,太阳耀斑的发生频率与太阳活动的活跃程度成正相关,耀斑在太阳活动峰年发生较为频繁,在太阳活动谷年则发生概率较低。按照辐射的软 X 射线峰值流量的大小,太阳耀斑可划分为 A、B、C、M 和 X 五级。其中,C 级以下代表小耀斑事件,M 级代表中等耀斑事件,X 级则定义为大耀斑事件。当太阳耀斑发生时,电离层的电子密度会急剧增大,从而引发短波通信中断;热层大气密度和温度也会迅速升高,大气阻力加大,引起 LEO 卫星、空间站等高度的航天器的轨道和姿态发生变化;太阳耀斑辐射强度的增加会对航天器表面的材料产生剥蚀作用,从而加速材料的老化。

相比太阳耀斑的能量释放过程,由于磁场湮没效应,日冕物质抛射事件还同时包括强烈的太阳日冕层巨量等离子体物质和其伴随磁场结构(磁通量)的抛射过程。一次日冕物质抛射过程通常在几百秒内发生,期间会释放 10^{32} erg 的电磁辐射能,另外还包括 1×10^{13} kg 的电子和质子,以及 10keV ~ 1GeV 的高能粒子流。其中,高能带电粒子的流动量高达 3×10^{32} erg。快速日冕物质抛射向外传播的速度可达 2000km/s,远远大于正常的太阳风(约为 400km/s)的传播速度,特别是从中性点以上抛射出的等离子体对太阳风具有明显的加强和加速作用。与太阳耀斑的发生规律类似，日冕物质抛射的发生频次也与太阳的活跃程度相关，日冕物质抛射一般在太阳活动谷年数天发生一次，而到了峰年则一天能发生数次。由于巨量的能量和物质与地球空间磁场、大气的相互作用，日冕物质抛射同样会对电离层施加一个巨大的扰动，可引起地磁暴，这对卫星通信、卫星导航、电力传输、短波通信等领域均会产生不利影响。

通常而言，用于表征太阳辐射水平的参数有太阳黑子数、太阳 $F_{10.7}$ 辐射通量和远紫外辐射通量（FUV flux）。这些也是很多电离层模型，如国际参考电离层模型（IRI）、欧洲 NeQuick 模型、美国 TIEGCM 模型常用的控制参量。

2）地磁活动引发的电离层变化

地磁活动对电离层的影响主要表现为对带电粒子运动的控制作用，因此，地磁同样是影响电离层活动的一个重要影响来源。在平静的地磁条件下，地磁对电离层的控制最为明显的标准即赤道异常，也称为"地磁异常"或"阿普尔顿异常"（Appleton anomaly），其基本表现是磁赤道南北两侧出现的电离层峰值电子密度极大的现象；而在磁赤道区，则表现为等高度电子密度和峰值电子密度 NmF_2 存在极小值。这些峰结构材料具有明显的磁力线依赖性，因此，它们通常按照特定的磁力线排列。这个现象可以解释为由白天发电机东向电场和地磁的 $E \times B$ 漂移作用加上等离子体向下扩散而形成，由此可见地磁对电离层的影响。除平静地磁条件外，地磁扰动，主要是磁暴和亚暴期间引起的电离层的异常变化也同样十分明显。伴随着磁暴事件的发生，全球范围内的电离层均会产生明显的扰动效应，其主要表现为电离层的特征参量，如 foF_2、NmF_2、TEC 等参量比磁平静期会出现明显的升高（正相暴）和下降（负相暴）。极区亚暴期间，高度较低的电离层常有极光 E_s 层结构出现。底层高度的电子出现明显的累积效应，从而对高频无线电产生明显的吸收效应，累积效应强烈时甚至能够导致信号中断。

为描述地磁活动的变化规律，科学界同样定义了很多特征指数，其中主要包括 C、C_i、AE、K、Kp、Dst 等。各指数代表的含义如下：

- C：单个地磁台站用于描述每日地磁场扰动强度的指数，共分为三级，平静的定为 0，中等的定为 1，扰动的定为 2。
- C_i：描述全球每日地磁场扰动强度的指数。C_i 分为 21 级，其分布范围为 $[0, 2.0]$，步长为 0.1，C_i 的大小与地磁扰动的剧烈程度呈正比。

- AE,描述磁亚暴强度,也称作"极光电集流指数",它表征的是极光带地磁的扰动强度,单位为 nT。
- K:单个地磁台站用来描述每日每 3 小时内地磁扰动强度的指数,共分为 10 级,分别用 0~9 来表示。
- Kp:反映全球地磁活动性的指数,由全球 13 个地磁台站所测得的 K 指数计算平均得到,共分为 28 级。
- Dst:反映全球地磁暴活动剧烈程度的指数,由全球中低纬地磁台站测量的磁场水平分量获得,又称作"赤道环电流指数",单位为 nT。负的指数表示磁暴发生,负值越大,磁暴强度越强。

3) 地震活动引发的电离层变化

当前全球正面临着新的地震活跃期,为了减少地震造成的危害,地震科学家们致力于地震前兆的研究,期望能够准确地预测和预报地震。Barnes 等在 1964 年的阿拉斯加大地震时发现了电离层出现的异常扰动现象,而分析似乎表明第一次发现的电离层异常扰动现象与地震之间存在某种关联。之后,Furumoto 等发现在 1969 年的千岛群岛地震前,电离层也出现过类似的异常扰动现象。从此,全球大量的研究者开始对地震电离层的扰动情况进行统计研究,试图找出地震电离层的前兆规律。Chen 等的统计结果表明,震级为 5 级的地震有 73% 的概率能在 5 天内捕捉到电离层前兆;震级为 6 级的地震,该概率超过 90%。

4) 台风活动引发的电离层扰动

现有的大量研究表明,电离层与中低层大气之间存在耦合机制,自 1960 年首先提出重力波对研究高层大气的重要意义以来,人们通过理论、观测实验和数值模拟等方法对其进行了广泛探索。研究发现,台风、寒潮、特大暴雨等都在不同程度上影响着电离层。此外有学者认为,低层大气气象活动有可能通过大气环流来影响电离层。由于中低层大气之间存在某种辐合辐散模型和动力学耦合,那么低层大气气象活动的辐合辐散运动就可能上传到中间层甚至电离层高度,通过抬升湍流层顶或改变局地环流、风场结构和气体成分比来影响电离层的状态。台风这种激烈的对流层天气在低层大气中激起的扰动可以向上传播并影响电离层。很多学者使用高频多普勒频移的方法探测台风电离层扰动,结果表明,台风过境期间的电离层中出现了明显的波状扰动,且逐渐由高频向较低频率过渡,形成了中尺度的电离层行波式扰动,并在夜晚激发了电离层中的不规则结构。

5) 海啸活动引发的电离层扰动

海啸可以产生大气重力波,并能上行传播至电离层产生扰动。目前,海啸所引发的大气重力波在电离层产生的扰动迹象已被科学家用全球定位系统观测到。利用地基 GPS 测站得到的电离层总电子含量可以观测海啸引发的电离层扰动。

2. 人工活动等诱发扰动

电离层除了受太阳、地磁场等活动表现出极强的易扰动性外，在大气重力波、高空核爆、化学物质抛洒等影响下，能够对全球电离层的变化产生全局性的影响，从而强烈控制电离层的变化行为。

1）大气重力波引起的电离层扰动

电离层与临近空间接壤，临近空间中重力波等强扰动均会对电离层造成一定程度的行扰。国内外在本领域开展了大量研究，如 Hines（1960 年）、Djuth（1997 年）、Nishika（2013 年）、Nicolls（2014 年）等。他们的研究结果表明，低层大气重力波向上传播或作为初始来源，激发中尺度电离层行扰，中尺度电离层行扰（mesoscale travelling ionospheric disturbance，MSTID，扰动尺度定义为 200~1000km）是最典型的一种电离层波动结构。同时，火箭发射也可以使环型重力波（circular gravity wave，CGW）诱发电离层扰，如 Lin 等报道了 2016 年 1 月 17 日"SpaceX Falcon 9"火箭发射时，在产生冲击波（增强的 V 形结构）之后，还可以看到环状重力波。低层大气重力波主要是通过大气对流等过程产生的一种大气波动，它可以向上传播到更高的高度，甚至到高层大气深处，从而引起高层大气的振荡，在离子和中性大气的碰撞作用下，会诱发高层大气等离子体的振荡。

2）大气层核爆诱发电离层扰动

核爆瞬发核辐射（如 X 射线、中子流、γ 射线等）是在核爆炸发生的瞬间释放出来的，占据了核爆炸的大部分能量。因此，可以在大气层中形成很强的电离。同时，缓发核辐射（如 γ 射线、β 粒子等）也会释放裂变产物，其在很长一段时间内逐渐释放，电离大气增强电离层背景电子的浓度。虽然这类辐射仅占核爆炸释放能量的很少一部分，但是，由于持续时间长，会对大气层造成长时间的电离效应。尤其是高空核爆引起的电离效应比太阳事件（太阳耀斑爆发、日冕物质抛射事件等）引起的电离效应剧烈得多，在监测中需重点关注。

空中核爆炸按照爆点的高度可以划分为低空核爆炸和高空核爆炸。核爆炸消耗在大气电离上的能量比例与爆炸高度相关。例如，高空爆炸可以高达 75% 以上。大气电离的范围相当广泛，高空核爆炸几乎可以引起全球范围内的大气电离，低空核爆炸可以引起距爆炸火球几百米和到达电离层

D 层的大气被电离,具体的影响范围要视爆炸高度而定。低空爆炸可以持续数小时,高空核爆炸则可以长达几天,如果把高空核爆炸产生的人造辐射带也包括在内,则影响持续时间可长达数年。

电离层行扰是电离层 F 层中重要的大尺度扰动现象,其引起的电离层电子密度相对于扰动幅度一般约为百分之几,扰动的周期通常在十几分钟至几小时。大量观测结果表明,在大气层核爆期间,核爆电磁脉冲(nuclear electromagnetic pulse,NEMP)能够产生快速变化的磁场和电场;地下核爆的地震效应产生的声重波传播到大气时与电离层发生耦合,这些都会引发电离层扰动。

3)地下核爆诱发电离层扰动

与地震等自然现象相似,地下核爆(underground nuclear explosion,UNE)同样可以作为电离层的扰动源。与地震电离层响应相似,UNE 的电离层响应同样可以用岩石圈-大气层-电离层电场耦合(lithosphere-atmosphere-ionosphere coupling,LAIC)的机制解释。目前的研究对该机制的解释主要集中在两个方面。一方面为声重波(acoustic gravity wave,AGW)理论。研究表明,由地震或者地下核爆产生的声重波具有比较大的垂直方向的群速度分量,传播到电离层高度,通过中性粒子和等离子体的相互作用,从而产生电离层行扰和电磁扰动。另一方面,卫星数据发现地震电离层 foF$_2$ 的异常扰动出现了共轭效应。他们认为地震引起的异常电场渗透进电离层是造成磁共轭地区电离层异常扰动的主要原因。同时,在地震发生期间,地表岩石破裂引发的一系列复杂物理化学反应(氡气辐射等)会显著增加地表附近的电离辐射现象。这些现象会在地表附近电离产生大量的自由离子,也会调制低层大气的电导率分布。同时,这些离子会附着在气体或液体分子上形成大量的带电气溶胶。在重力和垂直对流等的作用下,带电气溶胶会向上传输并在低层大气中形成附加电流,从而显著增加大气层-电离层耦合电路中的传导性电流,并最终在电离层高度形成异常的电场扰动,产生 $E \times B$ 漂移,进而造成等离子体出现不同程度的扰动。

4)大功率微波加热诱发电离层扰动

一系列科学实验研究和理论表明,将地基大功率高频无线电波定向注射电离层,可以有效地改变局部电离层的参量、结构和动力学性质等,形成新的电离层环境状态,即电离层人工加热(或电离层人工变态)。利用人工手段对电离层进行加热,能够激发电离层等离子体场向的不规则结构。

利用地面入射的大功率高频无线电波(一般称为"泵波")能加热电离层等离子体,引起电离层电子温度和电子密度的扰动等一系列非线性效应,实现电离层电磁环境的地面人工控制,达到某些特殊的应用目的。如美国的HAARP团队、欧洲的EISCAT团队、俄罗斯的SURA团队均开展了高频电离层加热和诊断技术研究,采用地基大功率高频无线电波定向注入技术,构建人工可控电离层加热生成模型,解决了人工可控电离层的定向扰动问题,发现了电离层加热的不均匀性,取得了初步的超视距超短波通信、人造极光、超低频通信等研究成果。

从广义上讲,地基高频电波加热电离层作为人工扰动电离层方法的一种,可有效而显著地改变电离层D层、E层、F层的等离子体的热能平衡,进而引发参量和自聚焦的不稳定。它们不仅能形成附加的非线性吸收,而且会导致各种不同尺度的场向不均匀,还会导致气辉的增加。高频电磁波加热电离层的研究,一方面可以促进对电离层状态的检测,帮助人们更好地理解电离层中因太阳或其他外在激励源激发的类似物理类型和过程,加深对空间等离子体的波动和湍流,空间等离子体的能量、质量、动量传递和耗散,空间等离子体的波粒相互作用、波波相互作用的认识;另一方面,可以改进通信和预警系统,研究包括通信系统、电子干扰和对抗、预警跟踪、空间遥感技术、隐身/反隐身、全球变暖、臭氧耗空、导航系统设计等各种问题。

首先,高频电磁波扰动电离层产生的人工变态区会严重影响经过该区域的无线电波传播。电离层变态区会使无线电波产生幅度和相位起伏、频谱展宽、信号散射、非线性混调、衰减增加等效应;变态电离层的存在能造成电磁波波束的聚焦和散焦、粒子加速、等离子体湍流和电离层的不均匀,以及非线性过程,它们和电离层的相互作用会造成波的失真畸变,也会产生很强的宽频谱附加噪声。电离层加热产生的闪烁,在白天中纬地区较自然电离层闪烁强两倍,会引起雷达测量与跟踪系统的误差,增加地空卫星通信的误码率。在高频加热人工变态电离层的过程中,可见光、红外光和紫外光等光学辐射明显增加。当辐射足够强时,会造成空间光学传感器失明,形成明显的杂乱干扰,影响人类太空活动。

其次,在高频电磁波加热电离层的过程中会产生各种各样的电离层不均匀体,不均匀体的尺度从等离子体湍流的厘米量级,直至受加热区域和等离子体扩散性所限的数百千米。对HF-UHF波段的无线电信号而言,这些人工生成的等离子体不均匀体提供了一个大的雷达截面:HF波段为$10^9 \mathrm{m}^2$量级,VHF波段为$10^6 \mathrm{m}^2$量级,UHF波段为$10^4 \mathrm{m}^2$量级。利用如此大的反射器,散射无线电信号,完全可以实现可靠的高质量、远距离(超视距)通信。目前,已经观测到三种散射。第一种是沿场向散射(field-aligned scattering,FAS),来自场向电子不均匀体结构的镜面反射。第二种是等离子体线散射(plasmon light scattering,PLS),能接收到相对于发射频率的具有上下频移的两个信号,其数值几乎等于电离层变态所用的频率,其频率范围为电离层最大等离子体频率的 0.5~1.0 倍,这些频移信号与沿地球磁场传播的等离子体振荡有关。上述两种散射模式具有不同的特性,相对于地球磁场方向,场向散射具有高度的方向敏感性,而等离子体线散射的方向敏感性要低得多;散射截面积随探测频率的变化对于两种散射模式也是不一样的,场向散射的截面积在 VHF 频段大于 UHF 频段,而等离子体线散射则正好相反。第三种是离子声波散射(IAS),是由离子声波的布拉格散射造成的,几乎沿着地球磁场方向传播,其接收信号几乎等于发射信号,在频率上只差几千赫兹,这取决于离子声波的频率。以上三种散射中的前两种均可用于 HF-VHF-UHF 波段的通信。此时,高频加热形成的电离层人工变态层成了巨大的无线电散射体,用来进行通话、传真等多种调制形式的无线电通信,地面站之间的距离可达数千千米。另外,若利用场向散射来实现 HF-VHF-UHF 波段的通信,依靠其方向性强、能量定向传输的特点,可以尽可能地避免不必要的干扰。

而且,高频电磁波人工加热电离层的另一个充满前景的用途是远距离对潜通信和地下目标探测。现有的对潜通信系统采用甚低频(VLF:3~30kHz)和超低频(ELF:30~300Hz)频段,VLF 信号和 ELF 信号在地-电离层波导中的传播损耗小,能穿透一定深度的海水(VLF 为十几米,ELF 可达 100 多米),为水下的潜艇接收。但现有的 VLF 和 ELF 发射系统占地面积大(VLF 占地达几平方千米,ELF 水平低架天线延伸几十到上百千米)且辐射效率低,系统生命力极差。例如,美国使用的 ELF 天线系统在密歇根州和威斯康星州的发射设备分别占地约 6acre 和约 2acre(1acre ≈ 0.004 047km^2)。由于在 E 层高度(约 100km)流过可见极光赤道侧边沿的极区电集流经常携带超过 10^6 A 的电流,利用高频电磁波加热对应区域的电离层能够影响流经的电集流,引起该区域体导电率的变化。当加热激励被去除时,加热区内的电特性回归周围状态,电集流恢复到自然分布。导电率增加或减小的速率决定了加热区内感应电流的变化频率。于是,采用 VLF/ELF 调幅高频电波加热电离层能够激发等效 VLF/ELF 电离层天线,辐射 VLF/ELF 电波,从而用于远距离对潜通信和地下目标探测。已有实验观测表明,对于 200MW 量级的高频有效发射功率来说,在几百千米以外的地方都可以检测到甚低频辐射场的存在。很显然,利用高频人工加热电离层的方式来产生甚低频辐射,容易解决常见的对潜通信地面设施面积大的问题,而且高频发射装置比甚低频发射装置紧凑得多,大大增加了发射站的机动灵活性。

另外,在高频加热电离层的人工变态过程中,经常见到可见光、红外线和紫外线等光学辐射,不同谱线的气辉强度也大大增加。这是因为高能、高频电磁波入射电离层产生的强辐射场会激励带电粒子,并通过感应场效应对它们加速,进而形成超热电子并向下逃逸进入大气层电离周围气体,根据加速粒子能量的强弱会分别形成红外线、可见光和紫外辐射。这些辐射会明显影响战略防御系统,由于粒子散射信号与照明光强度成正比,当这些辐射足够强时,会形成明显的杂乱干扰,甚至会使空间光学传感器失明,影响有关目标的检测、跟踪和识别。值得指出的是,当用于变态电离层加热设备的功率密度增加时,这种光学辐射也以同样的数量级增强。通过精心设计地面发射天线,可以在电离层中形成不同形状和大小的辐射体。通过波束扫描,可以在电离层中形成动态的辐射体或似为目标(诱饵),这在空间隐身和反隐身技术中是十分有用的方法。高频电磁波与电离层中的粒子相互作用产生的高能电子束还能够造成电离层等离子体的击穿,从而引发电离层与地球之间的"闪电栓"。由于电离层对地球的电压能保持在 40kV,电离层内积聚着巨大能量,可以尝试利用某些技术实现定向的闪电,形成能量隧道是完全可能的。

5)化学物质释放诱发电离层扰动

受启发于航天发射时火箭尾焰引起的电离层扰动现象,美国、苏联和欧洲一些国家,率先利用火箭、卫星和航天飞机携带化学物质,将其释放到电离层空间,与高层大气成分发生光电、化学反应,从而激发高层大气等离子体的某些不稳定性,改变其成分和动力学过程,产生电子密度增长或耗空(电离层洞)区域,甚至形成不规则体结构。通过观测实验现象,研究电离层等离子体的物理过程和不稳定性触发机制,以及其与电磁波的相互作用,乃至其对军民信息系统性能的影响。

航天器携带的化学物质按释放物种类可分为四类:①等离子体耗空的中性气体类物质,比如 H_2O、H_2、CO_2、SF_6、CF_3Br、$Ni(CO)_4$、在轨发动机尾焰等,主要通过化学反应或亲和作用吸附自由电子两种机制,形成所谓的"电离层洞"或"电子洞";②等离子体增强类物质,以易电离的金属物质为主,比如碱金属(钾、钠、锶、铯、锂等)、碱土金属钡和镧系金属钐等,也包括少量的中性气体和临界电离速度(critical ionization velocity,CIV)物质,比如 NO;③影响或生成空间尘埃等离子体的纳米颗粒,比如 Al_2O_3 等;④高空风场测量的示踪物,比如钠、三甲基铝(trimethylaluminium,TMA)等。

6）航天发射活动诱发电离层扰动

航天发射、导弹尾焰等均会出射大量的化学物质，其对电离层会产生波动、复合等复杂的作用过程，使扰动轨迹上的电子密度状态发生变化，国内外相关研究机构立足历次发射活动，已获取较为丰富的数据，观察到其作用过程中通常的重力波和化学物质释放。

2016 年 1 月 17 日，"SpaceX Falcon 9"火箭在发射产生冲击波之后，还可以看到环状重力波。在发射活动中，大气重力波引起中性大气振荡，在离子和中性大气碰撞作用下引起的等离子体密度振荡过程中，大气重力波会由于离子运动的偏向性而具有方向选择性。向赤道方向传播的大气重力波强于向其他方向传播的大气重力波，平行于地球磁场的中性成分振荡较大，更容易引起明显的等离子体和电离层的扰动。

3. 电离层扰动对人类活动的影响

1）电离层对通信的影响

对卫星通信系统来说，太空环境的影响主要来自电离层闪烁，它特指当无线电波穿越电离层传播时，受电离层结构的不均匀性影响，其信号振幅、相位和到达角等特征参量的短周期不规则变化。电离层闪烁能导致地空无线电系统性能下降，严重时可造成系统信号中断。对于卫星通信系统来说，电离层闪烁导致信号幅度产生衰落，使信噪比下降，误码率上升，严重时可造成卫星通信链路中断。

对于短波通信系统而言，在基础设施完备的区域，强的突然电离层骚扰会导致系统中断，大范围的负相电离层扰动也会导致系统功能失效；在海外或远距离短波通信中，可用频段选择和通信范围估计是业务中关注的重点，而这均与电子密度的空间分布（以及由此产生的最高可能频率、水平梯度、倾斜程度等）有关，其适用范围取决于电离层条件。

2）电离层对导航定位的影响

围绕全球导航卫星系统（Global Navigation Satellite System，GNSS）的太空环境监测包括高能粒子监测和电离层环境监测，电离层环境监测包括常规电离层环境监测和定位扰动监测。电离层扰动监测的重点为对电离层暴、电离层闪烁、射电爆发等可严重影响卫星导航系统服务性能的突发性电离层扰动事件进行监测，并提前预警，为北斗等卫星导航系统故障诊断、服务性能预测、服务性能影响评估、任务规划等提供数据和信息支撑服务。

3）电离层对监视雷达的影响

电离层和对流层环境是太空监视雷达系统的主要误差来源之一，当电磁波信号通过电离层时,路径上的电子总浓度变化影响延时误差,进而带来测距误差;当电磁波信号发生折射时,会产生测角误差;当电磁波信号穿过雨区时,环境会带来信号幅度衰减。由此可见,需实时、全域监测电离层和对流层的环境,以评估并修正电磁波折射环境对太空监视雷达系统的影响,增强雷达系统应对太空环境扰动的能力。

天波超视距雷达工作在短波频段(6～28MHz),雷达探测信号经电离层反射和折射实现超视距传播。电离层是远程超视距雷达预警探测信号的重要传播媒介,客观上成为远程雷达系统的组成部分,没有电离层这一高空电波反射媒介,就没有此类雷达的超视距、大面积的预警探测能力。电离层及其形态和变化可导致雷达反射信号条件消失,设备难以正常工作,感知电离层环境状态是确保设备正常运行的基础。

对于装载在卫星上的合成孔径雷达(synthetic aperture radar,SAR)系统,当对地面目标成像时,其信号将不可避免地受到电离层的影响。这些影响效应主要分为两类,一类是背景电离层造成的折射、色散和法拉第旋转等效应;另一类是电离层闪烁效应。电离层闪烁效应会破坏星载合成孔径雷达系统回波信号之间的相关性,从而使方位上的分辨率降低,感知电离层状态、研究电离层的校正技术是发展和应用 P 波段合成孔径雷达系统的关键。

2.4.3 电离层特征参量

电离层特征参量是能够基本表征电离层状态和变化的参量,包括电子和离子的密度、温度、速度等。本节关注的重点在与无线电波传播相关的特征参量,包括电离层电子密度(N_e)、总电子含量(TEC)和临界频率(f_c)等,这些特征参量与电波传播过程中出现的信号延迟、折射、反射、法拉第旋转效应、信号吸收等效应存在密切的关联。

1) 电子密度

在电离层的特征参量中,电离层的总电子含量和临界频率均可以通过电子密度剖面计算得到。因此,电子密度的获取是电离层探测最为重要的目的之一。所谓的电子密度剖面其实指的是电子密度随高度的分布,在研究电离层的过程中,表征电子密度特征变化需要分层描述不同高度上的电离层峰值密度(NmE、NmF_1、NmF_2)、峰值高度(hmE、hmF_1、hmF_2)和半厚度(BmE、BmF_1、BmF_2)等信息。

利用这些参数,结合相应的函数即可形成电子密度剖面,例如 NeQuick 模型采用半爱泼斯坦函数(half Epstein function)描述电子密度剖面:

$$N_{e\,\text{Epstein}}(h) = \frac{4N_{\text{m}}}{\left(1 + \exp\left(\dfrac{h - h_{\text{m}}}{B_{\text{m}}}\right)\right)^2 \exp\left(\dfrac{h - h_{\text{m}}}{B_{\text{m}}}\right)} \tag{2-3}$$

由于 F_2 层电子密度在整个电子密度剖面中所占的比重最大，NmF_2 和 hmF_2 这两个参量通常用于验证各类技术获取的电离层电子密度的精度。

2）总电子含量

总电子含量指任意两个高度之间单位底面积柱体内所含的电子数，其具体表达即电子密度沿信号传播路径的积分：

$$N_{\text{T}} = \int_{h_{\text{L}}}^{h_{\text{T}}} N_e \, \mathrm{d}h \tag{2-4}$$

式中，N_{T} 为总电子含量；h_{L} 为起始点积分高度；h_{T} 为结束点积分高度。N_e 为积分路径上的电子密度，应该注意的是，N_e 并非固定值，而是随时间和空间变化。

除了直接利用总电子含量外，还有以总电子含量为基础衍生的其他特征参量。Afraimovich 等利用全球总电子含量地图数据，将同一 UT 时刻下的总电子含量按其所在的网格面积加权积分，构造了一个可以从整体上衡量全球电离层电子总数的参量——电离层全球总电子含量（global electron content，GEC），其可以表征全球电离层的整体变化特性，适用于研究全球电离层的形态变化和过程等。

$$\text{GEC} = \sum N_{\text{T}}(\theta,\varphi) \cdot S(\theta,\varphi) \tag{2-5}$$

式中，$S(\theta,\varphi)$ 为以该网格点总电子含量为中心的三角网格单元的面积；(θ,φ) 为网格点对应的经纬度。

3）临界频率

临界频率是针对无线电波传播而引申的一个电离层特征参量，其内涵为垂直无线电信号在电离层各层对应高度中的最大反射频率。

根据电离层中自由电子的简谐振动方程，等离子体频率 f_{n} 可以表示为

$$f_{\text{n}}^2 = \frac{e^2}{4\pi^2 \varepsilon_0 m} N_e = 80.6 N_e \tag{2-6}$$

因此，电离层各层对应的临界频率可由其对应高度的峰值电子密度决定，其计算公式如下：

$$\text{foE} = \sqrt{80.6 \text{NmE}} \tag{2-7}$$

$$\text{foF}_1 = \sqrt{80.6 \text{NmF}_1} \tag{2-8}$$

$$foF_2 = \sqrt{80.6 NmF_2} \tag{2-9}$$

式中,foE、foF$_1$、foF$_2$ 分别对应 E 层、F$_1$ 层和 F$_2$ 层的临界频率,这些参量通常是由垂测电离图直接判读得到的。

2.5 轨道大气环境及其影响

2.5.1 概念

1. 基本概念

当航天器绕地球运动时,除了受地球引力的作用,还受大气阻力、日月引力、太阳光压、潮汐现象等各种摄动力的影响。地球重力场模型(比如EGM96)已经扩展到 360×360 阶,对保守力的研究已经非常精确。对于600km 以下的航天器,大气阻力的作用大于日月引力摄动和太阳光压摄动,高层大气密度对航天器轨道维持、交会对接、航天发射窗口选择等任务影响显著。特别是对于低轨道飞行器,太空大气密度是直接影响其精密定轨的关键因素。

国内外许多学者研究了大气结构,建立了数学模型来得出近似大气密度。当前国际上的大气密度模型有理论模型(CTIM 模型、TING 模型)、标准大气模型(USSA-1962 和 USSA-1976 标准大气模型)、参考大气模型(指数模型、改进的 Harris-Priester 模型、Jacchia-71 模型、Jacchia-77 模型,DTM 模型、MSIS 系列模型、CIRA 模型、GRAM 模型、MET 系列模型、HASDM 模型、JB2006 模型、JB2008 模型等)和物理模型(TIEGCM 模型)。不同模型在使用时有高度限制,且一般情况下存在 15%~30%的密度误差,磁暴时的误差可达 100%以上,严重影响了卫星的在轨运行。而物理模型距离工程应用尚有一定差距。大气密度的变化规律十分复杂,它与太阳活动和地磁活动等密切相关。太阳射电流量 $F_{10.7}$ 指数和地磁 Ap 指数或 Kp 指数等太空环境指数作为高层大气密度模式的变量参数,在定轨预报中起到重要作用。

2. 太空大气参数随高度的分布

太空大气是太空天气的重要组成之一,受太阳活动等的影响,不同高度的大气分布也各不相同,具有明显的高度分布特征,并随太阳活动和地磁活动发生显著的变化,也随昼夜、季节和年等而变化。通常在气象领域,按大气的温度特性可分为对流层、平流层、中间层、热层和散逸层,按大气成分的均一性可分为均质层和非均质层。

按照温度的垂直分布划分,大气温度在 90km 高度处约为 184K,但由于太阳极紫外(EUV)辐射,90～200km 高度的大气温度随高度增加而急剧上升。统计结果表明,在中等太阳活动($F_{10.7}$＝150)和磁静日(地磁活动指数 Ap＝4)条件下,120km 高度的全球平均温度约为 366K,其温度梯度约为 13K/km。这种急剧上升在 200km 以上才渐趋缓和。随着高度增高,大气更趋于稀薄,进入大气的热量逐渐减少,直至热层顶大气逐渐趋于等温状态,在上述太阳活动和地磁活动条件下,全球外层的平均温度约为 1027K。图 2-14 给出了由 NRL MSISE-00 参考大气模型计算的在中等太阳活动和磁静日条件下的全球昼夜和年平均温度的垂直分布。

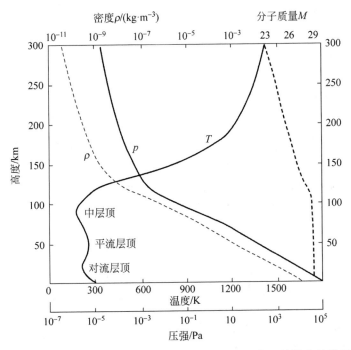

图 2-14 在中等太阳活动和磁静日条件下,全球昼夜和年平均温度的垂直分布

轨道大气属于非均质层。在重力场的作用下,分子扩散作用超过湍流混合的影响,使大气处于扩散平衡状态。大气成分的分布遵循各自的扩散方程,大气压力、密度随高度呈指数下降。分子摩尔质量越小的成分,数密度随高度下降越慢,其相对浓度随高度升高而增高,大气的平均摩尔质量随高度递减。高层大气能够吸收大量的太阳极紫外辐射,使分子氧常常在光子的作用下分解为原子氧,所以在 200km 以上,高活性的原子氧是十分重要的成分。图 2-15 和图 2-16 给出了由 NRL MSISE-00 参考大气模型计算

的在中等太阳活动和磁静日条件下的全球昼夜年平均大气总质量密度、压力和主要中性成分、总数密度的垂直分布,非均质层下部的主要成分为 N_2、O、O_2 和 Ar,其上部的主要成分为 O、He 和 H 等。

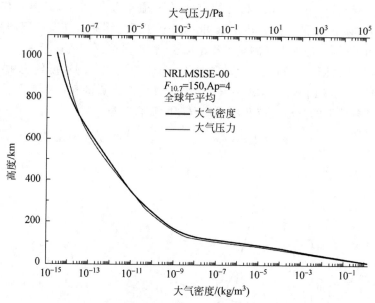

图 2-15　在中等太阳活动和磁静日条件下,全球昼夜和年平均中性成分密度和压力的垂直分布

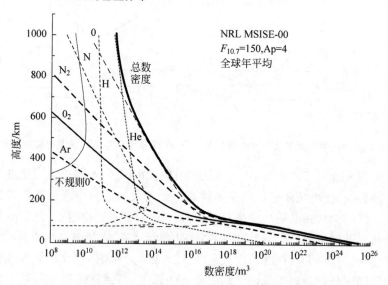

图 2-16　在中等太阳活动和磁静日条件下,全球昼夜和年平均中性成分和总数密度的垂直分布

3. 太空大气参数的半年和季节变化

受地球环绕太阳公转和黄道面与太阳的赤道面有一倾角等因素的影响,在相同太阳活动和地磁活动条件下,年内的不同日期地球高层大气接受的 FUV 能量也有所不同,从而引起太空大气呈现半年和季节等变化。对于全球的平均值而言,一般是十月份的大气温度和密度达极大值,四月份出现次极大值,七月份出现极小值,一月份为次极小值。图 2-17 和图 2-18 分别给出了由 NRL MSISE-00 计算的 $F_{10.7}$ 为 70、150 和 230 时,磁静日条件下,300km 和 500km 高度上全球昼夜平均大气温度、大气密度和原子氧数密度随年内日期的变化。

4. 太空大气参数的昼夜变化

地球自转引起太空大气的昼夜变化。图 2-19 和图 2-20 分别给出了由 NRL MSISE-00 计算的 $F_{10.7}$ 为 70、150 和 230 时,磁静日条件下,300km 和 500km 高度上全球年平均大气温度、大气密度和原子氧数密度随地方时的变化。在全球的平均情况下,一般是地方时午后 4 点附近大气温度出现极大值,午夜 4 点附近出现极小值;而午后 3 点附近大气密度出现极大值,午夜 4 点附近出现极小值。太空大气参数随季节和昼夜的变化幅度比随太阳活动的变化幅度小。

2.5.2 轨道大气环境影响要素识别

1. 任务对象

1) 低轨航天器轨道维持

低轨道航天器主要分布在 300～1000km 的热层,热层大气十分稀薄,其大气密度在不同太阳活动条件下为 10^{10}～10^{15} kg/m^3 不等,但对于运行其中的低轨航天器(通常指运行高度低于 1000km 的航天器)而言,这一微小尺度的变化会带来极大挑战。

低轨航天器轨道控制的目的是修正轨道偏差,保障航天器长期运行在理论设计的标称轨道上,以达到用户的应用需求。轨道偏差主要由轨道半长轴和轨道倾角的误差决定。大气阻力是导致轨道半长轴变化的主要摄动因素,它会使轨道的半长轴逐渐衰减,因此需要研究由大气密度、成分、温度、风场等造成的大气阻力,提高预报精度,提升轨道控制精度。

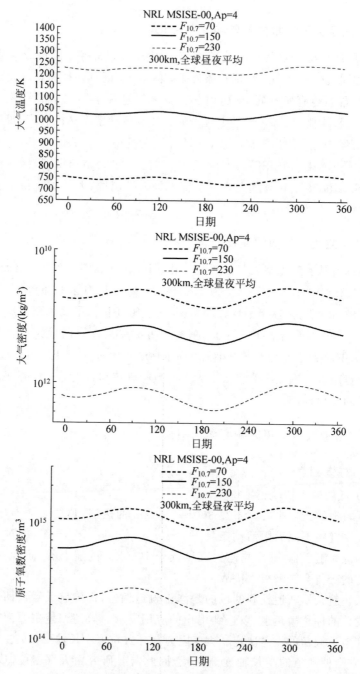

图 2-17 Ap=4，三种太阳活动条件下，300km 高度上全球昼夜平均大气温度、大气密度和原子氧数密度随年内日期的变化

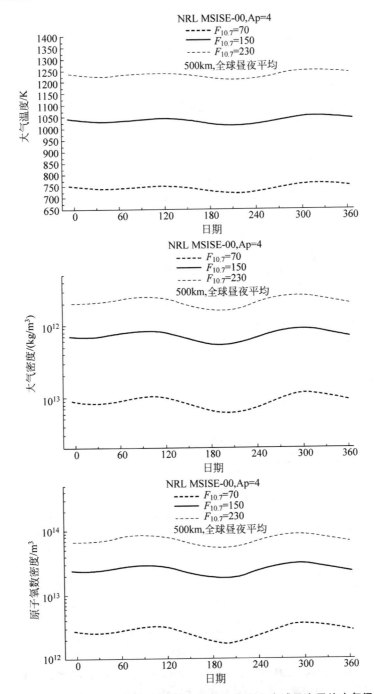

图 2-18 **Ap＝4，三种太阳活动条件下，500km 高度上全球昼夜平均大气温度、**
大气密度和原子氧数密度随年内日期的变化

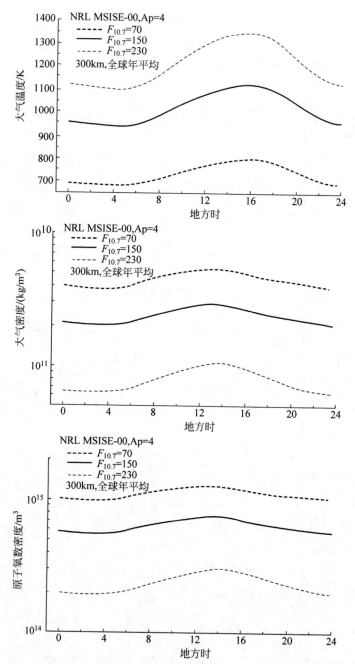

图 2-19 Ap＝4，三种太阳活动条件下，300km 高度上全球年平均大气温度、大气密度和原子氧数密度随地方时的变化

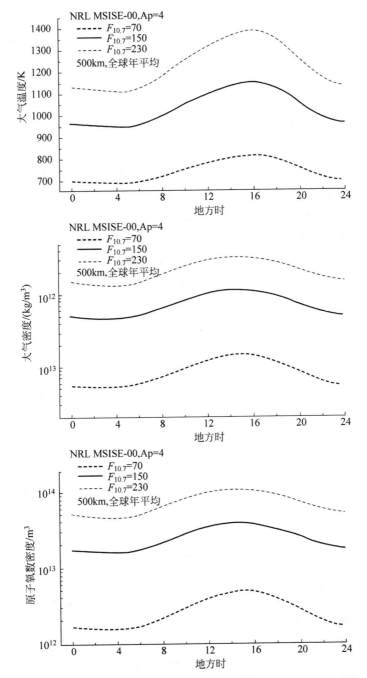

图 2-20 Ap＝4，三种太阳活动条件下，500km 高度上全球年平均大气温度、大气密度和原子氧数密度随地方时的变化

2）自主交汇对接控制

航天器的交汇对接在人类太空活动中越发频繁，因其影响因素多且社会反响大，使确保短弧定轨精度、获取精准的大气密度现报预报变得尤为重要。太空环境中的大气阻力使航天器轨道半长轴的变化逐渐衰减且航天器的自主交会相对运动对周围大气密度的影响剧烈。为提高短弧定轨预报精度，太空大气感知的对象被分为大气密度、成分、温度等。

3）空间碎片编目

太空大气密度模型给出了地球上空 $300\sim1000km$ 的大气总密度、大气成分和大气温度，由数学模型和模型参数组成。获取高精度的太空大气动态数据是组成空间碎片定轨和编目的基础。大气密度精度直接制约空间碎片等的定轨预报误差，是太空交通安全的重要组成。

4）影响低地球轨道航天器工作寿命的因素

1989 年 3 月发生的一系列太阳爆发事件使美国低轨卫星受到异常大的阻力，姿态几乎失去控制，导航卫星几天不能正常工作，军事系统跟踪的几千个空间目标近于失踪。除此之外，大气中的原子氧也能对表面材料产生剥蚀效应，引起材料质量损失和改变材料表面特性，其可在材料表面形成氧化层，引起材料的电学、热学和光学性能改变或退化，并在航天器局部表面形成诱导环境（分解物气体云），可凝聚或粘附在敏感表面，发生二次污染。

2. 阻力分析

大气阻力是低轨目标的主要摄动力之一，大气阻力的计算误差是目前制约低轨航天器轨道预报和确定的主要误差源，载人航天等活动高度依赖于太空大气环境。近几十年来，虽然热层大气的研究不断发展，但目前通用的大气密度模式一直存在 15％ 左右的误差。为进一步提高大气阻力分析精度，在国外的航天测控业务中采用的有效方法是在大气通用密度模式的基础上，结合航天器轨道数据和实测大气密度数据，在定轨业务中动态修正大气模型参数，如美国的 HASDM 大气拖曳模式。采用这种方法可使大气密度误差控制在 10％ 以内。

距地球表面 $20\sim1200km$ 的空间是低轨卫星太空监视、载人航天等活动的主要区域，同时也是临近空间飞行器、火箭发射的重要区域，该区域的大气密度及其变化是影响精密定轨预报的主要因素，也是太空环境感知的重点。例如，仿真运用表明，大气密度变化 15％，空间站轨道位置 20 天的预报偏差可达 1500km 以上,在设定平近点角误差接近 13°时,推演误差如图 2-21 所示。

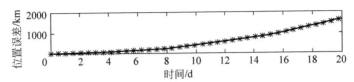

图 2-21 假设热层大气密度 15% 误差引起"神舟"飞船轨道位置的预报误差

2.5.3 轨道大气环境感知对象

1. 环境要素

临近空间的太空大气密度虽然稀薄,但相比光压等其他摄动量而言,大气阻力仍是影响低轨航天器轨道姿态、轨道衰减、轨道寿命等的主要因素。轨道大气的密度、温度和成分,特别是大气密度的分布和变化直接决定了模型精度,同时原子氧的存在也可造成对航天器的表面腐蚀。

2. 参量特性

感知中需借助天基原位与遥感探测设备,了解大气密度和成分的分布和变化情况,支撑轨道大气密度精确建模和预报,提供全球大气密度和成分数据,确保一定的精度和数据密度,保证探测数据误差远小于太空大气现报预报模型误差。

2.6 临近空间大气环境及其影响

2.6.1 概念

临近空间大气环境是指临近空间大气的物理和化学特性,物理特性主要包括空气的温度、密度、气压和风场,化学特性则主要为空气的化学组成。与低层大气相比(20km 以下),临近空间为稀薄大气,不能为民用航空飞机提供足够的升力,与轨道大气相比,临近空间为稠密大气,对卫星的阻力极大,使卫星不能自维持轨道飞行。

1. 临近空间大气环境要素

临近空间大气环境要素主要包含大气温度、密度、气压、风场和成分等。

地球大气根据温度特性分层为对流层、平流层、中间层、热层和散逸层等,临近空间则主要包括上平流层的上部、中间层、热层的下部。大气温度随高度的变化如图 2-22 所示。

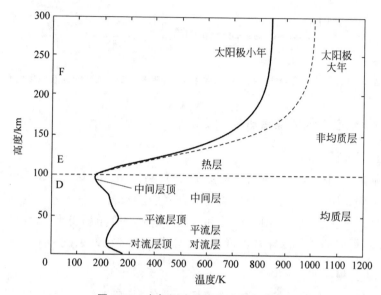

图 2-22 大气温度随高度变化示意图

由于重力的作用,大气气压和密度随高度增加呈指数减小,见图 2-23。图中,110km 附近为大气均质层顶(或湍流层顶),在该高度以下,大气成分相互混合,平均分子量几乎不变;在该高度以上,大气成分各自扩散,平均分子量随高度变化。

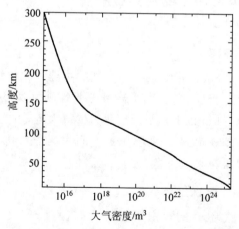

图 2-23 大气密度随高度变化曲线(来自 MSISI 模型)

大气气压随高度呈指数减小，不同高度气压数据列于表 2-11。

表 2-11 0～100km 的气压数据表

高度 /km	0	10	20	30	40	50	60	70	80	90	100
压力 /Pa	$p_0=$ 1.01325 $\times 10^5$	$2.6\times$ $10^{-1}p_0$	$5.4\times$ $10^{-2}p_0$	$1.2\times$ $10^{-2}p_0$	$2.7\times$ $10^{-3}p_0$	$7.5\times$ $10^{-4}p_0$	$2.0\times$ $10^{-4}p_0$	$4.6\times$ $10^{-5}p_0$	$1.0\times$ $10^{-5}p_0$	$1.8\times$ $10^{-6}p_0$	$3.2\times$ $10^{-7}p_0$

临近空间是一个低真空环境，其主要物质组成可分为主要气体成分（N_2、O_2、Ar、CO_2）、次要气体成分（O_3、NO、NO_2、OH、CO、O 等）、其他化合物、金属原子、流星烟尘和冰晶（气溶胶）、离子（如轻离子 NO^+、O_2^+、O^+ 等，重离子）、电子等。

图 2-24 给出了平均纬向风的全球分布。在 20km 附近有一个弱风带；在 20～90km 高度范围，西半球盛行东风，东半球盛行西风。

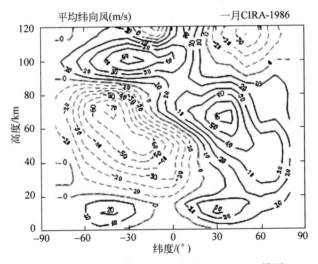

图 2-24 大气风场全球分布（来自 CIRA-1986 模型）

目前，美国标准大气模型 USSA-1976 给出了临近空间大气参量的全球和北纬 45°地区平均值随高度的变化特性，国际参考大气（COSPAR international reference atmosphere，CIRA）模型给出了临近空间大气参量随纬度、经度、高度、时间，以及太阳活动指数和地磁活动指数的变化特性。

2. 临近空间大气环境扰动特性

标准大气模型和参考大气模型给出了临近空间大气环境的气候平均状

态。临近空间大气环境受其辐射-光化学、动力学过程控制,同时受到来自低层大气天气过程和上面空间天气的影响,其短期变化复杂,常常偏离气候平均态,表现出复杂的扰动特性。

根据目前对临近空间大气扰动特性的了解,从扰动的物理机制出发,可将临近空间的大气扰动主要区分为大气波动和湍流,大气波动包括行星波、潮汐波和重力波等扰动,可在大气中传播。

目前的研究表明,行星波对冬季平流层有重要影响,潮汐波控制了中间层、低热层的日变化特征,大气重力波在中层顶附近饱和破碎,对其环流起决定性作用。这些大气扰动的区域性特征一直是研究的热点,有待通过更多的探测和研究来刻画其全球分布特征。

2.6.2 临近空间大气环境影响对象

临近空间大气环境感知主要服务于飞行器的安全运行。飞行器在临近空间中运行时,受到的临近空间大气环境的影响表现为一种综合效应,该影响与临近空间大气环境、飞行状态和飞行器个体差异相关。

1. 高超声速飞行器

对于高超声速飞行器,临近空间大气环境主要通过气动受力和加热影响飞行器的结构设计、热防护措施、材料和飞行规划等。

1) 飞行器的气动受力

当飞行器以一定的速度在临近空间中运行时,飞行器的各个部分,如翼面和舵面等,都会受到气动力的作用,该气动力通常用 R 表示:

$$R = C_R \frac{1}{2} \rho v^2 S_\mathrm{m} = C_R q S_\mathrm{m} \qquad (2\text{-}10)$$

式中,C_R 为总气动力系数;ρ 为大气密度;v 为飞行器飞行速度(假设大气风速为 0);S_m 为飞行器特征面积;q 为动压。

飞行器基准线与来流成一定冲角(α)和侧滑角(β),总气动力 R 在飞行器速度坐标系中可分解为空气阻力(R_x)、空气升力(R_y)和空气侧力(R_z)。由于气动力作用在压力中心,压力中心与飞行器的质心并不重合,上述气动力对飞行器会产生力矩。

$$\begin{cases} R_x = C_x q S_\mathrm{m} \\ R_y = C_y q S_\mathrm{m} \\ R_z = C_z q S_\mathrm{m} \end{cases} \qquad (2\text{-}11)$$

式中,C_x、C_y 和 C_z 分别表示阻力系数、升力系数和侧力系数。气动力系数与大气密度、压力、温度和大气黏性等因素有关。

从式(2-10)和式(2-11)可以看到,大气密度、温度和压力不仅直接影响气动力,而且会通过气动系数来间接影响气动力。大气环境参量的时空变化也会引起气动力的变化。

风引起的气动力直接作用于飞行器,形成结构的外载荷。风的准定常部分产生的载荷变化缓慢,称为"静载荷";而阵风、大气湍流和风切变产生的载荷称为"动载荷"。静载荷是结构设计时的主要载荷。但对动载荷考虑得不足,往往是造成飞行事故的主要原因。气动力的改变将影响飞行器的轨道、结构和制导。

2) 飞行器的气动加热

临近空间为稀薄气体,跨越连续流、滑移流、过度流和自由分子流等,随着高度的增加,气体的黏性系数增大,这些导致飞行器的气动热问题非常复杂。

高超声速飞行器在临近空间飞行时,将对周围的气体做相当大的阻力功,这种阻力功最终表现为热量。因黏性滞止效应引起的飞行器驻点热流可近似估算为

$$Q_s = c\rho^{0.5}v^3 \tag{2-12}$$

式中,Q_s 为飞行器驻点热流;c 为系数,与飞行器气动的外形结构等有关。热流近似与大气密度的 0.5 次方和速度的 3 次方成正比。由于飞行速度也受大气密度的控制,大气密度在气动热中有重要作用。

临近空间飞行器受到的气动热流比再入受到的热流小,但是由于临近空间飞行器在临近空间段的飞行时间较长,热流的累积效应会导致飞行器温度升高。

飞行器的热防护措施非常重要,一般为了保持飞行器的气动外形,不采用烧蚀性材料进行热防护,这就对材料的耐热性能提出了较高的要求。

此外,气动加热导致气体产生化学反应、光解和离解反应,其精确计算与空气的组分密切相关。

3) 飞行器的飞行规划

飞行器的飞行规划是指综合飞行器各项性能的限制,为飞行器设计从出发点到目标点满足某种性能指标的最优或近优飞行航迹。根据飞行器的受力、受热和射程,需要对飞行走廊进行优化。飞行走廊是一个高度(或密度)-速度空间,其下边界的约束条件主要包括最大动压、最大飞行器法向过载、最大驻点热流、持续高温时间、速度倾角变化率等,其上边界的约束条件主要包括最大升力、飞行稳定性等。如果飞行器在飞行走廊中飞行,则飞行

器能在气动力、气动热的环境下飞行,再通过合适的制导,便能按规定的要求达到预定目标。

2. 低速浮空器

对于低速浮空器,临近空间大气环境主要通过浮力、风阻和漂移气动力影响浮空器。由于大气密度随高度呈指数下降,对于浮空器来说,大气浮力也随高度增加而指数下降。由于风速不同,浮空器悬停时受到的风阻也不同,风阻对浮空器的悬停有重要影响。

2.6.3　临近空间大气及其影响感知对象

临近空间大气环境信息是高超飞行器、浮空平台等设计、实验和运用的重要支撑,感知对象为大气密度、温度、气压、风场和组分等参数。这些环境要素随时间和空间表现出一定的规律性,主要包括季节变化、经纬度变化、高度变化、大气波动(行星波、潮汐波和重力波)和湍流等。需要利用天基地基监测手段,实现区域精细化监测与全球宏观监测,融合现报预报模型,实现临近空间多维环境的综合感知。

对临近空间环境感知而言,全球感知涉及大气密度、温度、气压、风场和组分的监测,作为临近空间大气环境数值预报系统的初始场数据,驱动临近空间的辐射-光化学和动力学物理过程进行中期和短期天气预报。

2.7　太空撞击环境及其影响

2.7.1　概念

1. 太空撞击环境的基本概念

太空撞击环境指空间基础设施在运行过程中所遭受的来自外来物体撞击的环境,基础设施包括航天器、航天员或空间基地如月球基地等,撞击环境主要包括空间碎片、微流星体和行星尘暴等。

空间碎片(亦称"太空垃圾")是人类航天活动遗弃在空间的废弃物,是空间环境的主要污染源。自 1957 年苏联发射第一颗人造地球卫星以来,空间碎片的总数已经超过 4000 万个,总质量已达数百万千克,地面望远镜和雷达能观测到的空间碎片平均每年增加大约 200 个,大于 10cm 的空间碎片现在已经超过了 20 000 个(2016 年数据)。空间碎片主要分布在 2000km 以下的低轨道区,它们对近地空间的航天器构成了严重威胁。近年来,人类空间活动日趋频繁,位于低地球轨道卫星区域的空间碎片数量急剧增加,增加量超过 50%。研究表明，目前空间碎片的总数量已超过 1 亿个，其中大于 1cm 的超过 20 万个，目前已编目的空间碎片仅占其中很少一部分。低地球轨道和地球同步轨道的空间碎片分布示意图如图 2-25 所示。

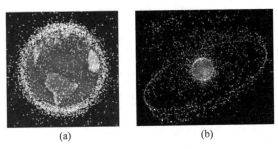

(a)   (b)

图 2-25 低地球轨道和地球同步轨道空间碎片分布示意图

(a) 低地球轨道碎片分布；(b) 地球同步轨道碎片分布

微流星体是起源于彗星和小行星带并在星际空间中运动的固态粒子。微流星体可能与航天器发生撞击并导致航天器损伤，损伤的种类与程度取决于航天器的大小、构型、工作时间和微流星体的质量、密度、速度等特性。这种撞击损伤包括压力容器的破裂、舷窗的退化、热控涂层的层裂、热防护性能的降低和天线系统的损伤等。

行星尘暴主要来自火星等星体表面的尘埃环境，火星尘暴是火星表面的尘埃在剧烈的大气运动下形成的尘暴现象。一方面，尘暴可以在航天器或探测器表面覆盖一层尘土，造成遮挡；另一方面，尘暴撞击在航天器或探测器表面，可以引起航天器的表面摩擦磨损。

目前，国内外的重点研究对象是空间碎片，空间碎片和航天器的平均撞击速度是 10km/s，厘米级以上的空间碎片可导致航天器彻底损坏，其破坏力之大几乎无法防护，唯一的办法是躲避。毫米级的空间碎片也对航天器构成威胁，是航天器防护的主要对象。微米级的空间碎片数量很大，虽然单次撞击的后果不十分严重，但累积效应仍会导致航天器性能下降和功能失效，因而仍需要在设计时依据碎片环境采取相应的防护设计。

2. 太空撞击环境的影响

航天器发射入轨后即处于空间碎片环境之中，通过对回收的航天器表面分析、探测器测量数据和地基观测结果分析，大致了解了地球轨道上空间碎片的尺度及其组成情况。空间碎片的尺寸范围包含微米级、毫米级、厘米级，甚至米级。其中，厘米级及以上的空间碎片主要是运载火箭上面级、任务终了的航天器、工作时遗弃的物体、意外的解体碎片、三氧化二铝残渣、钠钾颗粒等；毫米级的空间碎片主要是航天器表面的剥落碎片、溅射物、三氧化二铝残渣、钠钾颗粒、微流星体、意外的解体碎片等；微米级空间碎片主要包含剥落碎片、溅射物、三氧化二铝粉尘、微流星体等。

空间碎片与航天器的平均撞击速度高达 10km/s，严重威胁着在轨航天器的安全运行。可引起航天材料与器件发生一系列粒子撞击损伤效应。不同尺度的空间碎片对航天器造成危害的方式不同、程度不同，其对策和研究方法各异。空间碎片危害航天器安全的最主要物理特征是由超高速撞击导致的机械损伤效应，航天器安全防护的对象主要是毫米级和微米级的空间碎片。空间碎片撞击产生的效应原理关系如图 2-26 所示，不同尺度空间碎片的主要危害、应对措施和地面模拟设备见表 2-12。

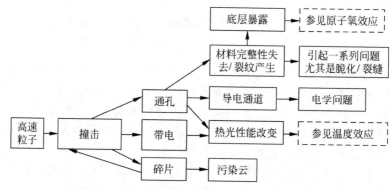

图 2-26　空间碎片撞击产生的效应原理关系图

表 2-12　不同尺度空间碎片的主要危害、应对措施和地面模拟设备

空间碎片尺度	0.1mm 以下	0.1～10mm	10～100mm	100mm 以上
主要危害	长期累积将导致表面砂蚀，部件光敏性下降、辐射性能改变	舱壁成坑或穿孔，使密封舱或压力容器泄漏	存在穿孔、破裂的危险	对航天器存在毁灭性危害
对策措施	进行失效或功能下降评估，优化总体设计方案	优化总体设计方案并设置防护结构	尚无有效对策	预警规避
地面模拟设备	等离子体加速器、静电加速器、激光驱动加速器等	二级轻气炮、聚能加速器等	充分地进行地面模拟尚存在困难	尚无有效的地面模拟手段

大于 10cm 的空间碎片将导致航天器毁灭性损坏，由于目前能够通过地基望远镜或雷达测定其轨道，可以采取预警规避的策略有效防止其伤害；

厘米级空间碎片也可以导致航天器彻底损坏,目前尚无切实可行的防护措施,唯一的方法是在航天器的设计和运营上降低使航天员和航天器发生致命性损害的风险;毫米级空间碎片能够导致航天器表面产生撞坑甚至舱壁穿孔,撞击部位不同,危害的程度也有很大差异。以 10km/s 的撞击速度为例,1mm 的铝质空间碎片能够穿透约 2mm 的铝合金板,其穿孔直径达到约 4mm;10mm 的空间碎片能够击穿约 20mm 的铝合金板,其穿孔直径近 50mm;微米级空间碎片的单次撞击对航天器的结构强度不会造成直接影响,但其累积撞击效应将导致部件的光敏、热敏等功能下降。当尺寸为 1μm 的空间碎片撞击铝制舱壁时,撞击坑的直径可达 4μm,深度约为 2μm;当其撞击玻璃舱窗时,损伤区域的直径约为 100μm,撞击坑的深度约为 3μm;当其撞击热控隔热层时,可以形成约 7μm 的孔洞。尽管损伤尺寸较小,但是依然可能造成微小的影响,例如,降低光学表面的光洁度、改变热控辐射表面的辐射特性、击穿防护原子氧腐蚀的保护膜等。这种尺寸的空间碎片数量巨大,在 800km 高的太阳同步轨道上,每平方米每年大于 1μm 空间碎片的累积通量约为 30 000 个,其损伤累积效应将导致光学表面发生化学污染、凹陷剥蚀或断裂,破坏太阳电池阵的电路和热防护系统等易损表面,使航天器功能下降或失效。

实际上,无论载人还是非载人航天器,空间碎片对其造成的碰撞危害都可根据其对飞行任务的最终影响程度分成三类:

1) 灾难性碰撞

灾难性碰撞主要由航天器与次分米级、分米级或以上的空间碎片碰撞所至。这种碰撞会给飞行任务带来不可逆转的破坏,同时也将产生大量的空间碎片。灾难性碰撞带来的损害主要体现在以下两个方面:一是对飞行器结构的损害,使飞行器结构解体,从而造成飞行任务的提前终止;二是对飞行器关键设备的损害,如燃料储箱或无冗余设备的损坏,也可导致飞行任务永久失败。

2) 可恢复性碰撞

可恢复性碰撞主要由航天器与次厘米级、厘米级或以上的空间碎片碰撞所致。当碰撞发生时可导致飞行任务的短暂丢弃或部分功能丧失,如空间碎片与太阳电池阵的碰撞。一方面,因碰撞动量的传递,造成航天器姿态控制系统失稳,从而导致航天任务的短暂丢失;另一方面,太阳电池阵的击穿损坏会造成航天器的功率下降。姿态控制系统丢失后,可以通过启动姿态控制发动机重新建立正常的航天器姿态。航天器的供电功率下降后,可以通过暂时或永久关闭某些与飞行任务不密切相关的设备,解决航天器供电需求的矛盾。

3）碰撞的累积效应

碰撞的累积效应是由航天器与次厘米级及其以下的空间碎片的长期碰撞所致。次厘米级及其以下的空间碎片与航天器碰撞，一般情况下不会造成飞行任务的立即失败，但随着时间的增加和碰撞次数的增多，其累积碰撞会引起航天器的部分功能或性能下降甚至丧失。比如，空间碎片的累积碰撞会使航天器表面的温控涂层遭到严重破坏，从而造成航天器内部设备不能正常工作，导致飞行任务的永久失败。这类碰撞是长寿命、高可靠卫星防护设计中必须考虑的主要问题。

3. 太空撞击环境的应对措施

对于大体积空间碎片，目前通用的防护措施是采取轨道规避。该方法实际上是利用飞行器的轨道控制系统，采取轨道机动的办法，主动躲避大碎片的撞击，从而确保航天器的安全。对于大体积空间碎片的主动防护，国际上成功的例子比较多。如美国航天飞机在 49 次的飞行任务中（STS-26～STS-72），在轨飞行的总时间为 440 天，有 5 次飞行任务执行了避免碰撞的轨道规避机动飞行，即一次避免碰撞机动对应在轨飞行的平均时间为 88 天，或大约每 5 次飞行任务就需要进行一次避免碰撞的轨道机动。1997 年，欧空局的卫星"ERS-1"和法国空间研究中心（Centre National d'Etudes Spatiales，CNES）的卫星"SPOT-2"为避免与一个登记在册的空间碎片发生可能的碰撞，也进行了轨道规避机动。国际空间站（International Space Station，ISS）在 1999 年 10 月 26 日第一次进行了轨道规避机动。据美国太空司令部 10 月 26 日的跟踪分析，飞马座（Pegasus）火箭末子级（1998-046K，编号为 25422）与国际空间站的碰撞概率是 0.3%，但最终还是在交会碰撞前 18h 执行了轨道规避机动。这次轨道机动需要提供 1m/s 的速度增量，消耗了 30kg 的推进剂，据有关资料分析，国际空间站为了避免与大空间碎片撞击，平均每年要进行 6 次避免碰撞的轨道机动。

受观测条件的限制，目前国际上对尺寸在 1～10cm 的小空间碎片的数量和分布不是十分清楚。小碎片具有相当大的动能，足以穿透目前任何类型的防护屏，因此在目前的技术条件下，难以对小碎片采取被动防护，国际上对于小碎片的应对策略是根据飞行任务的安全需求程度，确定是否采取必要的防护对策。对于非载人航天器，一般情况下不考虑与小碎片的碰撞防护问题。而对于载人航天器，则需要考虑与小碎片的碰撞问题。为了躲避与小碎片的撞击，载人航天器一般是在表面装设雷达或光学探测装置，用于确定影响航天器安全的危险碎片的轨道和位置,适时采取轨道规避机动。对于尺寸小于 1cm 的空间碎片的防护,可以根据其对航天器的两种破坏效应(高动能撞击和累积效应)分别所占的比例,决定采取单独或组合的防护措施。

对航天器进行防护设计,可以增强其抵御微小空间碎片撞击的能力,从而提高航天器的在轨生存能力,这一点对载人航天器来说尤其重要。对于非载人航天器,防护设计成功的典范是 NASA 和 NOAA 参与研制的加拿大"Radarsat"卫星。它是一颗质量为 3000kg、平均轨道高度为 792km 的太阳同步轨道卫星。由于其具有较大的横截面积和处于高撞击风险的轨道环境中,加拿大国家航天局邀请美国约翰逊航天中心对"Radarsat"卫星轨道碎片的风险进行了评估,并帮助解决卫星的防护问题。约翰逊航天中心通过对"Radarsat"卫星易受攻击表面的分析,以及修改多层隔热毯、散热器的设计和增强部分部件设备壳体的强度,使其生存概率由 0.5 提高到 0.87,而质量仅增加了 17kg。

2.7.2 太空碎片和微流星体的要素识别

1. 太空碎片环境要素识别

太空碎片和微流星体的环境要素主要包括空间碎片的大小、速度、方向、成分等,这些关键要素可以为航天器在轨撞击效应的分析、预示等提供必要的参数。

2. 太空碎片撞击效应要素识别

太空碎片的撞击效应可以分为灾难性效应、可恢复性效应和微小碎片的累积效应。尺寸大的空间碎片引发的碰撞会产生灾难性效应,可引起航天器的在轨解体等。可恢复性效应是一些碎片撞击后引起航天器在轨姿态等发生变化,后续可以通过在轨行动恢复的效应。累积效应主要是微小碎片撞击达到一定数量后的不可逆转的效应。需要根据碎片大小和敏感度进行识别。

3. 太空碎片撞击风险要素识别

太空碎片和微流星体的撞击风险主要从空间碎片的轨道分布、运行轨迹预示等来确定。微流星体会引起航天器的偶发性撞击效应,需要对微流星体的爆发进行及时的预示和监测,并对撞击风险进行识别。

2.7.3 太空碎片感知要素

基于空间碎片对航天活动带来的严重威胁,需要利用天基或者地基的方法对空间碎片的尺寸、运行轨道和数量进行感知和监测,也需要对空间碎片可能引起的撞击效应进行感知,感知的主要对象包括碎片的尺寸、轨道和数量。

1. 空间碎片的尺寸

空间碎片按照尺寸可以分为厘米级、毫米级、微米级。厘米级的空间碎片可以通过地基的光学望远镜进行观测,毫米级或者更小的尺寸则需要进行在轨监测或者利用空间碎片在轨捕获装置进行监测。

2. 空间碎片的运行轨道

利用地基光学望远镜可以追踪空间碎片的大小和轨道分布,并对其轨道运行进行预示。轨道往往和速度是密切相关的,空间碎片在某一特定轨道运行,也就具备了特定的飞行速度。

3. 空间碎片的数量

目前,基于空间碎片的光学望远镜,已经对厘米级的大碎片分布进行编码,进而实现了在轨数量的监测。同时,通过天基望远镜和在轨捕获装置,可以实现对空间微小碎片数量的评估与监测。

2.8 太空高功率冲击环境及其影响

2.8.1 概念

1. 太空高功率冲击环境

太空高功率冲击环境主要指高功率微波和激光产生的特殊环境,微波是频率在 $300\mathrm{MHz} \sim 300\mathrm{GHz}$ 的电磁波,其波长范围为 $1\mathrm{mm} \sim 1\mathrm{m}$。太空高功率微波是一种定向辐射的微波束,可以干扰或摧毁目标上的电子设备,具有应用范围广、效费比高等特点。激光是受激辐射而放大的光,其波长范围从紫外光到红外光。高功率激光装置是一种利用定向发射的激光束来直接毁伤目标或使之失效的定向能量装置,具有远程、方向性好、能量强、光速度、反应时间短、机动灵活等特点。

2. 太空高功率冲击环境的影响

微波环境扰动是指受天基地基雷达、干扰源辐射、太阳爆发活动、超新星爆发等影响,在太空形成的复杂电磁辐射干扰环境。

微波设备是形成复杂电磁环境的重要源项,具有作用距离远、不易察觉等优势,是未来太空定向攻击的主要手段。其一般由强微波发射机、高增益天线及其他配套设备组成,其所发射的微波波束汇聚在窄波束内,以强大的能量杀伤、击毁目标,其辐射的微波波束能量比雷达高几个数量级。微波攻击可以杀伤人员,就其杀伤机制而言,有热效应与非热效应两种。热效应利用强微波辐射人体,能量密度可达 $20\,\mathrm{mW/cm^2}$,照射时间为 $1\sim2\,\mathrm{s}$,通过瞬时产生的高温高热,造成人员死亡。非热效应利用 $3\sim13\,\mathrm{mW/cm^2}$ 的弱波照射人体,引起各种设备系统的操作人员烦躁、头痛、神经紊乱、记忆力衰退等症状以使设备系统的操作失灵。微波束的另一个特点是可以穿过缝隙、玻璃或纤维进入装备内部,烧伤装备内的人员,微波设备还可以使现代化设备系统中的电子设备和元器件损坏或失效。例如,EL/M-2080 绿松雷达的有效辐射功率(effective radiated power,ERP)使其能够成为定向能设备,将雷达能量脉冲聚焦在目标导弹上。能量峰值通过天线或传感器孔进入导弹,在那里微波束可以迷惑制导系统,扰乱计算机存储器甚至烧毁敏感的电子部件。在海湾战争中,美国就通过使用高功率微波弹干扰和摧毁了伊拉克防空和指挥控制系统的电子系统。

太空激光环境扰动通常指通过天地激光照射使天基侦测相机致盲、航天器部件烧蚀的激光辐照环境。随着激光、新材料、微电子、光电等技术的发展,高能激光束产生的强大杀伤力逐渐成为一种定向能激光设备。它利用激光束的高能量产生高温,并采取束而不是面的形式向一定方向发射来摧毁或损伤目标的设备系统。激光设备是当前所谓新概念设备中理论最成熟、发展最迅速、最具实战价值的。它以无后座、无污染、直接命中、效费比高等诸多优点成为发达国家研制中的重点设备。空间激光设备是打击、破坏航天卫星或损坏其正常功能的空间高能激光设备,形象地说,是在轨运行的卫星"杀手"。激光设备按照设置场所的不同,可分为地基与天基两种,前者指设置在陆地、舰船与飞机上的,后者是设置于航天器上的。空间激光设备系统的特点突出:首先,这种设备系统的攻击时间短,无需等待时间;其次,能量集中且高,高能激光束的输出功率可达到几百至几千千瓦,击中目标后使其破坏、烧毁或熔化;最后,由于发射的是激光束,它们被聚集得非常细,来得又很突然,所以对方难以发现光束来自何处,来不及进行机动、回避或对抗。

激光设备的作用机制是利用强激光与材料的相互作用,使材料产生暂时性或永久性的破坏,例如使卫星光电系统致盲或受到干扰;使成像系统的窗口产生龟裂或磨砂效应进而失去对目标的监测能力；可以造成卫星能源系统的破坏，由于太阳电池板是暴露在外面积最大的部件，其也将成为激光设备重点攻击的目标；能够破坏卫星表面的温控涂层导致卫星内温度失控，造成卫星工作失常。为抵抗这种破坏，应对卫星的一些敏感部位和部件进行加固，改进卫星表面结构，提高抵抗激光设备的能力。

2.8.2　太空高功率冲击环境影响要素识别

当高强度激光或微波能量聚焦到材料表面时，在外表面将发生材料熔融、成坑、穿孔或材料剥落等现象。将每一种现象定义为一种损伤效应，这些效应的产生机制和条件各不相同。因此，研究卫星敏感部件在激光攻击下的损伤效应，应首先掌握在每种损伤模式下敏感部件材料的损伤机制和损伤条件。

1. 高功率微波环境的影响要素识别

太空高功率微波环境的影响要素识别主要包括高功率微波环境要素，如高功率微波的来源方向、高功率微波的电磁能量和微波的频谱特征等。太空高功率微波效应则包括高功率微波引起的强电磁脉冲效应，尤其是针对电子系统的电磁脉冲效应，其次是高功率微波引起的热效应。

2. 高功率激光环境的影响要素识别

太空高功率激光环境的影响要素识别主要分为高功率激光环境要素和高功率激光效应要素。高功率激光环境要素主要是激光的本质特性，如激光波长、激光能量、激光来源方向等；高功率激光环境效应则主要是热效应或烧蚀效应，比如高功率激光引起的航天器敏感光学材料和器件的烧蚀、热控涂层的烧蚀，以及激光诱发放电效应等。

2.8.3　太空高功率冲击环境感知对象

1. 感知对象

太空高功率微波和激光将对人类太空活动带来严重威胁。因此，需要及时了解和掌握太空环境扰动源项的种类、大小和影响，对高功率微波或激光冲击环境的感知要素主要包括攻击手段的特征信号、衍生效应。这些都需要借助天基、地基部署的必要探测设备来实现。

利用星载高灵敏度高功率微波或激光主动探测设备及时识别环境干扰信号，感知环境异常，是开展主被动防护的重要方法之一。高功率微波或激光作用于航天器后产生的某些效应，与航天器在空间自然环境下的某些效应有相似之处,特别是在干扰量级与空间天气异常效应相近时,会对故障识别造成极大的困扰,难以区分己方航天器异常是由恶劣的空间环境引起还是由人为环境干扰引起。

2. 参量特性

针对微波环境扰动带来的可能影响,重点监测微波的波长、能量和来源等关键特性。尤其是微波辐射的能量面密度需要进行精细化感知,以实施有效的预警。

针对激光辐射,需要对激光脉冲功率和来源进行精细化感知,为辐射防护、风险规避等提供支持。

2.9　太空磁场环境及其影响

2.9.1　地球磁场

从地心至磁层边界的空间范围内的磁场称为"地磁场",可分为基本磁场和变化磁场两部分。基本磁场可分为偶极子磁场、非偶极子磁场和地磁异常几个组成部分。偶极子磁场是地磁场的基本成分,约占地磁场的90%,偏于地轴约11.5°,偏于地心约500km。起源于地核磁流体发电机过程和地壳中的磁性岩石有稳定的空间结构和缓慢的长期变化,偶极子磁场和非偶极子磁场都随时间变化。古地磁记录表明,地磁场至少存在了30亿年,而且已在过去反转了很多次。地磁场的组成示意图如图2-27所示。非偶极子磁场主要分布在亚洲东部、非洲西部、南大西洋和南印度洋等几个辽阔地域,平均强度约占地磁场的10%,场源在地球内部何处目前还存在争议。地磁异常又分为区域异常和局部异常,由地壳内具有磁性的岩石和矿体等所形成。变化磁场起源于磁层、电离层的各种电流体系、粒子流和等离子体流,以及地球内部的感应电流,它的强度虽然只有地磁场的百分之几,但随时间变化大,对航天器的工作状态有直接的影响。

地磁场近似于一个置于地心的偶极子的磁场。地磁场是一个弱磁场,在地面上的平均磁感应强度约为 5×10^{-5} T,其强度随地心的距离以 r^{-3} 向外递减。航天器运行的轨道越低,遇到的磁场越强($1T = 10^4 Gs = 10^9 nT$)。

基本磁场在行星际空间产生磁层,在这里地球的磁场在太阳风的磁场中占主导地位。其他场源还包括由剩余磁化和主场感应在地壳外层产生的不规则本地场和地壳中的地电流感应的磁场。

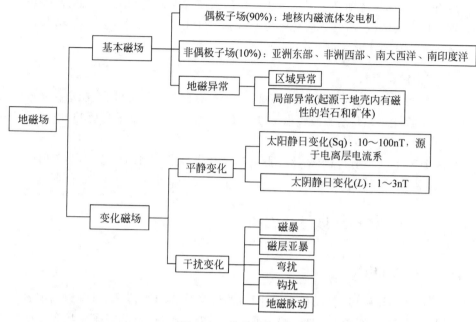

图 2-27　地磁场的组成

　　地球变化磁场可分为平静变化和干扰变化两大类。平静变化包括以一个太阳日为周期的太阳静日变化(Sq)和以一个太阴日为周期的太阴静日变化(L),变化幅度分别为 10～100nT 和 1～3nT,场源是分布在电离层中永久的电流系。干扰变化包括磁暴、地磁亚暴、太阳扰日变化和地磁脉动等,场源是太阳粒子与地磁场相互作用后在磁层和等离子中产生的各种新的电流系。

　　磁层和电离层中的离子和电子微分通量会形成电流系统,这导致了地磁场强度的变化。这部分电离层和磁层中的外部电流在一个非常短的时间尺度变化(平静时为 6～24h,磁暴时为几天),并可以控制 10％ 左右的磁场(磁暴时可达 1000nT 以上,平静时约为 50nT)。

　　对近地空间磁场的最大影响来自太阳风,即太阳喷发出来的等离子体,该等离子体与磁层边界(磁层顶)的电流产生的磁场叠加在偶极子磁场上。磁层顶在向阳面近似压扁的半球,在日地连线上距离地球最近,约为 10 个地球半径;其在背阳方向则近似圆柱体,磁尾的半径为 22 个地球半径。目前对其磁尾半径的长度尚无一致的看法,有些资料认为,磁尾延伸到几百个地球半径之外。磁尾中的等离子体密度十分稀薄,每立方厘米不到 0.1 个离子。

　　为了描述地磁场的时空变化,需要地磁场模型。但由于变化磁场比较复杂,目前还没有完整的模式来描述,但它在空间环境的扰动中又非常重要,是空间环境扰动状态的重要标志。因此,人们从磁场记录中总结出标志磁场扰动程度的量——地磁指数。常用的地磁指数有:磁情指数 C、国际磁情指数 C_i、K 指数、Kp 指数、日 Kp 指数、Ap 指数、日 Ap 指数、Cp 指数、Dst 指数(赤道环电流指数)、极光带电急流指数等。

根据地面和卫星的大量观测数据,现已发展了许多地磁场模型。其中最有代表性的是国际地磁参考场(international geomagnetic reference field,IGRF)模型和 Tsyganenko 模型。国际地磁参考场没有考虑外源场,Tsyganenko 模型则比较充分地考虑了磁层中各种电流系对磁场的贡献。因此,在近地卫星轨道一般采用国际地磁参考场模型,而在 20 000km 以上的卫星轨道则采用 Tsyganenko 模型。

通过不断地测量地球上的磁场信息,可以得出一个地球基本磁场的数学表示,以示其如何变化。定义磁势 V,V 在任意位置均可被展开为球谐函数:

$$V(r,\theta,\lambda) = a \sum_{l=1}^{L} \left(\frac{a}{r}\right)^{l+1} \sum_{m=0}^{l} \left[A_l^m \cos(m\lambda) + B_l^m \sin(m\lambda)\right] P_l^m(\cos\theta)$$

$$(2\text{-}13)$$

一旦高斯系数为观测值所确定,任意位置处的磁场就可以计算出来。因为磁场随着时间和空间不断变化,新的观测必须不断进行以得到精确计算的磁场。新的国际地磁参考场模型每 5 年公布一次。这些模型通常只计算到 $10 \sim 12$ 阶球谐系数。其精度在时间上可以达到 30min,在强度分量上可以达到 200nT。

地球偶极场的磁矩一直在减小——从 17 世纪以来,以 $0.1°/$年的速度在漂移。地球磁场的非偶极分量在以 $0.2° \sim 0.3°/$年的速度在向西漂移,有证据表明此漂移的速度在减小。不同的球谐分量在以不同的速度漂移:高纬度地区的漂移速度快于低纬度地区。地球磁场的非偶极部分的平均变化约为 50nT/年。这种漂移主要是由地球的地幔、外核和内核具有不同的转速而引起的。

国外对于空间地磁场的探测和地磁场模型的研究开展较早,从 20 世纪 60 年代开始,美国、苏联就开始了对空间地磁场的探测和地磁场模型的研究。当今最具权威性的三种地磁模型为国际地磁和高空大气学协会(International Association of Geomagnetism and Aeronomy,IAGA)的国际磁场参考模型,美国国防部(United States Department of Defense,DOD)的 WMM 模型和美国石油协会的模型。这三种地磁场模型分别针对不同的使用区域。

美国国防部公布的 WMM-2000 模型如图 2-28 所示。该模型主要服务于卫星、飞机、导弹上的磁场,其有效期为 1900—2005 年,有效高度为 0~1000km,精度可达到误差小于 0.4%,该模型以软件的形式发布,可输出总磁场强度(B)、水平强度(H)、北向分量(X)、东向分量(Y)、垂直强度(Z)、磁偏角(I)和磁倾角(D)。IGRF 2000 模型的精度:D 和 I 的时间精度通常为 30min,磁场分量的精度为不大于 200nT。

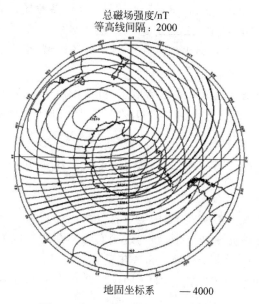

总磁场强度/nT
等高线间隔:2000

地固坐标系　— 4000

图 2-28　WMM-2000 模型全球磁场

卫星在空间运行时的磁环境是极其复杂的。为了满足各种性能要求,卫星必须使用一定量的磁性材料并具有一定的杂散磁场。由于外界磁场的变化会引起卫星自身磁特性参数的改变,对于利用磁力矩器进行姿态控制和轨道定位的卫星,必须对其在轨磁性状态有充分的了解,以保证控制的有效性和测量的精度。另外,在长期的轨道存留时间中,地磁场与其自身磁矩相互作用的累计,会对卫星的姿态造成较大影响。例如,对于自旋稳定的卫星,这种作用会使其自旋轴发生进动,增加卫星姿态控制系统的负担,使卫星的可靠性降低。

同时,对于中低轨道卫星来说,由于地球磁场强度大,磁干扰力矩也大,必须考虑磁干扰力矩的影响,对于短期工作的卫星如返回式卫星,上述影响可以不考虑;但是,对于长寿命、控制精度要求高的卫星,不论是中低轨道卫星还是高轨道卫星,都必须考虑磁干扰力矩,尤其是极地轨道卫星,复杂的磁场变化对卫星的影响更严重,必须引起足够的重视。

由空间磁场与卫星相互作用而引发的卫星故障每年都有发生。例如,美国 1958 年发射的"先锋 1 号"卫星、1960 年发射的"泰罗斯 1 号"卫星、1966 年发射的"澳维 1-10"卫星、1969 年发射的重力梯度稳定实验卫星、1988 年发射的极地轨道气象卫星"NOAA"和国防气象卫星"DMSP"、1989 年发射的"泰罗斯"极地气象卫星,以及俄罗斯先后发射的 31 颗卫星等。

2.9.2 木星磁场

与地球不同,木星磁场表现出一定的类似弱脉冲星的特征,表明驱动木星磁场的能量是行星的旋转而不是太阳风。木星的磁场范围覆盖了木星环和几个木星卫星,并对木星辐射带的结构与动力学行为具有重要的影响。

木星磁场通常可以划分为内磁场、中磁场和外磁场:

(1)内磁场扩展到 I_o 的轨道,距离大约为 $6R_j$,R_j(约为 71 400km)是木星的平均轨道半径。这一部分的磁场主要是由行星内部的源所创造。在这一区域以外,方位电流片在赤道平面的效应下产生显著的摆动,导致在半径方向的磁力线的延展;

(2)中磁场位于 $6R_j$ 到 $50R_j$,这个区域也是赤道流电流存在的区域;

(3)外磁场从约 $30R_j$ 到磁层顶,这个区域的磁场有大量南向分量,太阳风压力的变化可能引起磁场及其分量产生较大的时间和空间波动。

2.9.3 土星磁场

"先驱者 11 号"发现土星存在较强的磁场,但比木星磁场弱一些,土星磁场在土星周围形成巨大的磁层。与地球磁层一样,土星向阳面由于受到太阳风的压缩而向土星靠拢,背阳面由于受到太阳风的推拉而变得很长。但与地球相比,土星距离太阳的距离更远,因此受太阳风的影响要小得多,所以土星磁层的压缩和拉长明显小于地球磁层。

土星磁场的来源主要由三部分组成:第一部分是本征偶极子磁场,第二部分是围绕土星的环形等离子体磁场,第三部分来源于太阳风对磁层的作用。前两部分被称为"内源",它们是轴对称和赤道对称的。南、北极区的表面磁场强度分别约为 0.7Gs 和 0.6Gs,赤道的表面磁场强度为 0.2Gs。土星磁场类似于偶极子磁场,南北极磁性与木星磁场相同,而与地球磁场相反,磁矩为 4.7×10^{28} Gs·cm³,约为地球的 600 倍。土星磁轴与自转轴的交角很小,小于 1°,偶极中心接近于质量中心。在不考虑太阳风的情况下,其外部磁场与磁轴对称。

土星的偶极磁场由土星内部的金属氢高速旋转而产生,表示为 B_{dipole},如图 2-29 所示。

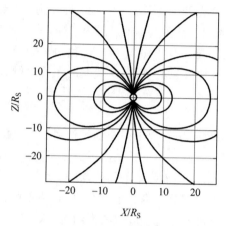

图 2-29 土星偶极磁场

通过对"V1"卫星探测数据的进一步分析,发现在日面约 $8R_s$ 以外和夜面约 R_s 以外的区域与偶极磁场模型存在偏差。分析认为该偏差是由环形等离子体引起的。等离子体环的内外边界分别在约 $8R_s$ 和 $15.5R_s$ 处,高度约为 $6R_s$。在等离子体环内,电流密度随着距离 r 的增大而逐渐从约 $0.3 \times 10^6 \text{A}/R_s^2$ 降到 $0.15 \times 10^6 \text{A}/R_s^2$,这个环的磁场贡献表示为 B_{ring}。利用叠加原理,B_{ring} 和 B_{dipole} 相加产生的总磁场由内磁层源而来,如图 2-30 所示。

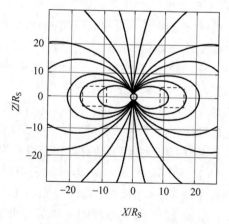

图 2-30 偶极磁场和等离子体环电流磁场叠加示意图

太阳风是起源于太阳的超音速粒子流,主要由电子和质子组成。当带电粒子流到达土星磁层时,会受到磁场力的作用。在中磁场纬度,这种磁场力将使质子向西漂移,电子向东漂移。结果是沿质子衰减方向的磁顶表面形成净向流,从而产生了附加的磁场 B_{MP}。因此,土星总磁场可表示为

$$B = B_{dipole} + B_{ring} + B_{MP} \tag{2-14}$$

理想磁层模型的示意图如图 2-31 所示,图中的虚线为磁顶,太阳风从右侧平行于 X 轴吹来。

假设土星与太阳所处的平面为轨道面,也称为"黄道面"。由于土星的旋转轴与轨道面的垂直方向成 26.7°,这一方向在整个行星轨道中是固定不变的,导致相对于太阳旋转轴存在周期性变化。土星环位于行星赤道面,旋转轴是垂直的,因此,环方向的周期性变化对应于土星年期间旋转轴的周期性变化。

当太阳风从右侧与 X 轴以夹角为 $-26.7°$方向吹来时,位于日夜面内的土星磁场线示意图如图 2-32 所示。

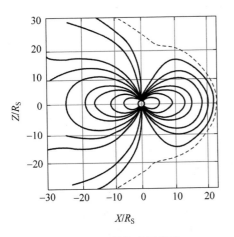

图 2-31 理想的磁层模型

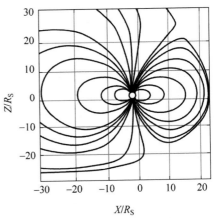

图 2-32 当 $\lambda = -26.7°$时,位于日夜面内的土星磁场线示意图

由图 2-32 可知,当太阳风从右边以偏离 X 轴 $-26.7°$的方向吹向土星时,土星的向阳面磁场会产生明显压缩,而背阳面会产生明显拉长。

2.10　其他太空环境及其影响

2.10.1　其他太空环境

1. 基本概念

1）真空环境

真空环境是在给定空间内低于一个大气压力的气体状态，也就是该空间内的气体分子密度低于该地区的大气压分子密度。完全没有气体的空间状态称为"绝对真空"，绝对真空实际上是不存在的。

根据国家标准 GB/T 3163—2007《真空技术 术语》，真空区划分可以划分为低真空：$10^5 \sim 10^2$ Pa；中真空：$10^2 \sim 10^{-1}$ Pa；高真空：$10^{-1} \sim 10^{-5}$ Pa；超高真空：$<10^{-5}$ Pa。航天器运行的轨道高度不同，真空度也不同，轨道越高，真空度越高，地球大气特性见表 2-13。航天器入轨后运行在高真空与超高真空环境。

表 2-13　地球大气特性

高度/km	温度/K	压力/Pa	密度/(kg/m³)
0	288.0	1.013×10^5	1.225×10^0
20	218.0	5.509×10^3	8.801×10^{-2}
40	252.5	2.932×10^2	4.004×10^{-3}
60	251.7	2.237×10^1	3.095×10^{-4}
80	202.5	1.171×10^0	2.013×10^{-5}
100	210.0	4.005×10^{-2}	6.642×10^{-7}
150	679	7.383×10^{-4}	3.087×10^{-9}
220	1310	1.358×10^{-4}	2.600×10^{-10}
300	1527	4.070×10^{-5}	6.077×10^{-11}
1000	1645	3.790×10^{-8}	4.438×10^{-14}
2000	1645	8.145×10^{-11}	2.771×10^{-17}
3000	1645	4.253×10^{-11}	3.186×10^{-18}

在海拔 600km 处，大气压力在 10^{-7} Pa 以下；在海拔 1200km 处，大气压力为 10^{-9} Pa；在 10 000km 处，大气压力为 10^{-10} Pa；月球表面的大气压力为 $10^{-10} \sim 10^{-12}$ Pa，大约相当于每立方厘米有 100 个氢分子；银河系星际的大气压力为 $10^{-13} \sim 10^{-18}$ Pa。

2）温度环境

大气的热力学参数主要为大气温度、密度、压力和成分，不同高度上的大气压强和密度见表 2-13，大气温度的垂直分布和分层示意图见图 2-22。由表 2-13 和图 2-22 可知，随高度的升高，大气温度先降后升，在 50km 处的平流层顶最高为 0℃，自平流层顶到中间层顶下降到 −100℃。再向上进入热层，因大气中的氧分子和氧原子吸收太阳紫外辐射加热，温度随高度急剧上升，在 500km 达 700～2000K，这部分被称为"热层"。在 500km 以上，温度不再随高度变化，称为"散逸层"，其分子温度很高，平均动能大，但密度很低，碰撞次数很少，对航天器影响较小。

在太阳系内，行星际空间的介质主要是太阳活动产生的气体质点，主要成分为氢离子（约占 90%），其次是氦离子（约占 9%）。它们的密度小，压力极低，而且随着离开地球表面高度的增加，越来越小。

空间的超高真空使航天器与外部环境的热交换主要以辐射方式进行，对流和导热传热可以忽略不计。高真空具有不利于星内仪器散热的缺点，同时也具有良好的隔热效果。

航天器在轨道上经历的极端高低温环境主要包括空间冷黑环境、空间外热流环境、航天器自身产生的内热流环境，以及发射上升段和再入过程中的气体摩擦热环境。

3）冷黑环境

在不考虑太阳及其附近行星的辐射时，太空背景辐射能量很小，约为 $5 \times 10^{-6} \mathrm{W/m^2}$，而且在各个方向上是等值的，它相当于温度为 3K 的绝对黑体辐射的能量，所以宇宙空间的低温有时也用"冷"这个术语来表述。

在空间飞行的航天器与星球相比，尺寸太小，且其与星球的距离很远，所以从航天器表面发出的辐射能量不会再返回航天器，即宇宙空间吸收了航天器表面发出的所有辐射能，这类似于吸收系数等于 1 的绝对黑体的光学性质。这就是宇宙空间黑背景的含义，有时也简单用"黑"这个术语来表述。

4）航天器外热流环境

航天器在轨运行期间受到的空间外热流环境主要由三部分构成：太阳辐射、行星体红外辐射和反照。

太阳辐射是航天器受到的最大辐射源。太阳光谱的范围从小于 $10^{-14} \mathrm{m}$ 的 γ 射线到波长大于 10km 的无线电波。能量绝大部分集中在可见光和红外波段。其中，可见光占 46%，近红外光占 47%。太阳光谱中能转变成热能的热辐射波长范围为 $0.1 \sim 1000 \mu \mathrm{m}$，占总辐射能的 99.99%，相当于 5760K 的黑体辐射能。

地球到太阳的距离定义为 1 个天文单位（AU）。通常，定义距离太阳一个天文单位处的太阳辐射强度为 1 个太阳常数。1977 年世界气象组织通过了《世界辐射测量基准》（World Radiometric Reference，WRR）。在这个标准中，地球大气外的太阳辐射强度平均值为 $1367\mathrm{W/m^2}$，夏至为 $1322\mathrm{W/m^2}$，冬至为 $1414\mathrm{W/m^2}$。NASA 现在采用 WRR 的数据。

行星体反照是行星体对太阳光的反射。太阳辐射进入行星体-大气系统后，部分被吸收，部分被反射。被反射部分的能量百分比称为"行星体反照率"。不同轨道位置上到达航天器表面的反照外热流是不同的，与太阳、行星体和航天器的相对位置有关。

行星体红外辐射是指太阳辐射进入行星体-大气系统后，被吸收的能量转化成本系统的热能，并以红外波的形式向空间辐射，这部分能量称为"行星体红外辐射"。行星体红外辐射与地区、季节、昼夜有关。辐射波长在 $2\sim50\mu\mathrm{m}$，峰值位于 $10\mu\mathrm{m}$ 附近。

5）发射上升段的热环境

在航天器发射上升过程中，热环境变得很恶劣，在开始几分钟内，热环境由整流罩的温度决定，因气动加热，整流罩的温度迅速升到 $90\sim200\mathrm{℃}$，虽然后来因气压降低，在舱内放气时有一些降温作用，但是很微弱。整流罩内部的升温会影响星外设备温度，如太阳电池阵、多层隔热组件、天线等轻部件。整流罩内消音板的隔热作用也缓解了部分由气动加热带来的影响。

航天器发射后的 $2\sim5\mathrm{min}$，在穿过大气层后，气动加热已不存在，自由分子加热也减少到足够低了，此时整流罩分离。在抛开整流罩后，航天器即暴露在太阳辐射、地球红外辐射、地球反照辐射和火箭发动机的羽流加热等环境下。

6）再入气动加热环境

在航天器返回地球或者进入行星或在其卫星表面着陆的过程中，如果星体表面存在大气，那么航天器将与星体表面大气发生剧烈的摩擦，产生高温等离子体，引起航天器表面的化学侵蚀与烧蚀，造成材料的破坏。同时，航天器的头部受到大气的动态压力，将加速侵蚀，造成材料完整性的丧失、表面形貌的变化等。

7）微重力环境

在远离地球的空间中，由于星体引力的改变，材料和生物所处不同位置的重力将急剧减小，甚至接近于微重力，从而对其性能带来较大的影响。

根据牛顿引力理论，质量分别为 m_1 和 m_2 的两个物体，假设质心距离

为 r,其相互作用力为

$$f = G\frac{m_1 m_2}{r^2} \tag{2-15}$$

式中,G 为引力常数,为 $6.67 \times 10^{-11}(\text{N} \cdot \text{m}^2)/\text{kg}^2$。

当航天器绕地球或其他星体运动时,假设星体的质量为 M,航天器的质量为 m,航天器与星体质心之间的距离为 R,其受到的重力加速度为 g,则航天器受到的万有引力为

$$f = G\frac{Mm}{R^2} = mg \tag{2-16}$$

则有

$$g = G\frac{M}{R^2} \tag{2-17}$$

假设地球半径为 R_e,地球质量为 M_e,地球表面的加速度为 g_e,则有

$$g_e = G\frac{M_e}{R_e^2} \tag{2-18}$$

因此,与地球距离为 R 的航天器受到的重力为

$$g = g_e \frac{R_e^2}{R^2} \tag{2-19}$$

这里,$R_e = 6.4 \times 10^6 \text{m}$,$g_e \approx 9.8 \text{m/s}^2$。

所以,航天器受到的重力加速度与轨道高度的平方成反比。

当航天器在圆轨道运行时,在不考虑大气阻力、光辐射压力、质心偏离引起的绕动力的情况下,除了受到星体的万有引力之外,还受到运动惯性离心力的作用,且惯性离心力与万有引力方向相反,可以互相抵消,则航天器受到的有效引力加速度(重力)为

$$g_{eff} = g - \frac{v^2}{R} \tag{2-20}$$

式中,v 为航天器的在轨运行速度。

当航天器的在轨运行速度达到其所在星体的第一宇宙速度时,其万有引力大小等于惯性离心力,此时,$g_{eff} = 0$。

从学术上讲,微重力指有效重力 $g_{eff} \leqslant 10^{-6}g$,但在很多情况下,航天器还要受到大气阻力、太阳辐射压力和质心偏离等环境的影响,实际有效重力很难达到 10^{-6} 的量级。对地球轨道航天器来说,一般用 $g = 9.8 \text{m/s}^2$ 表示地球表面的重力加速度,则航天器受到的重力加速度范围为 $10^{-3} \sim 10^{-6}g$,这种环境称为"微重力环境"。

　　此外,在深空探测过程中,有的环境重力远达不到微重力的量级,如月面的重力加速度约为地球表面重力加速度的 1/6,但这种情况下的重力环境,有时也称为"微重力环境"。

2. 其他太空环境效应的基本概念

1) 真空环境效应

　　航天器从发射到在轨运行过程中,将经历从低真空到超高真空的环境。环境真空度的变化将对航天器的材料和结构带来严峻考验,包括材料内外表面的压力差效应、材料间的黏着与冷焊效应、材料出气引起的各种效应等,如图 2-33 所示。

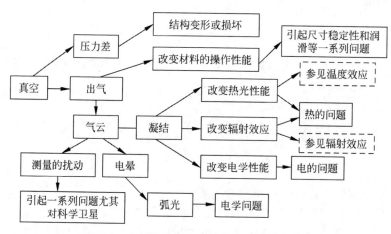

图 2-33　航天器的材料和结构的真空环境效应

（1）压力差效应

　　压力差效应通常在 $10^5 \sim 10^2$ Pa 的低真空范围内发生。当航天器进入低真空环境后,其密封舱内外的压差逐渐增加,可引起密封舱变形或损坏,造成储罐中液体或气体的泄漏增大,减少使用寿命。

（2）真空出气效应

　　当航天器进入真空环境之后,随着真空度的增加,会有气体从材料表面或内部释放出来,引起真空出气效应。气体释放的主要来源包括材料表面吸附的气体在真空环境下从表面脱附;溶解于材料内部的气体向真空边界扩散并解吸附,脱离材料;不同压力差界面的渗透气体通过固体材料释放。

　　航天材料在真空下出气会改变材料的操作性能,引起材料的尺寸稳定性和润滑等问题;出气产生的气云从高温处转移到低温处并凝结,造成低温表面污染效应,可改变其热光性能、辐射性能和电学性能,引起严重的温度效应和辐射效应,造成热学与电学问题,改变温控涂层的性能、减少太阳能电池的光吸收率和增加电气元件的接触电阻等;气云还可对科学探测卫星的观测造成干扰,严重的污染会降低观察窗和光学镜头的透明度;气云引起的电晕可造成弧光放电,引起太阳电池阵等产生电学问题。

(3) 真空放电效应

真空放电效应通常发生在 $10^{-1} \sim 10^3 \text{Pa}$ 的低真空范围。对在航天器发射上升阶段必须工作或通电的电子仪器与设备,应防止真空放电效应的发生。

在真空达到 10^{-2}Pa 时,具有一定距离的两个金属表面在受到具有一定能量的电子碰撞时,会从金属表面激发出次级电子并可能在两个金属表面间来回多次碰撞,使这种放电成为稳定态,这种现象称为"微放电"。次级电子的产生会使金属受到侵蚀,引起温度升高,使附近压力升高,甚至会造成严重的电晕放电。如射频空腔、波导管等装置都可能由于微放电而使其性能下降,甚至失效。

(4) 材料蒸发、升华和分解效应

航天材料在真空环境下的蒸发、升华和分解会造成材料组分的变化,引起材料质量损失(简称"质损"),造成有机物的膨胀,改变材料的性能,引起自污染等。根据标准,一般在质损小于1%时,材料的宏观性质没有明显变化。因此,可把质损小于1%作为材料的检验标准。

航天材料的蒸发、不均匀的升华可引起表面粗糙度的增加,造成光学性能变差。材料内外分界面处的不均匀升华和蒸发则可能引起材料机械性能的改变。蒸发可使材料因缺少表面保护膜而改变其表面性能参数和表面辐射率,从而改变材料的机械性能、蠕变强度和疲劳应力等。

(5) 黏着和冷焊效应

黏着和冷焊效应一般发生在 10^{-7}Pa 以上的超高真空环境下。在超高真空环境中,航天材料或部件表面吸附的气膜、污染膜和氧化膜均可发生解吸附,从而在材料表面形成超高洁净界面。当两块材料的表面接触时,洁净的材料表面之间会出现不同程度的黏合现象——黏着。如果存在一定的压力负荷,则可造成材料表面间的进一步黏着,引起冷焊。

黏着和冷焊效应可造成航天器的活动部件出现故障甚至失效,如电机滑环、电刷、继电器和开关触点接触不良,天线或重力梯度杆展不开,太阳电池帆板、散热百叶窗打不开等。因此,在一些关键部件的连接部位,应该采取防黏着和冷焊的措施,选用不易发生冷焊的配偶材料,在接触面涂覆润滑剂或不易发生冷焊的材料涂层。

此外,真空环境可对航天材料和结构的其他环境效应带来影响,如空间粒子辐射与电磁辐射效应、原子氧效应、空间碎片撞击效应和微重力效应等。

2)温度环境效应

航天器在空间温度和高低温的交变环境下,可引起其材料发生分子降解、疲劳损伤、出气污染等,造成材料的可操作性能变化,电学性能、力学性能和光学性能等发生变化,导致其性能退化甚至失效,其温度效应关系图如图 2-34 所示。

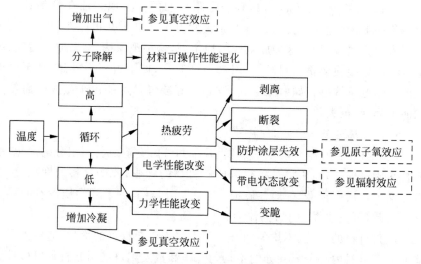

图 2-34 航天器温度效应关系图

航天器在返回再入过程中以超高速进入大气层,产生与大气层的剧烈摩擦,发生一系列化学反应和动态压力,如图 2-35 所示。

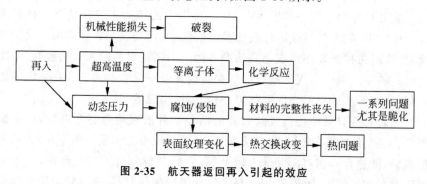

图 2-35 航天器返回再入引起的效应

卫星上可伸缩性的活动机构,如太阳能电池帆板、天线等,会由于冷黑环境效应使展开机构卡死,影响其伸展。

卫星上某些有机材料在冷黑环境下会老化和变脆,影响材料的性能。

航天器在轨道上要经历极端冷热交变环境,航天器外露表面的环境温度变化甚至可以达到±150℃。在空间极端高低温条件下,航天材料的强度、刚度、弹性等性能会下降,甚至会出现断裂。特别是在高低温交变环境下,材料会产生疲劳损伤,出现变形、裂纹等损伤,严重时会出现断裂。

航天器的材料和结构必须经受在轨高低温循环、温度冲击等严酷的温度环境。如飞船在轨道上运行时,迎着太阳时的温度可达100℃以上,而背着太阳时又会骤降至-100℃。这种冷热剧烈交替将直接影响材料的强度、模量和延展性等,不同材料的线膨胀系数变化将导致结构畸变。

对于航天器长寿命的要求仅强调了其工作寿命应达10年以上,在轨应能经历尽可能多的高低温循环交变。但较高的循环次数可能导致材料和结构的疲劳失效和热循环裂纹。如图 2-36 所示,高低温循环交变,尤其是低温的不均匀效应,可造成材料界面处产生较高的应力,进而造成材料的分层。

分层

图 2-36 由于温度交变引起的材料分层

3)微重力环境效应

空间中的微重力环境由于重力远低于地球表面,表现出不同的物理、化学等效应,主要包括一些力学效应、扩散效应、燃烧效应和生物学效应等,航天材料的微重力效应如图 2-37 所示。

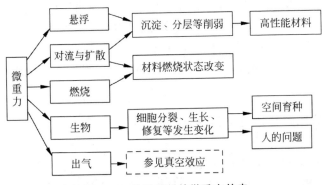

图 2-37 航天材料的微重力效应

（1）对流与扩散效应

在微重力作用下，由星体引力引起的自然对流被极大减弱至基本消失，而由液体表面的热梯度和成分梯度引起的马兰格尼对流成为主体，能量扩散和质量扩散成为传递的主要过程。

（2）悬浮效应

在微重力作用下，浮力极小甚至消失，液体中由于物质密度不同引起的沉淀和分层作用被极大减弱。不同质量的物体都处于"失重"状态，没有轻重之分，物质的混合与悬浮变得可以控制。例如，合金熔体中由于重力作用引起的组分不均匀消失。

（3）浸润与毛细效应

在微重力作用下，二次作用力成为主要因素，液体被表面张力束缚，浸润现象和毛细现象加剧。

（4）物理效应

利用微重力物理效应可以制备微观结构均匀的材料；制备无缺陷的、高质量的单晶体、多晶体和半导体；利用无容器加工工艺可以制成性能优异的金属玻璃、非晶态物质和亚稳态合金；利用微重力环境中液体形状主要由表面张力控制的特点，可以制造椭圆度极小的滚珠等。因此，空间微重力环境是一种极具价值的资源。

（5）燃烧效应

在空间微重力燃烧效应方面，由于浮力和自然对流极大减少，扩散燃烧的火焰形状将呈现与地面舌状不同的球形，且火焰面积变大。而对预先混合的燃烧，其性能也将受到微重力的影响而有较大变化。

（6）生物学效应

在空间微重力生物学效应方面，由于受到微重力环境的影响，生物的细胞分裂、生长、自我修复等都将发生变化。对植物来说，可以利用空间微重力对其生长的影响开展空间生物育种工作；对动物来说，尤其是航天员，则需要适应空间微重力对血液系统、肌肉代谢、骨骼代谢、脑功能和免疫系统等的影响。

2.10.2　其他太空环境及其效应要素识别

1. 真空环境及其效应要素识别

真空环境要素主要关注的是轨道高度和对应的真空度。真空环境效应主要是由材料的出气和压力差带来的光、电、力、热等问题。出气会造成分子污染,因此,需要对航天器周围的分子污染进行监测。光、电、力、热等效应主要是通过监测光学性能、电学性能、力学性能和热学性能的变化来对真空环境的效应进行识别。

2. 温度环境及其效应要素识别

温度环境及其效应往往是和真空环境及其效应联系在一起的。就温度环境本身而言,所关注的要素主要是温度的数值随高度的变化。而温度效应则是在一定真空度下带来的效应,它的监测也往往和真空环境的监测是一起的。当然,温度也可以和其他环境要素共同作用于航天器,产生协同效应。因此,其他太空环境效应是在一定真空和温度下的环境效应。

3. 微重力环境及其效应要素识别

微重力本身主要关注所在轨道或者所在星体上的重力。

微重力效应则是太空中的物体在低于地球重力的环境下表现出的与地球表面不同的物理、化学和生物学等效应。从科学角度来看,主要是空间材料学和空间燃烧学所关注的对流效应、扩散效应、悬浮效应、毛细效应和燃烧效应等;从工程角度来看,主要是对航天器在轨姿态控制和航天员的生理安全带来的影响,包括辐射损伤的修复等。

2.10.3　其他太空环境感知对象

以下从环境要素和参量特性两个维度对其他太空环境感知对象进行介绍。

1. 环境要素

掌握不同轨道或者不同任务中的真空、温度和微重力等背景环境是开展太空任务环境感知的基础,也是分析航天器或者航天员在轨健康和安全的依据。真空环境及其效应主要关注压力差和真空出气污染,以及可能带来的污染效应和黏着冷焊效应,这是分析航天器在轨是否发生污染故障或者冷焊风险的基础。微重力环境则对其重力数值和对流效应、扩散效应、毛细效应、燃烧效应等进行监测,是进行科学研究、工程任务实施和设计的基础。

2. 参量特性

针对不同的背景环境和带来的效应,需要对不同高度对应的真空度进行准确感知,获得真空度随高度的变化,也需要对不同位置的真空度精确感知,以确保型号工程任务的安全。对温度环境,需要对不同高度的具体温度进行感知,也需要对航天器或航天员生存环境的不同位置的温度进行感知,这是航天器在轨温控系统调节的依据,也是地面进行温控设计的基础。对不同轨道的微重力和不同型号任务所在位置的微重力进行精确探测和感知,是航天器在轨姿态控制、开展空间科学任务实验和型号工程任务实施,以及在轨故障分析定位的依据。

参考文献

[1] 沈自才,欧阳晓平,高鸿,等.航天材料工程学[M].北京:国防工业出版社,2016.

[2] 徐福祥.卫星工程概论(上、下)[M].北京:中国宇航出版社,2003.

[3] JOYCE A D, KIM K G, JACQUELINE A T, et al. Mechanical properties degradation of Teflon FEP retured from the Hubble Space Telescope[J]. AIAA, 1998: 0895.

[4] 真空技术 术语 GB/T 3163-2007[S].北京:中国标准出版社出版,2007.

[5] 黄本诚,童靖宇.空间环境工程学[M].北京:中国科学技术出版社,2010.

[6] 黄本诚,马有礼.航天器空间环境实验技术[M].北京:国防工业出版社,2002.

[7] 胡文瑞.微重力科学概论[M].北京:科学出版社,2010.

[8] 沈自才.空间辐射环境工程[M].北京:中国宇航出版社,2013.

[9] 沈自才,丁义刚.抗辐射设计与辐射效应[M].北京:中国科学技术出版社,2013.

[10] 丁富荣,班勇,夏宗璜.辐射物理[M].北京:北京大学出版社,2004.

[11] 陈万金,陈燕俐,蔡捷.辐射及其安全防护技术[M].北京:化学工业出版社,2006.

[12] 陈盘训.半导体器件和集成电路的辐射效应[M].北京:国防工业出版社,2005.

[13] 丁义刚.空间辐射环境单粒子效应研究[J].航天器环境工程,2007,24(5):283-291.

[14] FENNELL J F, KOONS H C, et al. Spacecraft charging: Observations and ralationship to satellite anomalies[R]. Aerospace report NO. TR-2001(8570)-5.

[15] HENRY B G, ALBERT C W. Spacecraft charging, an update [J]. IEEE Transactions on Nuclear Science,2000,28(6):2017-2027.

[16] FENNELL J F,KOONS H C. Substorms and magnetic storms from the satellite charging perspective[R]. Aerospace report NO. TR-2000(8570)-2.

[17] Mitigating in-space charging effects—a guideline[R]. NASA-HDBK-4002A,2011.

[18] RODGERS D J,RYDEN K A. Internal charging in space[R]. Farnborough: Space Department,Defence Evaluation & Research Agency,2011.

[19] 冯展祖,杨生胜,王云飞,等.光电耦合器位移损伤效应研究[J].航天器环境工程,2009,26(2):122-125.

[20] 徐坚,杨斌,杨猛,等.空间紫外辐照对高分子材料破坏机理研究综述[J].航天器环境工程,2011,28(1):25-30.

[21] DEVER J A. Low earth orbital atomic oxygen and ultraviolet radiation effects on polymers[R]. NASA TM- 103711,1991.

[22] ESA PSS-01-609 (Issue 1). The radiation design handbook[S]. [S. l:s. n.],1993.

[23] HANKS C L,HAMMAN D J. Radiation effects design handbook:Section 3 electrical insulating materials and capacitors, NASA CR-1787[R]. Columbus: Radiation Effects Information Center,Battelle Memorial Institute,1971.

[24] EVERETT M L,HOFLUND G B. Chemical alteration of poly(vinyl fluoride) Tedlar induced by exposure to vacuum ultraviolet radiation[J]. Applied Surface Science,2006,252:3789-3798.

[25] ROHR T,VAN EESBEEK M. Polymer materials in the space environment[C]// Proceeding of the 8th Polymers for Advanced Technologies International Symposium, 2005.

[26] 侯明强. 梯度密度结构超高速撞击特性研究[D]. 北京:中国空间技术研究院,2014.

[27] ERIC L C. Meteoroid debris shielding[R]. NASA-2003-210788:1-99.

[28] IADC WG3 MEMBERS. IADC protection manual[R]. IADC-04-03:1-233.

[29] 李蔓. 月面巡视器车轮扬尘仿真分析和实验研究[D]. 北京:中国空间技术研究院,2012.

[30] 李芸."嫦娥一号"卫星微波探测仪探测月壤微波特性的方法研究[D]. 北京:中国科学院空间科学与应用研究中心, 2010.

[31] MAURIZIO B. Human exploration of the Moon:Multi- stage lunar dust removal system [C]//41st International Conference on Environmental Systems,2011.

[32] NIMA A M, BRIAN D. Efficiency evaluation of an electrostatic lunar dust collector [C]//41st International Conference on Environmental Systems,2011.

[33] METZGER P. Protecting the lunar heritage sites from the effects of visiting spacecraft[R]. NASA/KSC-2012-100,2012.

[34] KAWAMOTO H. Electrostatic cleaning system for removing lunar dust adhering to space suits[J]. Journal of Aerospace Engineering,2011,24(4):442-444.

[35] LIAO Z R. Research of detection and control system for lunar dust effects simulator[J]. Advanced Materials Research,2012(426):126-140.

[36] TAYLOR L A. Living with astronomy on the moon:Mitigation of the effects of lunar dust[C]//60th International Astronautical Congress,2009:972-984.

[37] O'BRIEN B. Direct active measurements of movements of lunar dust[J]. Journal article,2009:94-8276.

[38] 向树红. 航天器力学环境实验技术[M]. 北京:中国科学技术出版社,2010.

[39] ECSS-Q-70-36C. Space product assurance-material selection for controlling stress-corrosion cracking[S]. ECSS Secretariat ESA-ESTEC Requirements & Standars Division,2009.

[40] ECSS-Q-70-71C. Space product assurance-data for selection of space materials and

processes[S]. ECSS Secretariat ESA-ESTEC Requirements & Standars Division, 2014.

[41] 杨专钊.钛合金紧固件连接结构接触腐蚀行为及其控制技术研究[D].西安:西北工业大学,2004.

[42] 陈兴伟,吴建华,王佳,等.电偶腐蚀影响因素研究进展[J].腐蚀科学与防护技术,2010,22(4):363-366.

[43] 孙璐,刘莹,杨耀东.航天材料应力腐蚀实验方法研究[J].真空与低温,2011,12(增2):142-147.

[44] ARIEL V M. Impacts of microbial growth on the air quality of the international space station[R]. AIAA Paper,2010.

[45] 杜爱华,龙晋明,裴和中.高强铝合金应力腐蚀研究进展[J].中国腐蚀与防护学报,2008,28(4):251-256.

[46] MACATANGAY A V,BRUCE R J. Impacts of microbial growth on the air quality of the international space station[R]. AIAA Paper,2010.

[47] CASTRO V A,THRASHER A N,HEALY M,et al. Microbial diversity abroad spacecraft: Evaluation of the International Space Station [R]. NASA Report,2011.

[48] NOVIKOVA N D. Review of the knowledge of microbial contamination of the Russian manned spacecraft[J]. Microbial Ecology,2004,47: 127-132.

[49] 谢琼,石宏志,李勇枝,等.飞船搭载微生物对航天器材的霉腐实验[J].航天医学与医学工程,2005,18: 339-343.

[50] 沈自才,邱家稳,丁义刚,等.航天器空间多因素环境协同效应研究[J].中国空间科学技术,2012,32(5):54-60.

[51] 邱家稳,沈自才,肖林,等.航天器空间环境协和效应研究[J].航天器工程,2013,22(1): 15-20.

[52] 冯伟泉,丁义刚,闫德葵,等.空间电子、质子和紫外综合辐照模拟实验研究[J].航天器环境工程,2005,22(2):69-72.

[53] TOWNSEND J A,PARK G. A comparison of atomic oxygen degradation in low earth orbit and in a plasma etcher[R]. NASA CP-3341,X-28103,1996: 295-304.

[54] VERKER R, GROSSMANL E, GOUZMAN L, et al. Synergistic effect of simulated hypervelocity space debris and atomic oxygen on durability of poss-polyimide nanocomposite[C]//10th International Symposium on Materials in a Space Environment and The 8th International Conference on Protection of Materials and Structures in a Space Environment,2006.

[55] STIEGMAN A E,BRINZA D E,ANDERSON M S,et al. An investigation of the degradation of Fluorinated ethylene propylene (FEP) copolymer thermal blanketing materials aboard LDEF and in the laboratory[R]. NASA CR-192824, N93-25078,1993: 1-18.

[56] SCHULTZ P H,CRAWFORD D A. Electromagnetic properties of impact-generated

plasma, vapor and debris[C]//Hypervelocity Impact Symposium,1998.

[57] 祁章年. 载人航天的辐射防护与监测[M]. 北京:国防工业出版社,2003.

[58] 陈盘训. 半导体器件和集成电路的辐射效应[M]. 北京:国防工业出版社,2005.

[59] 徐坚,杨斌,杨猛,等. 空间紫外辐照对高分子材料破坏机理研究综述. 航天器环境工程,2011,28(1): 25-30.

[60] 丁义刚. 空间辐射环境单粒子效应研究[J]. 航天器环境工程,2007,24(5): 283-291.

[61] 黄建国,韩建伟. 脉冲激光诱发单粒子效应的机理[J]. 中国科学,2004,34(2): 121-130.

[62] ADMINISTRATION S. Avoiding problems caused by spacecraft on-orbit internal charging effects[R]. NASA-HDBK-4002,1999.

[63] HENRY B G, ALAN R H. Comparison of spacecraft charging environments at the Earth, Jupiter, and Saturn[J]. IEEE Transactions on Plasma Science,2000, 28(6): 2048-2057.

[64] FENNELL J F, KOONS H C. Spacecraft charging: Observations and ralationship to satellite anomalies[R]. Aerospace report NO. TR-2001(8570)-5.

[65] HENRY B G, ALBERT C W. Spacecraft charging, an update [J]. IEEE Transactions on Nuclear Science,2000,28(6): 2017-2027.

[66] FENNELL J F, KOONS H C. Substorms and magnetic storms from the satellite charging perspective[R]. Aerospace report NO. TR-2000(8570)-2.

[67] ADMINISTRATION S. Mitigating in-space charging effects—a guideline [R]. NASA-HDBK-4002A,2011.

[68] 冯展祖,杨生胜,王云飞,等. 光电耦合器位移损伤效应研究[J]. 航天器环境工程,2009,26(2): 122-125.

[69] DEVER J A. Low earth orbital atomic oxygen and ultraviolet radiation effects on polymers[R]. NASA TM-103711,1991.

[70] ESA PSS-01-609 (Issue 1). The radiation design handbook[S]. [S. l. :s. n.],1993.

[71] HANKS C L, HAMMAN D J. Radiation effects design handbook: Section 3 electrical insulating materials and capacitors[R]. NASA CR-1787,1971.

[72] EVERETT M L, HOFLUND G B. Chemical alteration of poly (vinyl fluoride) Tedlar induced by exposure to vacum ultraviolet radiation[J]. Applied Surface Science,2006,252: 3789-3798.

[73] LI X M, BAKER D N, REEVES G D, LARSON D. Quantitative prediction of radiation belt electrons at geostationary orbit based on solar wind measurements [J]. Grophysical Research Letters,2001,28(9): 1887-1890.

[74] BAKER D N, BLAKE J B, CALLIS L B, et al. Relativistic electrons near geostationary orbit: Evidence for internal magnetospheric acceleration [J]. Geophysical Research Letters,1989,16(6): 559-562.

[75] BAKER D N, MCPHERRON R L, CAYTON T E, et al. Linear prediction filter

analysis of relativistic electron properties at 6. 6 $R(E)$ [J]. Journal of Geophysical Research,1990,95: 15133-15140.

[76] VASSILIADIS D,KLIMAS A J,KANEKAL S G,et al. Long-term-average,solar cycle,and seasonal response of magnetospheric energetic electrons to the solar wind speed[J]. Journal of Geophysical Research,2002,107(A11): 1383.

[77] VASSILIADIS D,FUNG S F,KLIMAS A J. Solar,interplanetary,and magnetospheric parameters for the radiation belt energetic electron flux[J]. Journal of Geophysical Research,2005,110: A04021.

[78] RIGLER E J,BAKER D N, WEIGEL R S, et al. Adaptive linear prediction of radiation electrons using the Kalman filter[J]. Space Weather,2004,2: S03003.

[79] BURIN E R,LI X. Specification of ＞2MeV geosynchronous electronsbased on solar wind measurements[J]. Space Weather,2006,4: S06007.

[80] BOBERG P R,TYLKA A, ADAMS J,et al. Geomagnetic transmission of solar energetic particles during the geomagnetic disturbance of October 1989 [J]. Geophysical Research Letters,1995,22: 1133-1136.

[81] KUDELA K. On transmissivity of low energy cosmic rays in disturbed magnetosphere[J]. Advances in Space Research,2008,42: 1300-1306.

[82] SHEA M A,SMART D F,GENTILE L C. The use of the McIlwain L-parameter to estimate cosmic ray vertical cutoff rigidities for different epochs of the geomagnetic field[C]//19th International Cosmic Ray Conference, Conference Papers. 1985, 5: 332-335.

[83] SHEA M A,SMART D F,GENTILE L C. Estimating cosmic ray vertical cutoff rigidities as a function of the McIlwain L-parameter for different epochs of the geomagnetic field[J]. Physical Earth Planet International. 1987,48: 200-205.

[84] BOBIK P. Magnetospheric transmission function approach to disentangle primary from secondary cosmic ray fluxes in the penumbra region [J]. Journal of Geophysical Research,2006: 111.

[85] GUSSENHOVEN M S, MULLEN E G, BRAUTIGAM D H. Improved understanding of the earth's radiation belts from the CRRES satellite[J]. IEEE, 1996,43(2): 353-368.

[86] HEYNDERICKX D, KRUGLANSKI M. Trapped radiation environment model development[Z]. Technical note 10,1998.

[87] JOHN D,GAFFER J, DIETER B. NASA/National space science data center, Trapped radiation models[J]. Journal of Spacecraft and Rockets,1994,31(2): 172-176.

[88] LI X L,TEMERN M,BAKER D N,et al. Quantitative prediction of radiation belt electron at geostationary orbit based on solar wind mearsurements [J]. Geophysical Research Letter,2001,28: 1887.

[89] NYMMIK R A. Some problems with developing a standard for determining solar

energetic particle fluxes[J]. Advances in Space Research,2011,47：622-628.

[90] KRAINEV M B, BAZILEVSKAYA G A. The structure of the solar cycle maximum phase in the galactic cosmic ray 11-year variation[J]. Advances in Space Research,2005,35：2124-2128.

[91] DEGTYAREV V I,CHUDNENKO S E. Evolution of energetic electron fluxes at a geostationary orbit during solar cycles 22 and 23, 27-day variations [J]. Geomagnetism and Aeronomy,2011,51(7)：902-907.

[92] 陈善强,刘四清,师立勤,等.用于空间辐射效应评估的软件——SEREAT[J].宇航学报,2017,38(3)：317-322.

[93] 苗娟,任廷领,龚建村,等.CHAMP 和 GRACE-A/B 反演大气密度数据评估分析[J].空间科学学报,2018,38(2)：201-210.

[94] 黄文耿,阿尔察,沈华,等.强 L 波段太阳射电暴对 GNSS 性能和定位误差的影响[J].电波科学学报,2018,33(1)：1-7.

[95] 钟秋珍,未历航,林瑞淋,等.GEO 轨道相对论电子日积分通量预报统计建模[J].空间科学学报,2019,39(1)：18-27.

[96] 卜萱,罗冰显,刘四清,等.冕洞与太阳风高速流关系的统计研究：到达时间、持续时间和峰值强度[J].地球物理学报,2019.62(2)：462-472.

[97] 吕达仁,陈泽宇,郭霞,等.临近空间大气环境研究现状[J].力学进展,2009,39(6)：674-682.

[98] PICONE J M,HEDIN A E,DROB D P,et al. NRLMSISE-00 empirical model of the atmosphere：Statistical comparison and scientific issues [J]. Journal of Geophysical Research,2002,107(A12)：1468.

[99] COESA U S. Standard atmosphere,1976 [S]. Washington D. C. ： U. S. Government Printing Office,1976.

[100] REES D C. International reference atmosphere：Thermosphere (1986) [J]. Planetary and Space Science,1992,40(4)：555.

[101] 肖存英,胡雄,王博,等.临近空间大气扰动变化特性的定量研究 [J].地球物理学报,2016,59(4)：1211-1221.

[102] 肖存英,胡雄,杨钧烽,等.临近空间 38°N 大气密度特性及建模技术 [J].北京航空航天大学学报,2017,43(9)：1757-1765.

[103] SMITH A K. Global dynamics of the MLT [J]. Surveys in Geophysics,2012,33(6)：1177-1230.

[104] 刘振兴.中层和热层大气的湍流结构 [J].地球物理学报,1980,23(2)：117-122.

[105] MATSUNO T. Vertical propagation of stationary planetary waves in the winter northern hemisphere [J]. Journal of Atmospheric Sciences,1970,27 (6)：871-883.

[106] CHAPMAN S,LINDZEN R S,DORDRECHT R. Atmospheric tides：Thermal and gravitational [M]. New York：Gordon and Breach,1970.

[107] HAGAN M E,FORBES J M. Migrating and nonmigrating diurnal tides in the

middle and upper atmosphere excited by tropospheric latent heat release [J]. Journal of Geophysical Research Atmospheres,2002,107(D24): ACL 6-1-ACL 6-15.

[108] XU J,SMITH A K,LIU H L,et al. Seasonal and quasi-biennial variations in the migrating diurnal tide observed by thermosphere, ionosphere, mesosphere, energetics and dynamics (TIMED) [J]. Journal of Geophysical Research,2009, 114(D13): D13107.

[109] MCLANDRESS C, WARD W E. Tidal/gravity wave interactions and their influence on the large-scale dynamics of the middle atmosphere: Model results [J]. Journal of Geophysical Research Atmospheres,1994,99(D4): 8139.

[110] ALEXANDER M,PFISTER L. Gravity wave momentum flux in the lower stratosphere over convection [J]. 1995,22(15): 2029-32.

[111] ALEXANDER J. A simulated spectrum of convectively generated gravity waves: Propagation from the tropopause to the mesopause and effects on the middle atmosphere [J]. Journal of Geophysical Research, 1996, 101 (D1): 1571-88.

[112] FRITTS D C, ALEXANDER M J. Gravity wave dynamics and effects in the middle atmosphere [J]. Reviews of Geophysics,2003,41(1): 1003.

[113] 钱杏芳,林瑞雄,赵亚男. 导弹飞行力学 [M]. 北京: 北京理工大学出版社,2013.

[114] 肖业伦. 大气扰动中的飞行原理 [M]. 北京: 国防工业出版社,1993.

[115] 吴传竹. 大气风场对发射航天器的影响 [J]. 导弹实验技术,1997(2): 1-6.

[116] PERINI L L. Compilation and correlation of experimental, hypersonic, stagnation point convective heating rates [J]. Journal of Spacecraft and Rockets, 1975,12(3): 189-191.

[117] 中国人民解放军总装备部军事训练教材工作委员会,张涵信,张志成. 高超声速气动热和热防护 [M]. 北京: 国防工业出版社,2003.

第3章

太空环境状态监测

太空环境探测及其效应数据是生成多维态势信息的基础,需在有限点位的探测基础上,借助数据融合、同化等手段,形成精细化太空环境状态信息,满足后续太空活动精细化诊断、个性化预警和差异化修正的需要。太空环境的感知手段与空间天气的感知手段相似,但在环境参量种类量程和空间分辨率方面要求更高。为支撑太空环境三维空间的无缝监测,可将感知手段分为就位探测、遥感探测和状态建模三类。

3.1 太空环境就位探测

太空环境就位探测通过探测载荷与待测太空环境参量间的直接接触,根据不同太空环境要素的特点,利用不同的探测传感器,将太空环境参量信息直接或间接转化为电信号,反演探测器所处位置的太空环境参数,实现对环境参量类型和特点的识别。就位探测是当前太空环境探测的主要方式,太空粒子辐射和电磁环境对人类活动的影响等均涉及辐射效应的监测,如质子和电子的电离辐射总剂量、短波通信干扰等,涉及的太空环境及其参量如下。

1) 电离环境就位探测

电离环境就位探测主要是针对地球辐射带、银河宇宙射线、太阳宇宙射线等太空电离辐射环境开展的就位探测,其待测参量包括质子、电子、重离子、中子、等离子体等,各参量涉及的要素包括射线强度、能谱、方向等。

2) 电磁环境就位探测

电磁环境就位探测主要是针对地磁场、微波、短波通信等太空电磁辐射环境开展的就位探测,其待探测参量包括强度、频率、方向等。

3) 中性粒子环境就位探测

中性粒子环境就位探测主要是针对太空的中性成分(包括碎片、大气等)开展的就位探测,探测参量包括碎片的大小、分布、质量,以及大气的密度、温度、成分等。

3.1.1 太空辐射环境探测

1. 探测对象

随着1958年人类第一颗人造卫星的升空,其上搭载的高能粒子辐射探测仪器发现了地球辐射带,人们认识到太空不是真空环境,而是充斥着不同的场、粒子和物质,它们形成了不同区域且具有差异化的环境,并且在不断变化。空间天气领域多为在日地拉格朗日点($L1$)开展的太阳辐射、磁场和物质的探测、在地球静止轨道(geostationary orbit,GEO)开展的磁场和物质的探测,以及利用大量的地基设备开展的观测。根据太空环境感知精细化、多维化和强对抗的要求,其感知对象主要聚焦在第 2 章所述的自然和人工太空环境两部分,宏观上可将就位感知对象分为电离辐射、电磁辐射、中性成分等。

2. 电离辐射环境探测

1) 探测原理

(1) 带电粒子的探测

不同类型的探测器原理各有差异,但大多是利用带电粒子对物质原子的电离和激发。带电粒子入射到探测器的传感器中,通过带电粒子与物质原子的相互作用,在传感器中激发电子或光子,通过在传感器两端收集电子或光子产生的信号,并对信号数量的统计分析,表征入射粒子成分与能量等信息。带电粒子与物质的相互作用方式可以归结为电离和激发效应、切伦科夫效应、原子移位效应和韧致辐射效应等:

① 电离和激发效应

入射粒子与靶物质原子核外电子发生库仑作用(非弹性碰撞)损失部分能量,核外电子获取能量,当核外电子获得足够能量时,会挣脱原子核的束缚,脱离原子核形成自由电子,即产生电离效应;当核外电子获得的能量较少,不足以摆脱原子核的束缚成为自由电子时,核外电子受激发将跃迁到较高能级,即激发态;处于激发态的核外电子不稳定,从激发态跃迁回基态时,核外电子以荧光形式放射能量,即产生退激。

② 切伦科夫效应

切伦科夫效应指当带电粒子在介质中运动的速度超过光在该介质中运动的速度时,以短波形式为主发出电磁辐射;当带电粒子穿过透明介质、其速度超过光在该介质中的传播速度时,便沿一定方向发射可见光。

③ 原子移位效应

入射粒子与靶原子核发生弹性碰撞,使靶原子核离开原来的位置。

④ 韧致辐射效应

带电粒子与靶原子核的非弹性碰撞引起带电粒子速度的改变,发出连续能谱电磁辐射。

(2) 不带电粒子探测

不带电粒子主要指中子。中子本身不带电,中子的探测通常难以直接测量,而是通过中子与原子核相互作用产生的带电粒子进行测量。其基本探测方法可按所用的核作用方法来分类：

① 核反冲法

利用中子与目标物质的原子核进行弹性碰撞产生反冲质子而实现对中子的探测。目标物质选用富氢物质，中子与氢核的作用除少量的俘获反应外，绝大多数是弹性散射。利用中子与质子的弹性散射产生反冲质子是探测快中子的重要方法。反冲质子的动能与中子能量有简单的关系 $E_1 = E_n \cos^2 \theta, \theta$ 是质子反冲方向同中子入射方向的夹角。所以，通过测量反冲质子的数量和能量分布可以给出中子的数量和能量分布。

② 核反应法

由于中子本身不带电荷，其不与原子核产生库仑作用，反而易于进入原子核产生核反应。通过中子与原子核的核反应，记录产生的带电粒子，可以探测中子。利用 (n, p) 和 (n, α) 反应产生带电粒子来探测中子，要求核反应的截面大、反应能大。$^{10}B(n, \alpha)^6Li$ 反应广泛地应用于慢中子和中能中子数量的测量。

③ 核裂变法

中子与重核的相互作用可使重核产生核裂变，对裂变后的核碎片进行探测可反演得到中子的数量和能量。裂变物质（如铀）通常做成固体涂层。裂变室甄别 γ 本底的能力较强，可以在强 γ 本底环境（如核反应堆）中应用。

一些重核元素如 ^{237}Np、^{238}U 的裂变是有阈能的。利用一系列不同阈能的裂变元素来判断中子的能量，这种探测器称为"阈探测器"。利用具有不同阈能的阈探测器（包括有阈活化探测器）就可以测定中子能谱，称为"阈探测器法"。

④ 核活化法

核活化法利用中子核反应产生放射性核，再测量它们的人工放射性来探测中子。活化探测器（也称"活化箔"）具有体积小、抗 γ 本底、种类多等优点。利用一套活化探测器可以测量从热中子到快中子等不同能量的中子的注量和能谱。选择用于活化的核素和反应的条件是截面大、截面数据精确、半衰期适当、放射性容易测量等。在热中子和共振中子能区常用 ^{115}In、^{197}Au、^{137}I、^{55}Mn、^{102}Rh、^{164}Dy、^{23}Na 和 ^{51}V 等核素的 (n, γ) 反应产物。对于几兆电子伏以上的快中子能区，常利用一些核素的 (n, n)、(n, p)、(n, α)、$(n, 2n)$ 等反应。这些反应大多数是有阈能的，作为中子探测器的还有含 H、载 ^6Li 或 ^{10}B 的核乳胶。固体径迹探测器可以与中子作用产生重带电粒子（α 粒子、碎片）的辐射体组合，从而可以探测中子。由于快中子引起的碳、氧和氢等反冲核会产生径迹,可以利用各种有机聚合物薄膜来直接记录快中子,作为中子阈探测器。

(3) 高能光子的探测

除了个别情况下可利用光电效应收集光电子实现直接测量软 X 射线外,X 射线、γ 射线是利用高能电磁波(光子)和物质相互作用产生的次级电子的进一步电离、激发效应进行探测的。其本质是利用 X 射线、γ 射线与物质的光电效应、康普顿效应、电子对效应等开展探测。

① 光电效应

当光子能量大于原子核外电子的结合能时,将全部能量传递给原子,使壳层电子挣脱原子束缚并逃逸,同时原子剩余部分获得反冲(动量守恒要求)。通常,剩余原子反冲带走的能量极少,可以忽略不计。但是剩余原子在光电效应中起的作用是不可或缺的。因此,光电效应主要发生在内壳层(K 层),除了光电子带走的能量外,主要能量用于克服壳层结合能,原子反冲极弱。如果光子能量超过 K 层电子的结合能,将有约 80% 的光电效应发生在 K 层。

② 康普顿效应

入射高能光子与原子核外电子(最外层电子)发生非弹性碰撞,光子被物质原子散射,损失部分能量,电子获得足够能量,挣脱原子束缚成为反冲电子。由于外壳层电子结合能很小,这种非弹性碰撞过程近似为“弹性碰撞”。

康普顿散射电子具有连续谱(康普顿坪),反冲电子最大能量处(前冲)电子数目最多,因此,它们通常对高能光子探测造成干扰。康普顿电子与散射光子在时间、角度上存在关联。

③ 电子对效应

高能射线与原子核发生电磁相互作用,光子消失,发射出一对正、负电子,剩余原子核反冲(反冲能量很小),保持动量守恒。X 射线、γ 射线的探测主要基于测量它们与物质相互作用产生的次级电子。气体探测器主要用于 X 射线测量,尤以正比计数器的使用最为广泛。半导体探测器的能量分辨率高,常用于测量 X 射线、γ 射线的精细谱。闪烁体探测器的探测效率最高,广泛用于硬 X 射线和 γ 射线测量,是 γ 射线的主要探测器。

2) 装置分类

(1) 带电粒子的探测

带电粒子探测主要利用电离和激发效应,其次是切伦科夫效应。

① 收集电离电荷的探测器

该探测器收集电离产生的正负离子或电子-空穴对,记录它们产生的电流(或电压)脉冲。为保证收集电荷的有效性,对探测器加以一定电压,使其产生足够强的电场。此类探测器包括气体探测器、半导体探测器和液体电离探测器等。

② 收集荧光的探测器

该探测器收集被(带电粒子)激发的原子退激所发出的光子(荧光)。由于荧光很弱,需光电倍增管来实现光电转换和放大,将光脉冲变为较强的电脉冲,以便记录。闪烁体探测器即常用的此类探测器,闪烁体本身不需要高压,与之相连的光电倍增管则需要加高压。

③ 探测粒子径迹的探测器

该探测器使带电粒子沿其路径与探测器介质发生物理和化学作用(包括原子移位),或通过后处理,产生明显的颗粒、缺陷、气泡、火花等,使粒子径迹突显。此类仪器有核乳胶、云室、气泡室、火花室、固体径迹探测器等。

④ 切伦科夫探测器

通过收集入射带电粒子发出的切伦科夫光的探测器称为"切伦科夫探测器"。

随着空间粒子探测技术的发展,探测器的选择也呈现单一化趋势。气体探测器在空间探测的早期发挥过很大作用,现在主要在探测 X 射线时使用。闪烁体探测器只在探测高能粒子时少量使用。切伦科夫探测器只有在测量能量大于兆电子伏的粒子时才使用。半导体探测器由于体积小、质量轻、能量分辨率高等优点而广泛使用。半导体材料主要是硅和锗,在空间中主要使用的探测器分为漂移型、面垒型、高纯型硅(锗)三类。

除了上述探测器外,在空间粒子探测中还用到了静电分析计、微通道板、磁分析器等。其中,静电分析计是测量低能粒子的重要仪器,它一般由两块圆柱形或球形的金属板组成,只有特定能量的粒子才能穿过静电分析计。微通道板是测量低能粒子特别是低能电子的最重要的仪器,它是单通道电子倍增器的集合,特点是空间分辨本领高,可作二维探测器,而且对磁场不灵敏。

(2) 不带电粒子的探测

空间环境探测中常用的中子探测器主要分为以下几种类型:

① 气体探测器

气体探测器主要为正比计数管,其对热中子、慢中子等都具有较高的探测效率,灵敏度较高。以 BF_3 正比计数管为例,其与 G-M 管的工作原理基本一致,只是内部充有 BF_3 气体,热中子通过 $^{10}B(n,a)^7Li$ 反应,在计数管内产生离子,再经气体放大作用输出电信号。或者利用富含 H_2 的正比计数管,气体介质可采用富含 H_2 或 CH_4,通过核反冲法测量射质子能谱,获得入射中子信息。

② 闪烁体探测器

该探测器即在闪烁体中掺入可与中子发生反应的离子(含硼或者含锂材料),通过核反应获得次级粒子,再利用闪烁体进行测量。以锂玻璃闪烁体为例,通过在有机玻璃中掺入铈(Ce)激活的氧化锂制成锂玻璃,利用中子与 $^6Li(n,a)$ 反应产生 α 和 T,使闪烁体发光获得入射中子信息。此方法适用于热中子测量,环境适用能力较强,但易受到 γ 射线干扰。或者采用富含 H 的有机闪烁体,通过核反冲法测量出射质子能谱获得入射中子信息,并可通过 n/γ 鉴别技术排除 γ 射线的干扰,可用于 γ 射线干扰背景下的中子测量。

③ 半导体探测器

利用半导体探测器探测不带电粒子时通常采用夹心式结构,该探测器具有体积小、响应快、对 γ 射线不灵敏的优点。其工作原理:将两个金硅面垒型半导体探测器靠在一起,中间放置一层含 ^6Li 的薄膜,从而使中子与 $^6Li(n,a)$ 反应产生 α 和 T 并分别被前后两个探测器记录,最终反推得到入射中子的信息。

(3)高能光子的探测

除了个别情况下利用光电效应收集光电子来实现软 X 射线直接测量外,高能电磁波(光子)都是利用光子和物质相互作用产生的次级电子的进一步电离、激发效应进行探测的。

① 气体探测器

气体探测器均以气体作为探测介质,内部多充有以多种惰性气体为主的混合气体,并在探测器两极加上电压小室。气体探测是通过收集电离电荷获取核辐射信息实现的。射线粒子在灵敏体积内产生电子-离子对,在电离室中的电子-离子对由于收集电场的作用分别向内壁和中心丝运动,从而通过探测器捕捉到所需信息。

② 闪烁体探测器

闪烁体探测器是利用某些物质在核辐射的作用下会发光这一特性探测的,其工作原理:放射线入射到闪烁体后发出荧光,荧光光子被收集到光电倍增管的光阴极,通过光电效应转换出光电子,光电子通过电子运动并在光电倍增管各级间倍增,最后在阳极输出回路信号。

闪烁体探测器主要是由被封闭在一个不透明的外壳里的闪烁体、接收光的收集系统、光电子转换的光探测光电器件(如光电管、光电倍增管、光电二极管等),以及光电探测器后续电路输出系统等组合而成。这个组合被统称为"闪烁体探测器系统"。

闪烁体探测器主要具备以下几方面的优点:

- 其形状和大小的制作相对随意,可以做成任意形状和大小;
- 探测效率高,适用于测量不带电粒子,如 γ 射线、X 射线和中子等;
- 时间特性好,有的探测器(如塑料闪烁体、BaF_2)能够实现纳秒级的时间分辨率。

基于以上优点,闪烁体探测器被广泛应用于空间 X 射线、γ 射线等探测方法。

③ 半导体探测器

半导体探测器探测高能光子的原理与探测带电粒子的原理基本一致,它是以半导体材料为探测介质的辐射探测器。其中,锗和硅是最常用的半导体探测材料。

在将工作电压加在半导体探测器的两极后,固体介质内部会形成很强的电场区。这时进入介质的高能光子如 X 射线或带电粒子,因为电离作用会产生电子-空穴对,它们在强电场作用下,将按照与自身相反的电极方向迅速移动,并产生感应电荷,随之形成信号脉冲输出在负载上。由于半导体产生的电信号与入射粒子或高能光子(如 X 射线的能量损失)成正比,可以由测得的电信号计算出入射粒子的能量及其他相关性质。

3) 已有典型装置

(1) 带电粒子的探测

美国的"地球静止环境业务"卫星(geostationary operational environmental satellite,GOES)是美国最主要的地球静止轨道天气监测业务卫星,也是国际上最为主要的太空环境业务监测卫星。"GOES"卫星由美国国家海洋和大气管理局(National Ocean and Atomospheric Administration,NOAA)与美国国家航空航天局(National Aeronautics and Space Administration,NASA)共同开发,其上搭载了较为全面的带电粒子探测载荷,其典型装置如下。

① 太空环境就位监测高能重离子探头(energetic heavy ion sensor,EHIS):测量地球静止轨道的太阳宇宙射线与银河宇宙射线的重离子成分与能谱信息,可用于航天器的单粒子效应评估,见图 3-1。

其主要技术参数为

测量对象：H 离子～Ni 离子；

能量范围：10～200MeV/n；

探测张角：28°（半张角）；

功耗：6.3W；

质量：4.5kg。

② 磁层粒子探测器中的高能粒子探头（magnetospheric particle sensors-high，MPS-HI）：测量地球静止轨道中高能电子与质子的能谱与方向参量，可用于评估卫星深层充放电效应及内部辐射损伤，见图 3-2。

其主要技术参数为

电子能量范围：50keV～4MeV；

质子能量范围：80keV～12MeV；

视场角：175°（YZ 平面，共 5 个方向，每个方向 35°）；

功耗：12.6W；

质量：13.0kg。

图 3-1　能量粒子探头　　　　图 3-2　磁层粒子探测器中高能粒子探头

③ 太阳与银河质子射线探头（solar and galactic proton sensor，SGPS）：测量在地球磁层中的太阳和银河质子射线能谱，用于开展太阳辐射风暴预警。这些特殊的测量对执行太空任务的航天员的健康至关重要。此外，这些质子还可能导致地球两极附近的无线电通信中断，并可能扰乱商业航空运输和极地航线飞行，见图 3-3。

其主要技术参数为

图 3-3　"GOES"卫星太阳与
银河质子射线探头

质子测量能量范围：1～500MeV，大于 500MeV；

探测方向：卫星 $\pm X$ 方向；

探测张角：≤90°；

功耗：5.1W；

质量：4.9kg。

"风云"系列卫星是主要用于我国天气监测服务业务的卫星，其中"风云三号"卫星是极轨天气业务监测卫星，"风云四号"卫星是地球静止轨道天气业务监测卫星。空间天气业务是天气监测业务的重要组成部分，在"风云三号"卫星和"风云四号"卫星中均搭载了太空环境监测载荷，其典型装置如下。

④ "风云三号"卫星高能粒子探测器：监测地球低轨道空间高能质子能谱分布和重离子成分，为地球低轨道空间辐射环境提供实测数据，为空间天气监测预报提供数据支持，见图 3-4。

其主要技术参数为

质子能谱探测范围：3～300MeV；

重离子成分探测：He、Li、C、Mg、Ar、Fe；

探测视场：30°（半张角）；

质量：2.5kg；

功耗：2.5W。

⑤ "风云四号"卫星高能粒子探测器：监测地球同步轨道高能电子、高能质子辐射能谱与方向分布，为我国空间天气监测业务提供地球静止轨道高能粒子辐射环境信息，见图 3-5。

图 3-4 "风云三号"高能
离子探测器

图 3-5 "风云四号"卫星高能
粒子探测器

其主要技术参数为

质子能谱：1～500MeV，一个质子积分通道大于 165MeV；

电子能谱：400keV～4MeV，一个电子积分通道大于 2MeV；

质子监测方向：卫星的飞行方向、飞行反方向和朝天方向（$+x$ 偏 $+y$ 方向 $30°$，$-x$ 偏 $-y$ 方向 $30°$，$-z$）；

电子监测方向：0.4～1.5MeV，9 个方向，其中赤道面内 5 个方向（$-z$ 方向，$-z$ 方向偏 $\pm x$ 方向 $45°$，$\pm x$ 方向），子午面内 6 个方向（$+x$ 方向，$+x$ 偏 $+y$ 方向 $30°$，$+x$ 偏 $+y$ 方向 $60°$，$-x$ 方向，$-x$ 偏 $-y$ 方向 $30°$，$-x$ 偏 $-y$ 方向 $60°$）。其中，$\pm x$ 方向为共用方向。1.5～4.0MeV，卫星的飞行方向、飞行反方向和朝天方向（$+x$ 偏 $+y$ 方向 $30°$，$-x$ 偏 $-y$ 方向 $30°$，$-z$ 方向）。

（2）不带电粒子探测

不带电粒子的探测装置主要有热/共振中子探测器、邦纳球中子探测器、光纤闪烁体探测器等。

① 热/共振中子探测器

早期，美国旧金山大学使用组合无源探测器在不同的航天器上进行了中子辐射的探测工作。其中，能量小于 1MeV 的中子使用热/共振中子探测器（thermal/resonance neutron detector，TRND），其原理是 ^{6}Li(n,T) 的 α 反应。TRND 包含一对探测器，其中一个覆盖有 Gd 膜，用来区别热振和共振的组分；能量大于 1MeV 的中子使用裂变金属箔片中子探测器（fission foil neutron detectors，FFND），其原理是 $X(n,ff)$ 反应。其中，X 是高原子序数的原子核（例如 Bi 和 Th），ff 是与高能中子反应产生的裂变碎片。

表 3-1 为 20 世纪 90 年代使用 CR-39、TLD、热/共振混合型中子探测器获得的航天飞机舱内中子剂量当量率。表 3-1 中的数据规律与单独使用 CR-39 和 TLD 的结果一致，尤其是在重防护的 ETC-B 任务中，中子剂量当量率最大，这与所使用的防护材料直接相关。对于中子防护来说，金属（例如铝）的防护效果很差，氢含量高的材料防护效果较好（例如聚乙烯）。

表 3-1　混合型无源中子探测器获得的航天飞机内部中子剂量当量率

航天任务	发射日期	轨道高度/km	倾角/(°)	能量范围	剂量当量率/(μSv/d)
STS-57	1993/06/21	473	28.5	＜0.2eV	0.01
				0.2eV～1MeV	0.91
STS-60	1994/02/03	352	57.0	＜0.2eV	0.06
				0.2eV～1MeV	3.03

续表

航天任务	发射日期	轨道高度/km	倾角/(°)	能量范围	剂量当量率/(μSv/d)
STS-62	1994/03/04	297	39.0		
ECT-A				$<0.2eV$	0.23
(1.19g/cm^2 防护厚度)				0.2eV$\sim$1MeV	10.1
ETC-B				$<0.2eV$	0.60
(41.84g/cm^2 防护厚度)				0.2eV$\sim$1MeV	33.99
ETC-C				$<0.2eV$	0.01
(0.15g/cm^2 防护厚度)				0.2eV$\sim$1MeV	2.77
STS-63	1995/02/02	315	51.65	$<0.2eV$	0.01
				0.2eV$\sim$1MeV	0.93
STS-71	1995/06/27	399	51.65	$<0.2eV$	0.03
				0.2eV$\sim$1MeV	4.29

② 邦纳球中子探测器(^{3}He 气体)

邦纳球中子探测器(Bonner ball neutron detector,BBND)最早是由日本宇宙开发事业集团(现已合并于日本宇宙航空研究开发机构)研制的一种设备,它是一系列研究太空辐射环境和对生物体的影响的实验中的一部分。1998 年 1 月,BBND 被首次安装到"奋进号"航天飞机上,测量航天飞机座舱中的中子剂量。航天员可以观察飞行期间中子流量随着飞行时间的变化情况。

2001 年 3 月 23 日到 11 月 14 日,在国际空间站的 BBND 连续收集了将近 8 个月飞行期间的中子探测值。BBND 由两个彼此永久依附的部件组成:BBND 控制器(在 STS-89 飞行任务期间没有此部件)和 BBND 探测器。BBND 控制器是一个储存测量数据的可移动硬盘,它可以通过系统校准、调整和在记录的中子上打时间标记的方法控制记录数据的质量。探测器由 6 个探测球组成,在每个探测球内均装有可以检测中子辐射的氦气(^{3}He)。

BBND 包括 6 片不同尺寸的 ^{3}He 计数器,其覆盖有不同厚度的聚乙烯球体。^{3}He 计数器安装在聚乙烯中心位置,其对热中子敏感。由于尺寸不同,每个探测单元的响应函数对每个能量范围具有不同的灵敏度。BBND 不仅可以记录中子通量和能量,还可以记录中子的入射方向,能够鉴别到达某点的是中子辐射还是质子辐射。

其主要技术参数为

探测粒子:中子;

探测能量范围：0.025eV～14MeV；

分辨率：64 通道(6b)；

数据存储能力：4GB×5；

最大事件记录速率：10 000/s；

质量：58kg；

尺寸：483mm×493mm×715mm；

功耗：60W。

6个探测器探头被不同厚度的聚乙烯球体包裹（其中探头 2 和探头 3 还包覆有 Gd 金属层），每个探头对中子能量的衰减也不同，对应不同能量范围的中子谱。图 3-6 是国际空间站所使用的 BBND 系统。其中，图 3-6(a)是邦纳球探头的内部结构，图 3-6(b)是邦纳球的外观图。

(a)   (b)

图 3-6　目前正在国际空间站所使用的 BBND 系统

(a) 邦纳球探头的内部结构；(b) 邦纳球的外观图

③ 光纤闪烁体探测器

日本研制的光纤闪烁体探测器由 3mm×6mm×96mm 的长条形塑料光纤闪烁体组成。其中，每个平板由 31 条水平放置的光纤组成，32 块平板交替地叠在一起。每条光纤都通过覆盖氧化镁与闪烁光隔离。当一个高能中子穿过光纤闪烁体时，会与闪烁体中的氢原子发生弹性碰撞，产生反冲质子，反冲质子可以穿透两个或更多层闪烁体，产生的光子通过 15～20cm 的光纤输送到光电倍增管，之后将电信号输入数据处理电路，就可以根据探测位置和每条光纤上的闪烁光强度，分析并区分中子的方向和能量。

光纤闪烁体探测器的主要技术参数为探测能量范围为 15～100MeV。

图 3-7 是日本研制的光纤闪烁体探测器实物图与结构图。图 3-8 是该探测器所使用的光纤闪烁体的结构图。图 3-9 为改进后的光纤闪烁体的详

细结构,主要改进有两点:一是在两层闪烁体之间用镀有铝膜的聚酯薄膜隔离,防止光线外漏;二是反闪烁体的结构从厚层结构改为薄层结构,使来自反闪烁体的光线可以由 6 个光电倍增管接收。

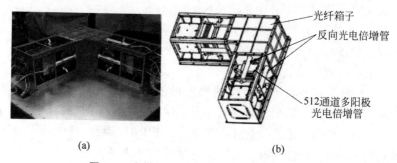

(a)　　　　　　　　　　　　(b)

图 3-7　光纤闪烁体探测器实物图与结构图

(a) 实物图;(b) 结构图

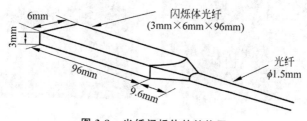

图 3-8　光纤闪烁体的结构图

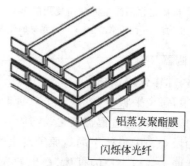

图 3-9　改进后的光纤闪烁体的详细结构图

④ 高能光子探测

图 3-10 为"1972-076 B"卫星上的 X 射线、γ 射线谱仪的示意图。除了在主探测器 Ge(Li)探测器的四周加了塑料闪烁体反符合探测器以排除从侧面进入探测器中的 X 射线和带电粒子外,在仪器的探测窗口处也放置了

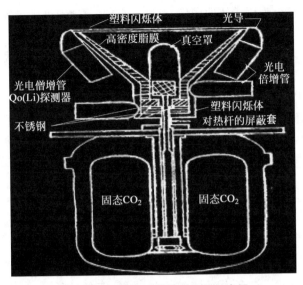

图 3-10　X 射线、γ 射线谱仪的示意图

塑料闪烁体探测器。入射窗处的闪烁体加上了合适的物质,使它对 X 射线不灵敏,而只对带电粒子灵敏。把在其中产生的信号与探测器中的信号进行反符合测量,就可以排除带电粒子的影响。

图 3-11 为"风云二号"太阳 X 射线探测器,用于监测太阳 X 射线的流量,为太阳质子事件、空间环境扰动事件等提供预警信息支持。"风云二号"卫星采用硅漂移探测器进行太阳软 X 射线流量探测。为提高探测灵敏度,太阳 X 射线探测器采用制冷方式对硅半导体探测器进行降温,从而有效降低硅半导体探测器的本底噪声,实现低能软 X 射线能谱的测量。

**图 3-11　"风云二号"太阳
X 射线探测器**

3. 等离子体环境探测

在电离层、磁尾电流片、行星际空间带电粒子等区域存在大量等离子体;同时,太阳风也包含大量等离子体,它们形成了宇宙空间中最为常见的要素,且容易受到太阳辐照电离、日冕物质抛射、人工微波和地磁活动等影响。太空等离子体形成了一个既具有不同尺度时间变化,又具有区域特性的复杂系统,时刻影响传输在其中的电波、航天器等的安全和性能。航天器与等离子体的相互作用是航天器在轨安全防护关注的重要因素,等离子体探测主要为确定等离子体的密度、温度、成分和漂移速度矢量等信息。

1）探测原理

根据等离子体探测载荷的信号输出方式，等离子体探测载荷可分为电流（积分式）和电荷脉冲（微分式）两种。

电流（积分式）通过在传感器上施加确定的电压，在金属收集极上将等离子体环境中相应的电荷收集形成输出电流，输出电流的大小与入射粒子通量正相关，通过测量输出电流来获得等离子环境信息。典型的载荷包括朗缪尔探针（Langmuir probe，LP）、阻滞势分析器等。

电荷脉冲（微分式）通过静电场对入射粒子能量进行选择，对单个粒子通过电子倍增进行放大，形成电荷脉冲，电荷脉冲的数量对应入射粒子通量的强度，根据静电场强度和电荷脉冲数量获得等离子体中的粒子能量和通量信息。典型的载荷包括静电分析器、静电反射镜等。

2）装置分类

朗缪尔探针通过在传感器上施加一定的电场，在等离子体环境中收集大量带电粒子输出的电流，反演等离子体的密度、温度等参量。

在等离子体探测中，通常对电子和离子分开探测。对电子的原位探测通常采用球形朗缪尔探针实现对电子密度和温度的测量；对离子的探测通常采用平面朗缪尔探针手段，比如阻滞计、漂移计和捕获计等，测量离子的密度、温度、成分和漂移速度等参量。

朗缪尔探针是一种十分灵活的空间等离子体就位探测技术，通常具有质量小、功耗低、结构简单的特点，同时又能获得十分丰富的空间等离子体的基本信息。一般情况下，通过朗缪尔探针特性曲线可以反演获得空间等离子体的电子密度、离子密度、电子温度等参数，以及航天器的表面电位及其变化。经过特殊的设计，朗缪尔探针还能得到等离子体的振荡、漂移和扩散过程等信息。此外，还发展出了一些改进的朗缪尔探针，如阻滞势分析器、平面离子漂移计、离子捕获计等。

等离子成像探测指的是对空间中离子的密度、速度和成分等信息进行空间分布的精细探测，有二维成像和三维成像两种方式。从等离子成像探测的技术角度来看，探测器主要包括离子光学系统、成像探测系统和电子学处理系统三部分。离子光学系统主要有静电分析器和静电反射镜两种，成像探测系统主要有微通道板（micro channel plate，MCP）＋分立电荷阳极、微通道板＋位置灵敏阳极、微通道板＋荧光屏＋电荷耦合器件三种。其中，微通道板＋分立电荷阳极是最经典也是采用最多的方式，但是其缺点是空间分辨率较低；微通道板＋位置灵敏阳极的优点是可以根据前端离子光学系统的大小任意加工,并且可以做成较大面积,缺点是其计数能力有限、空间分辨率相对较低;微通道板＋荧光屏＋电荷耦合器件的优点是计数能力和空间分辨率较高,缺点是面积很难做大并且电荷耦合器件的尺寸比较固定。在三种方案中,微通道板＋荧光屏＋电荷耦合器件的探测方式在电离层离子的原位成像探测中得到广泛应用。

3) 已有典型装置

(1) "Demeter"卫星是法国的一颗极轨小卫星,于 2004 年 6 月 29 日发射,轨道高度约为 700km,用于研究地球火山/地震等地质活动对电离层的扰动、人类活动对电离层的影响和全球电离层的电磁环境等。"Demeter"卫星上搭载的朗缪尔探针用于探测地球电离层的等离子体电子密度、电子温度等参数。朗缪尔探针由一根典型的圆柱形探针(cylindrical Langmuir probe,CLP)和一个多割式球形探针(split spherical Langmuir probe,SLP)组成,如图 3-12 所示。其中,SLP 是一种新概念探针,用于尝试分辨等离子体的整体流动方向。其主要技术指标如下:

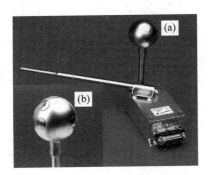

图 3-12 "Demeter"卫星搭载的朗缪尔探针

(a) 典型的圆柱形探针;(b) 多面分隔的球形探针

电子密度(Ne):$1 \times 10^8 \sim 5 \times 10^{11}\,\mathrm{m}^{-3}$(30%);

电子温度(Te):$600 \sim 10\,000\mathrm{K}$(15%);

卫星电位:$-3 \sim 3\mathrm{V}$。

(2) 美国的国防气象系列卫星"DMSP"的轨道高度为 840km,倾角为 96°。自 1965 年第一次发射以来,太空中始终都至少有两颗"DMSP"卫星在轨运行。"DMSP"卫星的首要任务是观测对流层的天气变化,但随着美国对空间环境的重视,空间环境类探测器也逐渐成为"DMSP"卫星上的常用载荷。自 1987 年发射"DMSP-F8"卫星以来,"DMSP"卫星上开始携带 SSIES 探测包,见图 3-13。此探测包包含阻滞势分析器(retarding potential

analyzer，RPA)、离子漂移计(ion drift meter，IDM)、离子捕获计(ion trap，IT)和朗缪尔探针4种传感器,可以获得离子密度、离子温度、离子漂移速度、离子成分、电子密度、电子温度、等离子体密度涨落等电离层物理量。另外,朗缪尔探针还可以监测卫星的绝对电位的充电情况。

(3)"电磁监测实验"卫星(简称"张衡一号")于2018年2月2日在我国酒泉卫星发射中心成功发射,这是我国地震立体观测体系的第一个天基平台,也是我国地球物理场探测卫星计划的首发星。

中国科学院国家空间科学研究中心为"张衡一号"研制了我国首台星载朗缪尔探针,用于电离层电子密度、温度等的原位探测,见图3-14。这是我国首次自主获得高精度的全球电离层原位探测数据,相关指标见表3-2。

图3-13　DMSP卫星的等离子体探测仪器　　图3-14　"张衡一号"卫星的朗缪尔探针

表3-2　"张衡一号"获得的相关指标

序号	项　目	指　标
1	电子密度	$5\times10^{2}\sim1\times10^{7}\,\mathrm{cm}^{-3}$
2	电子温度	$500\sim10\,000\mathrm{K}$
3	电子温度相对测量精度	优于10%(通常等离子体条件下)
4	电子密度相对测量精度	优于10%(通常等离子体条件下)
5	数据输出速率	峰值小于或等于90Kb/s
6	质量	小于或等于(5±0.3)kg
7	功耗	小于或等于7W
8	寿命	优于5年
9	可靠度	优于0.98

(4)"萤火一号"等离子体探测包由一台电子分析器和两台离子分析器组成,见图3-15,其性能见表3-3。电子分析器主要用来测量火星空间环境电子的速度和密度的空间分布,离子分析器用来测量离子的速度、密度和成

分的空间分布。"萤火一号"等离子体探测包的电子分析器采用国际先进的小型化设计技术和创新性仿真技术,是我国自主研制。但由于其搭载的"福布斯-土壤"探测器发射失败而未能最终入轨。

图 3-15 "萤火一号"等离子体探测包

表 3-3 "萤火一号"等离子体探测包性能

参 数	"萤火一号"等离子体探测包性能
测量要素	电子、离子
能量范围	电子:14eV～17keV
	离子:4eV～12keV
视场范围	电子:220°×8°
	离子:360°×90°
质量	1.9kg
单机台数	3(2 离子＋1 电子)

(5)朗缪尔探针是用于测量等离子体的电子密度、电子温度和卫星电位的一种天基电离层就位探测仪器。目前,该仪器已搭载在"DEMETER""C/NOFS"等卫星上以进行电离层电子密度就位探测。

朗缪尔探针的基本原理是给其传感器加载一个扫描电压,并测量传感器在相应电压下收集的等离子体电流,获得伏安特性曲线,再通过对伏安特性曲线进行数学物理反演,得到等离子的特性参数。热等离子体的基本参数(密度和温度)主要由主朗缪尔探针的电流-电压响应曲线确定。电压扫描以上升坡度的形式进行。分割式球形朗缪尔探针由 6 个直径为 1cm、置于球形表面的绝缘收集器组成。这种装置使探针能够估计离子通量的方向并能把光离子电流的贡献与环境(背景)等离子体电流的贡献分离开。

离子参数由电流-电压特性及离子和电子的饱和电流值确定,电子温度由电流-电压特性的斜率确定,浮动电位在总电流为零时确定。等离子体的电位由电流-电压曲线的斜率的变化(一阶微商的极大值)确定,用来表征电磁环境。

4. 电磁辐射环境探测

1）探测对象

随着信息化技术的飞速发展，各类军用、民用电磁设备广泛用于通信、航空、传感、定位、情报获取、信息处理等领域。作为辐射源，不论是军用还是民用的通信、雷达、无线电导航和制导等电子设备，都会向空间发射具有一定能量和信息的电磁波。不同频段、不同功率、不同波形的电磁波在频域上拥挤，在时域上交叠，构成了复杂的电磁信号空间。空间飞行器由于其特殊的在轨位置、覆盖极其广阔的地理空间，面临复杂的电磁环境，同时，太阳爆发活动也会发射几乎全波段的电磁辐射。

辐射源的特性通常可用其特征参数来表征。每种辐射源都有自己的特征参数。例如，雷达的特征参数主要有射频及其变化特性、功率电平、脉冲重复间隔及其调制特性、脉冲宽度及其调制特性、脉内频率或相位调制特性、天线扫描类型、扫描周期、方向图和极化特性等。通信信号的特征参数主要有工作频段、载波频率、调制样式、信号持续时间、功率电平、通信体制和发射机位置等。本书所述的电磁辐射包含常规电磁干扰和微波辐射。

2）探测原理

电磁环境探测设备实质上是一种对电磁信号环境进行采样、分析和处理的信息系统，一般都具有对电磁辐射信号进行探测、分选、分析、识别和记录等功能，能形成电磁频谱，必要时能采用一定的体制对重点辐射源进行定位。

不论是哪个频段，电磁环境的探测设备都主要由天线、微波接收机和数字信号处理机组成，见图 3-16。天线采集空间微弱的射频信号，将射频信号转发给微波接收机。微波接收机将射频信号进行滤波、放大、变频，转换为功率合适的中频信号，并转发给数字信号处理机。数字信号处理机对中频信号进行 A/D 转换，并进行检测、参数测量（频率、功率、带宽、到达时间、调制样式）、辐射源识别、定位等处理，进而将处理得到的情报，通过 422、1553B、LVDS 等数据传输接口传出。

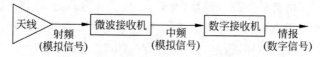

图 3-16 电磁环境探测设备原理图

3）探测分类

（1）天基中高轨电磁监测探测

天基信息系统由于其"得天独厚"的地理位置优势，已经成为现代获取军事情报、主宰战场空间、确保军事优势的关键因素之一。在各国在轨运行的航天器中，军用卫星约占总量的三分之二以上。据有关数据统计，在近20年美国发动的几次局部战争中，天基信息系统提供的信息占到70%以上，而中高轨电磁监测卫星是美国发展的重要方向之一。从斯诺登披露的近几年美国"黑色航天"的预算来看，高轨和低轨电磁监测卫星的预算比例基本保持在2:1。

我国目前在轨运行的中高轨卫星大多是导航卫星和通信卫星。中高轨卫星的研制成本和发射成本都很高，在非电磁监测类的卫星平台搭载电磁监测载荷，是实现大范围电磁环境监测的有益尝试。

（2）天基低轨区域增强探测

相对于中高轨卫星，低轨卫星可以侦察、接收到更高信噪比的信号。在中高轨卫星监测的基础上，结合低轨卫星可以实现重点区域的增强探测。增强探测主要指信号层面的精细化分析和辐射源的精准定位。随着微电子、微机电、组网技术的飞速发展，世界各国都十分重视航天领域的微小型技术，如"智能卵石"计划、"新盛世"计划、"铱星"计划、"GLOBE STAR"计划等。利用低轨的微纳卫星群组网进行区域增强探测是电磁环境监测发展的趋势。微纳卫星群组网由若干个卫星群组成，即使无法做到高轨卫星的"凝视"观测，也可以实现对重点区域较短重返周期的感知。微纳卫星群群内卫星的间距较近，根据编队内卫星的多少和辐射源目标信号的特点综合采用时差定位、频差定位或时频差联合定位。编队内的卫星间具有较强的通信能力，如互传全脉冲或部分中频数据；群间的卫星相距较远，只进行低速信息交换，如互传指令或目标位置信息等。

（3）无线电 GNSS 电离层探测

无线电 GNSS 探测方法通过天基或地基电离层 GNSS 接收机获得的信息来反演电离层总电子含量或剖面电子密度，电离层掩星模式为其中的代表性运用。电离层掩星技术起源于20世纪60年代中期，最早被美国斯坦福大学用于研究太阳系行星的大气层和电离层。GNSS 导航卫星星座的建成使人们利用无线电掩星技术来精密探测地球大气层和电离层成为可能，该技术已经成为当前研究近地空间环境的一种重要手段。

GNSS 无线电掩星技术是指在低地球轨道卫星上安装一台 GNSS 双频

接收机来接收 GNSS 信号。由于传播介质的垂直折射指数发生变化,当导航卫星信号穿过地球大气层和电离层时,电波路径会出现弯曲,如图 3-17所示。根据测量得到的电波相位和卫星星历数据,可以计算大气折射率,推导大气密度、压力和温度(0~60km)。同样,也可以根据电波相位延迟反演得到电离层折射率,并进一步得到电离层电子密度剖面。

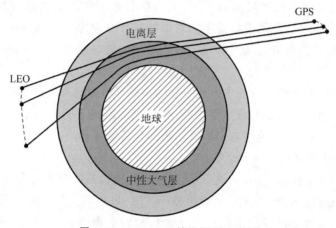

图 3-17　GPS-LEO 掩星探测示意图

(4)临近空间环境探测

临近空间目前主要关注的是 20~100km 的区域。临近空间飞行器是未来电子信息任务载荷的重要平台,其确定的临近空间飞行器应用方向包括 ISR、通信中继、远距离/超视距通信、空中预警与重点目标实时跟踪等。临近空间平台包括平流层飞艇、平流层气球、高空长航时无人机、平流层漂浮平台等。

4)已有典型装置

典型的电磁环境探测设备主要由电磁环境监测天线和电磁环境监测处理机组成,见图 3-18 和图 3-19。

电磁环境监测天线用于接收空间微弱的射频信号,天线的形式主要有喇叭、平面螺旋等,适应的接收频段越低,天线的质量和尺寸也越大。电磁环境监测处理机主要由微波接收电路、数字信号处理电路、二次电源等组成。微波接收电路完成对天线发送的微弱射频信号的放大,一般的放大倍数为 40~50dB;同时将射频信号下变频至中频信号,由数字信号处理电路的 AD 进行采样和量化,转换为数字信号。数字信号处理主要完成信号检测、参数测量和频谱生成。如果电磁环境探测设备具备多路信号同时接收

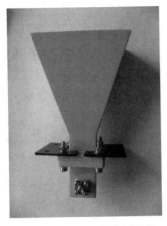

图 3-18 电磁环境监测天线

图 3-19 电磁环境监测处理机

的能力,还可以完成鉴相、测向和辐射源的定位。数字信号处理电路最终将侦察、接收结果(频谱、参数、位置等信息)由接口电路传输给卫星平台。卫星平台将侦察、接收结果回传地面或进行星间转发。目前适于太空环境监测的典型电磁环境探测设备指标如下。

接收机灵敏度:−97dBm;

工作频段:0.2~18GHz;

适应信号类型:脉冲和连续波;

动态范围:50dB;

瞬时工作带宽:1~80MHz。

5. 辐射效应探测

辐射效应探测器主要搭载在无人或有人航天器等平台上,用于监测辐射生物学效应、设备环境风险等参数,通常与太空环境监测仪配合使用。按照应用可分为单粒子效应探测、总剂量效应探测、位移损伤效应探测、表面充放电效应探测、内带电效应探测和生物辐射效应在轨风险探测等;按照工作原理可以分为无源探测和有源探测两类。

1) 按照辐射效应分类

(1) 单粒子效应探测

单粒子效应探测主要利用在轨电子电路进行探测和监测,其典型装置和探测卫星简介如下。

① "SAMPEX"卫星

"太阳异常磁层粒子探险者"(SAMPEX)卫星为"美国探险者"系列卫星之一,于1992年7月3日发射,位于太阳同步轨道。该卫星的小型探险者数据系统(SEDS)将纤维光学多路选通数据总线作为与其他分系统之间通信渠道。根据预期,银河宇宙射线重离子诱发的单粒子翻转率为0.43/d, SAA区质子诱发的单粒子翻转次数约为18次/d。在对1992年9月16日至12月24日"SAMPEX"卫星光纤总线的单粒子翻转次数的逐日统计发现,在1992年10月30日至11月7日的太阳耀斑期间,光纤总线的单粒子翻转次数猛增:11月3日为45次/d,11月5日为33次/d。而太阳耀斑发生前的平均单粒子翻转次数为6次/d,太阳耀斑发生后为9次/d。

② "APEX"卫星项目

高级光电子试验卫星("APEX"卫星)的轨道倾角为70°,远地点为2544km,近地点为359km,于1994年8月3日发射升空。"APEX"卫星所完成的与太空辐射环境和效应有关的试验中的典型代表为单粒子效应在轨实时测量试验(CRUX)。CRUX采用6个静态存储器作为被测器件(device under test,DUT),其均为商用器件。

所有类型器件的试验结果表明:在捕获质子强度最大的区域,器件的单粒子翻转率也高。对所有器件,每天发生最高翻转次数的区域在$1.36R_e \sim 1.45R_e$,当高度超过两个地球半径之后,单粒子翻转次数明显减少。这一结果表明:在"APEX"卫星上,高能质子是诱发SRAM器件发生单粒子翻转的主要原因,而银河宇宙射线的影响较小;重离子诱发的单粒子翻转率比高能质子诱发的单粒子翻转率低两个数量级。

此外,功率MOS器件的单粒子烧毁搭载实验表明,在262天的在轨周期中,监测到208次单粒子烧毁事件,验证了空间电子系统单粒子烧毁、单粒子栅穿效应的存在。

③ "Meteosat-3"卫星

"Meteosat-3"卫星为欧空局地球同步轨道气象卫星,于1988年6月15日发射升空。"Metosat-3"的单粒子效应实验设备有两套:"SRAM-1"和"SRAM-2"。其中,"SRAM-1"采用日本三菱32k×8 CMOS SRAM8832; SRAM-2则采用富士32k×8 CMOS SRAM84256。屏蔽等效厚度为22mm的A1屏蔽。银河宇宙射线"本底"单粒子翻转次数和1989年10月太阳耀斑期间的单粒子翻转次数统计见表3-4。由该表可见静止卫星太阳耀斑期间单粒子翻转次数比太阳宁静时高几十倍甚至上百倍。

表 3-4 "Meteosat-3"卫星单粒子翻转次数统计

实验设备	单粒子翻转次数统计	
	银河宇宙射线	1989 年 10 月太阳耀斑
SRAM-1	约 5 次/月	约 50 次/(约 10 天)
SRAM-2	2 次/2 年	3 次

(2) 总剂量效应探测

利用辐射敏感的 PMOS 场效应晶体管的阈电压漂移为辐射总剂量的敏感参量进行工作是 PMOS 剂量计的基本原理。当 PMOS 场效应晶体管受空间带电粒子辐射后,在其敏感区-栅氧化层和 Si/SiO$_2$ 界面会产生氧化物电荷和界面电荷,从而引起 PMOS 场效应晶体管的阈值电压漂移。这一阈值电压的变化能够通过简单的电路进行实时测量。因此,PMOS 剂量计具备可实时监测的特点。同时,由于 PMOS 的功耗低、几何尺寸微小等特征,多个 PMOS 探头、电源、控制开关电路、恒流源电路、输出阈电压处理电路可组成星用多点多探头的 PMOS 剂量仪。

总剂量效应探测主要利用飞行试验装置进行监测,典型的试验装置有长期暴露试验装置、光学性能监测器等。

① 长期暴露试验装置

20 世纪 80 年代,NASA 的长期暴露实验装置(long duration exposure facility,LDEF)是目前为止规模最大、持续时间最长的暴露装置,前后经过约 10 年的准备、设计、研制和各项试验。

LDEF 为十二边形体柱状结构,三轴稳定,长为 30ft(1ft=0.3048m),直径为 14ft,结构为开放式铝合金框架。框架上有 72 个相同尺寸的长方形开放式构架(每边 6 个),两端的 14 个开放式结构用于安装试验板,其中面向地球方向有 6 个,背向地球方向有 8 个。LDEF 的总质量约为 9720kg(包括试验件),暴露区域的总面积约为 130m^2,暴露时间为 69 个月。

LDEF 装有粒子辐射放射量测定器装备,包括热致发光探测器、塑料核痕迹探测器和测量核子活性产物的可变金属箔样本。此外,各种航天器组件中产生的辐射产物也提供了辐射暴露信息。将暴露在 LDEF 轨道中的辐射流评估结果引入计算代码中(如高能传输码)可以预测其他飞行任务的辐射环境(如空间站、空间观测器)和对目前空间环境模型进行精度评估。

② 光学性能监测仪

光学性能监测仪(optical properties monitor,OPM)是一个试验平台,其尺寸为 828.7mm×682.6mm×520.7mm,质量为 117kg。OPM 于 1997 年 1 月 12 日发射,由"STS-81"任务送到"和平号"国际空间站,4 月 29 日开机工作,6 月 25 日由于"和平号"空间站故障失去供电,9 月 12 日恢复工作,1998 年 1 月 2 日关机,并由"STS-89"任务于 1 月 8 日成功回收,于 1 月 31 日返回肯尼迪航天中心(Kennedy Space Center,KSC)。OPM 是 LDEF 和 POSA 项目的后续研究。

OPM 是一个主动测试装置,同时也是第一个能够实现材料性能原位测试并在试验过程中实现测试数据下载到地球的材料暴露装置。其飞行目的是研究空间环境对材料性能的影响和损伤机制、获得航天器和光学热控材料性能的飞行试验数据、为地面模拟试验和预示模型提供有效的验证数据、研制可再次利用的多功能试验设备用于研究空间环境下的材料行为。其研究对象为光学材料、热控材料及其他材料。OPM 不但可以实现对材料性能(光学透射率、吸收率、反射率、热发射率)在真空环境下的原位测试,也可以探测空间环境,如原子氧、分子污染、太阳辐射等。

OPM 的核心设备为三台独立的光学仪器,分别为积分球光谱反射率测量仪、真空紫外光谱测量仪、总积分散射测量仪。OPM 的外观示意图见图 3-20。其主要部件包括反射计、真空紫外分光光度计、总积分散射计、分子污染监测器、原子氧监测器、辐射监测器等。

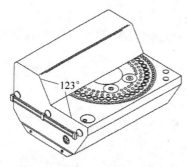

图 3-20　OPM 的外观示意图

(3) 位移损伤效应探测

2008 年 11 月 29 日,NASA 利用航天飞机(STS-126)发射了太阳电池测试卫星(PSSC),其结构图如图 3-21 所示。发射该测试卫星的目的是评价 NASA 的两个主要太阳电池供应商的新型三结砷化镓太阳电池在太空辐射环境下的衰减情况。其中,Spectrolab 公司的电池型号为 XTJ,Emcore 公司的电池型号为 ZTJ,这两种类型电池的光电转换效率均超过了 30%。该项试验为新型三结砷化镓电池在主卫星上的使用提供了辐射衰减数据。

NASA 还将在 GTO 上进行太阳电池辐射损伤加速试验。GTO 在轨 450 天累积的辐射剂量相当于 GEO 15 年累积的剂量,两种轨道的辐射暴露加速对比图如图 3-22 所示。利用 GTO 起到了加速辐射损伤研究的目的，GTO 远远超过 GEO 的辐射剂量，主要是在卫星穿越 MEO 强辐射环境时累积的。

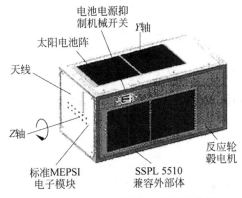

图 3-21　"PSSC"太阳电池卫星结构图

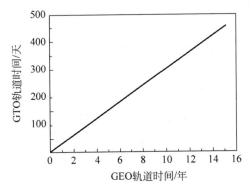

图 3-22　GTO 轨道与 GEO 轨道辐射暴露加速对比图

（4）表面充放电效应探测

世界航天大国和机构均非常重视航天器表面充放电飞行试验的研究，俄罗斯、日本、NASA、ESA 等都开展了多次等离子体效应飞行实验的研究工作，例如"SAMPIE"（solar array module plasma interactions experiment）、"PIX-Ⅰ"（plasma interaction experiment）、"PIX-Ⅱ"、"SFU"（space flyer unit）、"IPRE"（ionospheric plasma research experiment）等。

① "PIX"空间飞行实验

"PIX-Ⅰ"和"PIX-Ⅱ"是美国开展的典型等离子体充放电效应试验，主要研究空间太阳电池阵在极地轨道环境中的充放电效应。

"PIX-Ⅰ"的实验装置是在 1978 年 2 月作为"Delta"卫星的负载送入极地轨道的,其所用的太阳阵由 24 片常规的 2cm×2cm 硅太阳电池组成,所加偏压在－1000～1000V,这次试验在 920km 的极地轨道进行了约 4h,记录了大量数据,证实了高电压太阳电池阵在空间等离子体环境中电弧放电的发生,电弧放电的起始电压是－750V,其卫星结构见图 3-23。

"PIX-Ⅱ"的实验装置也是作为"Delta"卫星的负载在 1983 年 1 月送入 900km 的极地轨道的,其所有太阳电池阵是由 500 片与"PIX-Ⅰ"一样的太阳电池组成的,这次试验进行了约 18h,在－255V 的电压下就发生了电弧放电。这次试验数据的分析受航天器意外翻转的局限,导致朗缪尔探针在一部分试验中置于尾流,在产生电弧之后,电源被关闭。

根据"PIX-Ⅰ"和"PIX-Ⅱ"提供的数据可知,对太阳电池表面电弧放电的阈值电压起主要影响的是等离子体的密度,GEO 表面带电主要由地磁亚暴期间几万电子伏的低能电子环境引起。

② "SAMPIE"空间飞行实验

"SAMPIE"是"PIX-Ⅱ"后的第一个专门研究轨道航天器电源系统和空间等离子体相互作用的卫星,它作为"STS-62"航天飞机的有效载荷于 1994 年 3 月 4 日被送入轨道,主要检验一些抑制放电的技术,检验未来应用于低地球轨道环境中的航天器上的高工作电压系统中的材料、新型太阳电池等的放电和电流收集特性。其外观、内部结构和在 Hitchhiker-M 桥上的构型见图 3-24、图 3-25 和图 3-26。飞行实验的结果得到了关于新技术、新材料的一些重要参数,为高压太阳电池阵设计提供了实验验证,同时为地面模拟实验提供了参考依据。

图 3-23 "PIX-Ⅰ"空间飞行实验的卫星
结构示意图

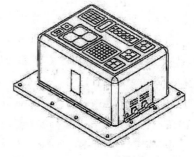

图 3-24 "SAMPIE"的外观示意图

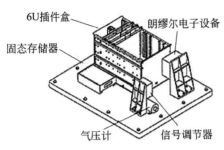

图 3-25 "SAMPIE"的内部结构示意图

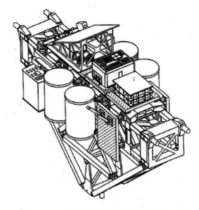

图 3-26 SAMPLE 在 Hitchhiker-M 桥上的构型

③ 日本的"SFU"空间飞行实验

日本的技术实验系列卫星"SFU"于 1994 年发射,轨道是近地轨道,卫星平台的质量达 4t,在其上进行了高电压太阳电池阵的等离子体效应实验,主要研究太阳电池阵电压引起的空间等离子体对航天器表面的影响。

此外,NASA 的应用技术卫星"ATS-5"和"ATS-6"分别于 1969—1970 年、1974—1976 年进行了多种技术实验,获得了大量 GEO 带电环境数据;1979 年 1 月发射了高轨道充电实验卫星"SCATHA",主要工作除进一步获得大量 GEO 带电环境数据外,还测定了卫星表面带电与放电效应及其对星上仪器的影响。

(5) 内带电效应探测

卫星内带电在轨实验是内带电效应研究非常重要的内容,国外在这方面开展了大量研究工作。利用"P78-2"(SCATHA)、"CRRES"、"STRV-1b"和"GOES"等卫星在轨实验探测,获得了许多有价值的研究成果,推动了内带电效应研究工作的进展。

① "P78-2"(SCATHA)飞行实验

1979 年 1 月 30 日,NASA 发射了科学探测卫星"P78-2"(spacecraft charging at high altitudes,SCATHA),其在轨示意图见图 3-27。它是一颗自旋稳定卫星,轨道远地点为 43 200km,近地点为 27 500km,倾角为 7.9°。卫星搭载充电电气效应分析仪(charging electrical effects analyzer,CEEA)、瞬

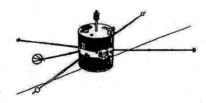

图 3-27 "P78-2"(SCATHA)在轨示意图

态脉冲检测仪(transient pulse monitor,TPM)和表面电位探测仪等多个测量航天器充电及其效应的仪器。其中,充电电气效应分析仪用于测量频谱为 $1 \times 10^{-4} \sim 10 \mathrm{MHz}$ 的电磁干扰,可对航天器充电或其他因素造成的电磁干扰进行分析。充电电气效应分析仪还有静电放电脉冲分析的功能,将从自身获取的放电脉冲信息与表面带电数据对比可发现,不是所有的放电脉冲都与表面带电有关,Fennell 等将其归因于内带电,这是卫星内部充放电的最早证据。

TPM 用于记录卫星在实时指令执行、自动化操作、人工充电与离子和电子发射时的卫星瞬变参数。它主要由测量灵敏度为 $1 \mathrm{mV/mA}$ 的两个无源电流传感器和两根长导线天线组成,一根长导线天线的两端各串接 $100 \mathrm{k\Omega}$ 的电阻后分别与卫星结构和电子处理盒相连,另一根天线则直接与其相连。测得阻抗负载 $100 \mathrm{k\Omega}$ 的 3 次大的峰值分别为 44V、13V、108V,表明航天器放电可通过耦合作用进入导线,从而影响卫星的正常工作。

"P78-2"最早发现了内带电效应,并且确认内部充放电产生的脉冲完全可以耦合到星内电子系统,从而影响卫星的正常工作。

"P78-2"卫星上搭载了三种主动电位控制装置,分别为热丝法热电子发射装置、电子枪发射装置,以及氙离子或氩离子和低能电子混合等离子体发射装置。通过三种装置的在轨运行发现,从卫星上发射电子束可由电子带走负电荷,使卫星带正电电子束,或者使卫星表面积累的电荷得到部分或者完全泄放;当从卫星上发射的离子束能量达到一定值时,可使卫星表面充电,同时可使卫星表面积累的负电荷有效泄放;从卫星表面发射低能等离子束将使卫星表面积累的电荷得到比单一高能电子束或离子束更有效的泄放。

② 科学探测卫星"CRRES"

"CRRES"卫星于 1990 年 7 月 25 日发射,运行于近地点约为 350km、远地点约为 36 000km 的地球同步转移轨道,轨道倾角为 18°,轨道周期约为 10h,每天可 4 次穿越内外辐射带的中心。该星入轨后,首先经历了 8 个月的相对磁宁静期,然后是 6 个月的磁活动期,在这 14 个月的寿命期内,正好赶上 1991 年由太阳质子事件引起的大磁暴。

"CRRES"卫星搭载了用于测量高能电子辐射在航天器内部绝缘体内产生充放电效应的 IDM,其样品配置剖面示意图见图 3-28。IDM 测量的是航天器内部深层充放电产生异常事件的概率,而非脉冲过程的细节。该项实验的目的是,确认运行中的航天器存在内部放电,根据在太空进行的放电测量结果评估地面模拟实验技术,获取可用于定义内部放电模型的数据。

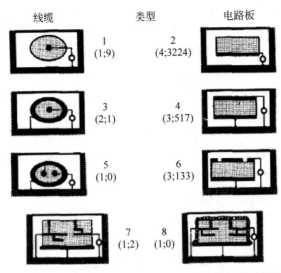

图 3-28 "CRRES"卫星 IDM 仪器样本配置剖面示意图

　　IDM 包含 G10、FR4、PTFE 纤维玻璃布线路板、FEP Teflon、氧化铝和导线等 16 个样本,分别置于 16 个相互独立平行放置的方形法拉第笼内,每个法拉第笼的上面是 0.2mm 铝屏蔽板,侧面和底面是 5mm 铝板。这些样本可分为 8 种类型的样本形状和电极配置,其中样本形状有电缆结构、单层电路板、多层电路板等;电极配置方式有单面接地、双面接地、悬浮电极等。通过在轨测试结果,初步证明了内带电效应存在的事实,并且获取了内带电效应与辐射环境、介质本身构型和边界条件的依存关系,为地面模拟实验环境参数设计和数值仿真模型的建立提供了可靠的数据。

　　(6)生物辐射效应探测

　　虽然非电离辐射的能量较低,但是它们作用于生物体后也会产生不同程度的损伤。在航天活动中,较重要的非电离辐射主要包括紫外辐射、短波辐射与微波辐射,紫外辐射来源于太阳辐射,短波辐射与微波辐射主要来源于飞行器的通信与遥测设备。下面重点介绍紫外辐射的生物学效应和相关的探测设备。

　　① 紫外辐射的生物学效应

　　紫外辐射生物学效应主要是由于紫外线被物体吸收后引起了原子价态的改变,产生光化学反应,导致细胞死亡。紫外辐射在人体组织中的穿透能力较弱,其生物学效应主要局限于皮肤和眼睛。

　　• 皮肤效应

　　紫外辐射对皮肤的损伤效应可以分为近期皮肤效应和远期皮肤效应。

近期皮肤效应是指最早观察到的紫外辐射皮肤损伤效应,最常见的近期皮肤效应是红斑。皮肤在受到紫外线照射后 1~8h 会产生红斑,红斑的阈值与辐射皮肤的部位、波长和时间等因素有关。

根据紫外照射后红斑反应的严重程度可分为四级。

一级红斑:刚刚能观察到的红斑,24h 后皮肤可完全复原,对应的照射剂量称作"最小红斑剂量"。

二级红斑:与中等的晒斑类似,3~4h 后减退,并伴随色素沉积。

三级红斑:伴有水肿和触痛的严重红斑反应,持续数日,色素沉着明显,有鳞片状脱皮,且皮肤常见分层脱落。

四级红斑:水肿较三级更严重,可形成水疱。

能产生红斑效应的紫外线波长约在 290~330nm,长波紫外线产生的红斑更严重,这可能是由于长波紫外线在表皮中的贯穿较深,会在皮肤深层产生炎症。同时,皮肤会被着色(晒黑)、角质层加厚。

远期皮肤效应是指长期受紫外线照射会加速皮肤老化,使皮肤干燥、粗糙、松弛和出现黑色素沉淀等。长期暴露于波长小于 320nm 的紫外辐射下会增加皮肤癌的风险。扁平细胞癌是最常见的光致皮肤癌类型,常发生在手部和后颈部等局部受照部位。

- 眼部效应

过量的紫外照射可导致眼角膜结膜炎,但很少引起持久性的视觉损伤。角膜炎的发生通常在受照射后 6~12h,潜伏期的长短与照射的严重程度呈反比。结膜炎的发生较角膜炎缓慢,会在眼睑周围的面部皮肤出现红斑。动物实验表明,大剂量的紫外照射亦可导致动物发生白内障,红外线也有此效应,可使眼球晶状体浑浊,引起白内障。

- 灭菌作用

细菌微生物体受到紫外线照射后,会由于体内蛋白质分子受到光化学作用的破坏而死亡。紫外杀菌效率最高的波长约在 250nm。

- 抗佝偻作用

紫外线的抗佝偻作用是由于紫外线可以使皮肤中的 7-去氢胆固醇分子转化为维生素 D_3,从而促进骨骼的钙化。抗佝偻作用最有效的紫外线波长约为 290~330nm。

2) 按照工作原理分类

搭载在载人航天器上的用于辐射测定的探测器设备,按照工作原理可以分为无源探测器(passive detectors)和有源探测器(active detectors)。

（1）无源探测器

无源探测器固有的优点是体积小、质量轻、安全、操作简单和功耗为零。由于这些优点，过去空间飞行辐射测量大多使用的是无源探测器。无源探测器通常用于测量航天员所受的辐射，并且几乎每个航天员都佩戴了至少一个无源探测器。用于空间辐射测量的无源探测器主要有两类：热致发光探测器（thermoluminescence detector，TLD）和固态核痕迹探测器（solid state nuclear trace detector，SSNTD）。

最广泛使用的 TLD 有 $LiF:Mg,Ti$；$LiF:Mg,Cu,P$；$Al_2O_3:C$；$CaSO_4:Dy$ 等。TLD 主要测定带电粒子的吸收剂量，对于低 LET 粒子非常灵敏。它的缺点是不能提供 LET 信息，因此无法确定辐射剂量当量。

此外，TLD 记录高 LET（大于 $10keV/\mu m$）粒子的辐射剂量效率很低，会低估总剂量。TLD 的探测效率随着 LET 的增加而变化，因此需要清楚地认识 TLD 对不同 LET 粒子的探测效率。如果不考虑热致发光材料的测量变化效率，得到的吸收剂量会严重偏离实际情况。由布达佩斯 KFKI 原子能研究所研制的 Pille TLD 系统能够读出 TLD 的数据，并且能够在 TLD 退火后重新使用。该系统自从应用于俄罗斯"礼炮-7"轨道站后，已广泛应用于俄罗斯其他航天器。该系统的更新版本安装在 ISS 上。在痕迹探测器"CR-39"出现之前，塑料核痕迹探测器（plastic nuclear track detector，PNTD）——例如"Cellulose nitrate"（CN）、"Lexan"、"Polycarbonate"已被广泛使用。第一次使用"CR-39"是在 1981 年航天飞机的首次飞行，从那以后 PNTD 就成为了首选。美国 Technical Plastics 公司生产的"CR-39"探测器的材料厚度为 $600\mu m$，上面覆盖一层厚度约 $50\mu m$ 的塑料薄膜。PNTD 既可以获得吸收剂量，也可以得到 LET 信息。"CR-39"PNTD 对超过 $5keV/\mu m$ 的 LET 能谱非常灵敏，但是对更低 LET 能谱的灵敏度很差。因此，TLD 和"CR-39"PNTD 通常是配合使用的。"CR-39"PNTD 在"和平号"空间站和多次航天飞机任务（如"STS-47""STS-65""STS-79""STS-84""STS-89""STS-91""STS-108""STS-112"等）中获得了大量宝贵的空间辐射数据，目前仍然在国际空间站上使用。

无源探测器的主要缺点是不能提供实时或时间分辨的数据。无源探测器，尤其是 PNTD，数据处理费时费力，而且都只能在地面进行。尽管无源探测器有这些缺点，但很可能还会继续在空间辐射探测领域扮演重要的角色，因为还没有其他探测器能够替代其优点。PNTD（如"CR-39"）的主要优点之一是能够精确记录 LET 最高的粒子（约 $1000keV/\mu m$），只有少数探测器才有这个能力。最近，一种新型探测器材料，即荧光晶体 Al_2O_3 被发现能够突破其他无源探测器的很多限制,且仍保留其优点,使无源探测器的应用前景更加广阔。

(2) 有源探测器

有源探测器的优点是能够提供实时或时间分辨的数据,而且数据分析处理方便快捷。得益于微电子技术的进步、数据存储能力的增加和长寿命电池的出现,有源探测器已发展得越来越适合在空间使用了。

NASA 约翰逊航天中心研制的等效生物组织比例计数器(JSC-TEPC)是高为 50.8mm、直径为 50.8mm 的圆柱体,由厚度为 1.9mm 的等效生物组织塑料制成,充有低压丙烷气体。探测器模拟直径为 $1\mu m$ 的生物细胞,连接到 256 通道模数转换器,对 LET 在 $0.2\sim1250.0\text{keV}/\mu m$ 的电离粒子很灵敏。探测器在 $20.0\text{keV}/\mu m$ 以下的分辨率是 $0.1\text{keV}/\mu m$;在 $20.0\text{keV}/\mu m$ 以上的分辨率是 $5.0\text{keV}/\mu m$。从 20 世纪 90 年代初开始,在美国航天飞机和俄罗斯"和平号"空间站获得的大部分有用数据,包括 LET 能谱、剂量和剂量当量,都是由 JSC-TEPC 测量得到的。

"和平号"空间站的辐射测量也使用了 R-16 辐射测量仪。R-16 辐射测量仪是由两个互相垂直放置的圆柱形电离室组成的。两个电离室都是 IK-5 积分脉冲设计,充有纯净的 Ar 气,压力达到 $4.5\times10^5\text{Pa}$。该仪器能测量的剂量率范围在 $4\sim1\times10^5\mu\text{Gy}/\text{h}$,灵敏度各向同性。在"和平号"空间站 15 年的发展历程中,通过 R-16 辐射测量仪获得了大量日平均剂量率数据。目前,类似的仪器也在国际空间站上使用。

3 个不同的 Si 基望远镜能谱仪已经在国际空间站上运行。

德国的 DOSTEL(dosimeter telescope)是由基尔大学的 Beaujean 等设计的。该仪器包含两个相隔 15mm 的钝化注入平面 Si 探测器(PIPS)。每个探测器厚 $315\mu m$,可测面积为 692mm^2。该望远镜对 LET 在 $0.1\sim120.0\text{keV}/\mu m$ 的粒子敏感。DOSTEL 曾在多次航天飞机任务和"Euromir-97"任务中被使用。

日本的实时辐射监视器(RRMD-Ⅲ)是由日本宇宙航空研究开发机构(Japan Aerospace Exploration Agency,JAXA)筑波航天中心研制的。RRMD-Ⅲ由 3 个 Si 基位置灵敏的探测器(position sensitive detector,PSD)组成三元望远镜配置,以堆垛方式排列,相互间隔为 5mm。每个探测器厚为 $500\mu m$,活性面积为 4cm^2。LET 敏感范围在 $0.2\sim400.0\text{keV}/\mu m$。顶部和底部的 PSD 作为触发器,中间的则用于测量能量沉积。3 个 PSD 一起配合能提供入射粒子的角度信息,角度分辨率为 $3.22°$。RRMD-Ⅲ 及其早期版本 RRMD-Ⅱ 曾在几个航天飞机的任务中使用过,目前搭载在国际空间站的日本实验舱。

　　NASA 约翰逊航天中心的 Badhwar 研制的带电粒子方向谱仪
(charged particle directional spectroscopy，CPDS)包含 3 个 1mm 厚的 Si
基探测器(用于触发器和异或门)，4 个 5mm 厚的 Si 基探测器(用于测量能
量沉积)，以及 1 个 Cerenkov 探测器和一个闪烁探测器。CPDS 曾在几次
航天飞机任务中使用，包括"STS-48"，其中 CPDS 用来测量 GCR 中低原子
序数次级粒子的能谱。

　　有两种便携式 Si 基探测器可用于载人航天器舱内生活区的辐射测量。
Liulin 便携式辐射测量仪是由电池供电的 Si 基探测器，由保加利亚科学院
的 Dachev 小组研制，首次使用是在 1989 年的"和平号"空间站上。Liulin
便携式辐射测量仪包含 1 个 Li 漂移 Si 基探测器，该探测器的活性面积为
$0.5cm^2$，厚度为 $300\mu m$。LET 的敏感范围大约在 $0.1\sim70.0keV/\mu m$。在
1989 年的太阳质子事件期间，Liulin 便携式辐射测量仪正搭载在"和平号"
空间站上，获得了迄今为止在大规模太阳质子事件中最好的剂量率数据。
NASA 约翰逊航天中心的 Badhwar 小组曾研制一种小型的 Si 基二极管辐
射测量仪，也用在了"和平号"上。

　　近年来，有源探测器的种类越来越多，但是在用作个人辐射探测时，还
是太笨重。因此，有源探测器普遍被固定安装在航天器生活舱内部(Liulin
便携式辐射探测器是一个例外)。然而，便携式有源探测器不能测量 LET
较高的粒子，因而会在系统上会低估剂量当量。

　　虽然无源和有源探测器的使用获得了大量空间辐射的数据，但是它们仍
然存在很多不足，最主要的就是中子放射量的测定，而且不同设备测量的结
果很难相互比较。例如，当粒子的 LET 大于 $100keV/\mu m$ 时，"CR-39"PNTD
测量到的信号强度明显高于 JSC-TEPC 测量到的。这被归因于两种探测器
的原子组分不同，进而产生的次级粒子能谱也不同。目前，日本国家核辐射
研究所正在研究用 HIMAC 重离子加速器进行基于地面的相互标定工作。

3.1.2　太空大气成分和效应探测

　　中性大气成分及其效应多以收集待测目标后对中性成分进行电离，用
电离辐射的方式实现对待测目标的探测，主要包括太空大气、空间碎片和背
景光等环境要素。

　　1) 太空大气成分探测

　　(1) 探测原理

　　太空大气监测涉及 $20\sim1000km$ 的大气环境，其密度范围为 $1\times10^6\sim1\times$
$10^{15}kg/m^3$，并需区分大气中的 N、O、C、H 等成分，同时需感知太空大气风

场等参数,以支撑太空大气密度模型构建,服务于精密轨道控制、陨落预报等太空活动。太空大气探测可采用大气阻尼法、加速度计法、压力计法和质谱计法等。

① 大气阻尼法

一般利用卫星的光学、无线电、GNSS 和雷达追踪系统连续监测航天器的位置信息,通过其轨道运动轨迹和航天器的气动力外形反演太空大气的密度。受观测数据的限制,大气阻尼法的时空分辨率较低。

② 加速度计法

使安装于卫星质心处的高精度加速度计感受到卫星所受到的非保守力(大气阻力、升压、太阳辐射压、地球反照压等),通过计算将大气阻力分离出来,再结合航天器的气动力外形通过切向加速度反演大气密度值。

该方法对加速度计的精度、安装位置、表面气动外形等要求高,且时空分辨率较低。

③ 压力计法

压力计法具有时空分辨率高、精度高等特点。通过在卫星上安装电离真空计的方法测量大气密度。在迎风面上安装电离真空计,使其感受来流大气的变化,获得来流的信息,再通过所采集的规管内的压力信息和温度信息反演太空大气密度。

④ 质谱计法

通过在卫星上安装质谱计的方法测量大气密度。在迎风面上安装质谱计,使其获得大气各气体组分的分压力,通过各分压力反演总压力,进而获得大气的总质量密度。质谱计法能测量各气体组分,具有时空分辨率高、精度高等特点。

在上述方法的基础上,压力计法、质谱仪法等为直接探测法,大气阻尼法、加速度计法等为反演法。压力计法和质谱计法通过在航天器中安装大气环境探测器,利用中性大气直接进入传感器后获得大气密度与成分信息,具有分辨率高和精度较高的特点,但成本较高。大气阻尼法和加速度计法通过测量航天器的运动速度变化反推大气密度信息,其精度和时空分辨率较低,但成本也较低。

(2) 典型装置

对于热层大气环境的原位探测,从 NASA 早期的"AE""DE"卫星的大气探测,到后期的"CHAMP"卫星,都有对应的大气探测仪器,可采用大气阻尼法、加速度计法、压力计法和质谱计法等。

由 NASA 主导的大气中性密度实验计划(atmospheric neutral density

experiment-2，ANDE-2）于 2013 年执行，该计划由两颗球形卫星组成。运行在 100～400km 轨道，采用电场偏转探测技术对轨道大气进行原位探测，卫星的设计寿命为 1 年。

美国把 B-A 电离规作为一个测量大气密度的标准方法，从 20 世纪 60年代开始，发射了数十颗电离规大气密度探测器，均获得了成功。通过运用高动态范围 B-A 规传感器和最新的电子技术来达到高性能的测量，获得了大量有价值的大气探测数据。

"CHAMP"（challenging mini-satellite payload）卫星是德国组织发射的一颗太阳同步近圆轨道小卫星（质量约为 520kg），于 2000 年 7 月发射，入轨高度大约为 456km，倾角为 87.3°，周期大约为 93min，卫星轨道平面每天偏转约 1.5°，大约 4 个月覆盖 24 个地方时。"CHAMP"卫星的构型如图 3-29 所示，主要探测仪器是星载加速度计（精度为 $3 \times 10^{-9} \mathrm{m/s^2}$），用来探测卫星所在地的大气总质量密度，分辨率为 $6 \times 10^{-14} \mathrm{kg/m^3}$。"CHAMP"卫星获得了 2001 年 3 月到 2007 年底的热层大气质量密度数据。

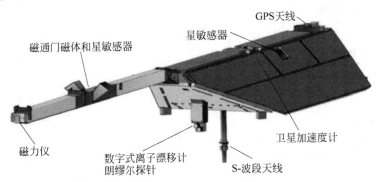

图 3-29　"CHAMP"卫星图

我国于 2001 年开始将星载大气成分探测器（质谱仪）和大气密度探测器（压力计法）分别搭载在"神舟二号""神舟三号""神舟四号"飞船轨道舱进行在轨长期连续监测，获得了在地磁宁静期与磁暴期、太阳活动期大气密度的变化特性，2005 年后大气密度探测器又在不同轨道高度的数个卫星实现了布局监测。2011 年成功发射的"天宫一号"搭载了轨道大气探测器，采用质谱仪测量大气，获得了不同高度和不同地方时大气密度的变化。

2）原子氧剥蚀效应

原子氧剥蚀效应对 LEO 的原子氧通量进行探测，以获取其在轨剥蚀航天器表面的中性粒子特性，保障和评估低轨道长期运行航天器的在轨表面材料热控性能和绝缘性能。

（1）探测原理

对原子氧的探测主要分为基于效应的探测和基于粒子特性的探测两类，其中基于效应的探测通常借助于原子氧与探测传感器材料（如聚酰亚胺、银、碳、锇等）发生剥蚀效应或化学反应，并通过各种原位探测手段对这些反应进行探测，如测量质量损失、电性能变化等，从而反演得出原子氧对在轨材料的剥蚀能力和通量信息。基于粒子特性的探测方式可利用质谱仪对原子氧的通量、能量等进行直接探测。

（2）典型装置

美国开展过"LDEF""MISSE"等长期暴露试验对原子氧的剥蚀效应进行探测，曾利用航天飞机开展过短期暴露和探测（"STS-4""STS-5""STS-8""STS-41G""STS-41""STS-46""STS-85"等），还曾利用原子氧测量航天器（atomic oxygen measurement spacecraft，ATOMS）在轨开展相关测试。

3.1.3　太空碎片和撞击效应探测

1. 太空碎片探测

目前，为了探测空间碎片的位置，需要设计不同的空间碎片探测装置。其中，空间碎片探测器按照撞击感知传感器的不同可以分为压电型探测器、半导体型探测器和电离型探测器等。

压电型探测器采用高性能的压电材料作为传感器，主要有聚偏二氟乙烯（polyvinylidene difluoride，PVDF）传感器和压电陶瓷（piezoelectric ceramics，PZT）传感器。其中，PVDF传感器是常用的探测方法，其探测原理是PVDF薄膜的压电效应，即当空间粉尘高速碰撞PVDF薄膜时，在撞击力的作用下会产生一个不可逆的弹坑，同时在薄膜的两个电极上产生电荷信号。测量电路对该电荷信号进行分析可以得到粉尘粒子的速度和质量等信息，适用于微小空间碎片和微流星体的探测。

半导体型探测器的工作原理是在高纯度硅（Si）晶片上氧化出一层很薄的二氧化硅（SiO_2）膜，再在二氧化硅（SiO_2）膜上镀一层铝膜，硅、二氧化硅膜和铝膜即形成一个平板电容器，常称为"MOS半导体传感器"。用MOS传感器制成的空间粉尘探测器称为"半导体型探测器"。当探测器工作时，由外部电路给电容器提供偏置电压。当空间粉尘与传感器发生碰撞穿过铝膜和二氧化硅膜时，电容就会放电产生电流，在外部电路中产生一个电信号，通过对该信号的分析可得到微小空间碎片或微流星体的信息。

最具代表性的电离型探测器是等离子体型探测器。其基本原理是当微小空间碎片与探测器的纯金靶心发生碰撞时，产生的巨大动能会形成等离子体云；通过对等离子体的测量，可以获得空间碎片的质量、速度和成分等信息。

然而，压电型探测器通常只能给出空间碎片的个数、速度和质量等，无法给出空间碎片的大小和方向；半导体型探测器能够给出空间碎片的数量、大小，无法给出空间碎片的方向和速度；电离型探测器能够给出空间碎片的质量、速度和成分，无法给出空间碎片的方向。通过上下两层的电阻线的十字交叉排列并与压电传感器进行组合，能够给出空间碎片的个数、方向、尺寸、速度、质量等信息，具有结构简单、原理清晰、响应速度快、探测信息全面等优点。

2. 撞击效应探测

空间碎片和微流星体的探测从形式上可以分为天基遥感探测、天基直接探测、航天器表面采样分析、天基样品回收分析。其中，天基遥感探测属于主动式探测，后 3 种则为被动式空间碎片探测。空间碎片的直接探测通过搭载在空间飞行器上的探测仪器，记录空间碎片和星际尘埃的撞击效果或观察撞击后留下的痕迹。判断空间碎片信息的主要探测方法如下。

1）撞击传感器

撞击传感器主要包括振动波传感器、等离子体探测器、聚偏二氟乙烯探测器、MOS 工艺探测器、激光探测器等。

（1）振动波传感器

当空间碎片或微流星体撞击航天器表面时会产生振动效应、航天器的物理损伤和等离子体效应等。为了监测空间碎片的碰撞，振动波传感器被固定在航天器表面。这种方法能够监测通过航天器结构传播的有足够能量的任何一个机械波。若要对碰撞位置进行三维测量，就需要在航天器上安装多个传感器，因为三维测量是通过每个传感器检波的信号时间差来实现的。

振动波传感器的测量系统使用压电材料，适合空间实际应用的这种材料主要有两类——压电陶瓷和压电聚合物。航天器表面被高速撞击后，产生通过结构传播的振动波，波的传播速度已知，如果监测碰撞的传感器有 3 个及以上，就能为碰撞位置定位，通过每个传感器接收信号的时间差和多点测量将位置计算出来。

通过这种方法确定的碎片特征是有限的。探测器给出的监测信号仅限于计算碰撞的位置、时间和能量，计算的精度也有限。对于振动波传感器，撞击的能量越高，越容易探测到碎片。因此，碎片越大，被探测到的可能性就越大。

（2）等离子体探测器

空间碎片进入探测器后与靶体发生碰撞会产生大量的等离子体，对这些等离子体进行测量就可以确定空间碎片的相关指标。撞击产生的等离子体呈电中性，是由离子、电子和中性粒子组成的高电离气体。等离子体探测器就是利用这一效应来监测空间碎片的。探测器主体是个半球形金属碟，当碎片撞击金属碟时等离子体就产生了。之后，等离子体被金属碟和离子栅之间的电场分离，正离子被吸附在传感器的中心，该中心有一个电子倍增器。利用这种原理探测碎片的等离子体探测器有很多，例如，"HEOS 2""Ulysses""Galileo""GORID"等。

图 3-30 GORID 示意图

GORID 安装在"Russian Express-2"航天器上，用于研究 GEO 的流星体和碎片的通量。从 1997 年 4 月开始监测，一年后监测到 591 次碰撞事件，图 3-30 为 GORID 的示意图。

等离子体探测器可以测量的空间碎片指标包括电荷量、质量、速度等，并可以进行成分分析。其优点是可测量的空间碎片指标多、测量精度高且可以对碎片成分进行能谱分析；其缺点是探测面积有限、探测角度比较小、探测器的结构比较复杂。

（3）聚偏二氟乙烯探测器

聚偏二氟乙烯（PVDF）是一种聚合物材料，作为撞击传感器应用非常广泛。其特点是物理化学性质稳定，经过极化后具有压电性。当空间碎片与 PVDF 探测器发生碰撞后，可以通过测量其产生的电荷信号来获得空间碎片的质量和速度。

当一个高速碎片撞击传感器时，局部偶极子快速极化，产生较大的快速电流脉冲。输出脉冲幅度将包含时间和碰撞的能量信息，根据这些信息可以计算碰撞的质量和速度。传感器对碰撞的响应是碰撞能量的函数。

PVDF 探测器的优点是结构简单、制造容易、稳定性高、测量碎片的指标比较全；缺点是对温度比较敏感，较薄的 PVDF 传感器暴露在太阳光方向容易快速分裂。此外，如果没有涂层，航天器周围的等离子体将使 PDVF 传感器漏电。

（4）MOS 工艺探测器

MOS 工艺探测器是一种由不同材料层组成的电容器，通常由两个金属层、一个氧化物层和一个硅层组成，结构如图 3-31 所示。在图 3-31 中，最上层的金属层是电容器的表面，它非常薄，直接暴露于空间环境中。传感器工作时需加偏压，产生的电荷存储在电容器上，当一个足够高能的碎片撞击在外露表面时，会导致介质被击穿，造成电容器内带电。通过监测电容器的充放电过程，就可以监测碎片的撞击特性。传感器的灵敏度主要取决于电解质厚度、顶层电极的材料和厚度、撞击碎片的速度。MOS 探测器上典型的撞击如图 3-32 所示。

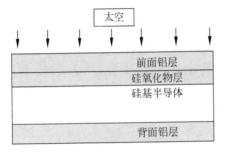

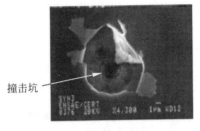

图 3-31　MOS 传感器截面图　　　　图 3-32　MOS 传感器上的典型撞击

单个探测器的示意图如图 3-33 所示，它可以单独安装在航天器表面或分布于航天器各个区域，具体可根据航天器自身条件进行选择。这些探测器的优点在于可以单独安装，不需要先安装在装配盒里，再对其进行机械固定，可以大大节省质量；可以简单地粘贴在航天器的所选区域。这种方法已经在"Clementine"深空探测科学实验中进行了测试。

图 3-33　单个传感器示意图

（5）激光探测器

用激光二极管制成薄的光片，当碎片撞击航天器且穿过这个光片时，光片散射激光，使激光被一系列光电二极管探测器采集。通过运用一套由两个及以上光片组成的探测器，根据激光穿过时的不同时间和不同位置就能确定碎片速度。将这项技术与其他不同的撞击探测器结合就能确定撞击碎片的质量和大小。

激光探测器优于 PVDF 探测器之处在于后者要考虑碎片穿过时可能造成的减速和偏斜，必须修正测量的速度。这在激光速度监测器上不可能发生，当有碎片穿过时，它们的速度不受影响。目前，将这项技术用于空间还不够成熟，其效果还没有完全通过测试，最理想的状态是同另外的传感器结合使用，只有这样才能确定更多的碎片特征。单独使用激光探测器仅能确定碎片的速度，它是非常复杂而且成熟的系统，造价也是比较昂贵的。虽然其对质量和功耗的要求并不高，但是传感器的面积较小，严格限制了探测碎片的数量。即使如此，低功耗也意味着其能在多个航天器上运用，使总的轨道监测区域增加。

2）撞击面特征反演探测器

在轨撞击监测的另一种方法是运用高分辨率的相机扫描航天器的表面从而确定撞击位置，传感器通过提取表面的数字照片，在比较后确定新的撞击位置，然后将图像发送到地面以供分析。它们能结合振动传感器或加速计记录撞击时间，有助于确定撞击的速度。但是，撞击坑的分析需要实验数据，这种传感器不能像其他型号的监测器那样提供更多撞击特性的数据。同时，令其发送详细的图片到地球也存在问题，会对主机的遥测系统造成负担。另外一种选择是使用星载处理器进行分析，这虽然会减少数据传输，但是可能会增加系统的质量和功耗。有以下三种方法可以实现航天器的表面扫描。

（1）观察卫星

一颗观察卫星将绕着能监测所有表面的轨道旋转。但是，它要求有自己的航天器平台、推进系统。航天器能携带的推进剂数量限制了监测器飞行的寿命，在推进剂资源耗尽或失效时，监测器也会成为空间碎片，对其他航天器构成新的撞击风险。当然，次级卫星的推进系统产生的碎片也存在污染航天器表面的可能。

（2）活动机器人表面扫描

机器人的优势就是能够在航天器的表面自由活动，扫描被撞击的航天器表面。但是，这种方法也伴随着机器人被高速撞击的风险。JPL 已经研制了一个质量不到 5kg 的机器人,它能绕着航天器的表面独立移动。

(3) 固定相机

将 CCD 相机(charge coupled device camera)固定在航天器的主结构上,以此为基点,扫描航天器的表面。该方法非常适合检测太阳电池阵。JAXA 将该技术应用到 SFU 和实验测试卫星上,并完成了测试。该方法相对于其他光学方法容易实现,但是与讨论过的撞击探测器相比,返回的数据依然较少且消耗的能源更多。

对从空间回收的样品进行分析是获取空间碎片数据的重要来源,但目前能够回收的样品仅限于低地球轨道。目前已对部分回收的航天器进行了分析,包括航天飞机、"LDEF"、"哈勃"望远镜、"和平号"空间站、"EURECA"等。航天器表面和特别设计的撞击板在空间环境中受到空间碎片和流星体的撞击产生的撞击坑或孔,尺度一般在微米级至毫米级。统计这些撞击坑可以得到 600km 以下的空间碎片的通量密度、质量和成分分布。

3.2 太空环境遥感探测

遥感探测通过非接触模式,远距离获取太空环境特性数据,借助图像处理、数据反演等方法,还原太空环境位置处的环境相关特性和效应参数。遥感探测与待测环境本体的接触有限,可避免对待测环境造成扰动,探测视野广,适合广域探测和大尺度扰动监视。设备类型通常为成像类设备,如太阳日冕仪、电离层光度计、等离子体成像仪。同时,也有部分设备依托回波信号反演目标环境参数,如用于电离层电子临频、临近空间大气温度等探测的中频雷达等;也包括利用无线电信号幅度、相位等参数变化,反演大气密度、总电子浓度等参数的 GNSS 掩星和闪烁接收机等;在反演环境状态分布的同时,可为直接风险告警。

3.2.1 光学成像探测

1. 适用对象

光学成像探测的设备包括光学望远镜、微波雷达和激光雷达等,其探测平台包括卫星、飞船和空间站等。由于光学成像探测是在太空中进行空间目标的观测,其探测器与物体之间的距离较近,而且探测过程不会受到大气的干扰,具有极高的分辨率,可用于中小尺寸的空间碎片的探测。

在太空环境感知领域,光学成像类载荷重在实现大范围背景的扰动监测,其监测的主要对象为太阳耀斑成像、光球成像、日冕成像、电离层波动成像、临近空间大气波动成像和空间碎片分布成像等。

2. 探测原理

光学成像探测多采用辐射成像实现,即当太阳光、太空大气辉光、核爆闪光等进入聚光器后,经分光、滤波等处理,提取特征谱线进入光电转换部件,生成相关图像信息,配套相关图像解算方法,反演太空环境分布信息。依据信号体制差异可分为主动探测和被动探测两类。主动探测是指天基遥感探测,是在卫星、飞船和空间站等安装光学望远镜、微波雷达和激光雷达等对碎片进行实时跟踪探测;被动探测依靠回收样品表面,分析表面特性推测撞击微粒的大小、通量和速度,或者在空间飞行器上搭载由一定材料构成的探测仪器对空间碎片进行直接探测。

1) 天基探测

天基探测通常将光学望远镜等搭载在天基平台上,对电离层状态、临近空间大气分布、空间碎片分布、太阳活动状态等进行大视场成像监测,具有较高的时空分辨率和空域覆盖性,在全局性环境扰动监测方面优势突出。太空望远镜由于没有大气层的遮挡和地球引力等因素的影响,可以全波段、全天候、全天时、全方位地观测星空,其灵敏度、分辨率高,无大气抖动、无散射光。迄今为止,人类共向太空发射了 130 台太空望远镜,仍然在轨运行的有 20 多台。太空望远镜的观测过程容易受观测平台位置和观测时间段的限制,在运用中需予以考虑。

2) 地基探测

地基探测通常利用光学望远镜或者光学仪器直接对电离层状态、临近空间大气分布、空间碎片分布、太阳活动状态等进行成像观测;同时可实现长时间、高精度监测,但在测试中受气象条件、太空大气和电离层等影响严重。

空间碎片的地基光学测量是利用光电望远镜探测设备来实现空间碎片探测的方法。光电望远镜探测设备是望远镜和光电探测器的集成设备,是一种电子增强的望远镜。它能收集空间物体反射的光谱,具有很长的作用距离;能对空间不同高度的物体成像,实现对中高轨道上的大尺寸空间碎片的探测。但是像其他望远镜一样,其使用也是受限制的。例如,该设备不能跟踪在地球阴影里的物体,除非这些物体自己发光。云、雾、大气污染、城市的辉光或满月时的辉光都可能降低光学探测器的观测能力,甚至使观测受阻。

地基光学测量在空间碎片的探测中占有重要地位,它在探测中的主要作用有:对远距离(深空)空间碎片进行测量,弥补雷达受作用距离限制的局限性;提供空间碎片的高精密度测量数据,是空间碎片定轨的主要方法。

地基探测是当前空间碎片探测的主要方法,也是空间碎片探测数据的主要来源。地基探测设备由于不受体积和质量等限制,可以采用大口径天线得到很高的空间分辨率,也可以采用很大的发射功率获得很长的观测距离,这些是其他探测方法所不能实现的。但是地基空间碎片的探测也有以下两个不利因素:一是陆基站的有效覆盖范围无法达到对空域、时域的无缝覆盖,建立更多的探测站又会受到政治和地理方面因素的制约。二是在现有的探测手段中,雷达虽然具有主动探测能力,但作用距离受到制约;光电手段的作用距离虽然很远,但不能达到全天候和全天时的要求。

3. 典型设备

目前国际上对空间碎片实行天基探测的雷达有:美国在国际太空站上搭载的用于监测轨道碎片的雷达,法国航天局小卫星群上的微波雷达,俄罗斯的毫米波相控阵雷达,以及加拿大的探测空间碎片的雷达。激光雷达是利用激光技术实现目标探测的一种雷达,它以激光器作为辐射源,将雷达的工作波段扩展到光波范围,具有定位精度高,探测分辨率高,抗干扰性强的特点,同时探测的损耗较小,因而成为太空中用于空间目标探测的有效手段。但目前激光技术还不成熟,在天基探测中也仅用于近距离的空间目标探测。

微波雷达指传统意义上的雷达,即利用无线电波测定目标位置及其相关参数的电子设备。微波雷达在太空中可用于空间碎片的探测,由于不受地球大气的影响,能够工作在较高的信号频率上,从而采用比地面设备小得多的天线孔径和发射功率,能够探测距离较长、尺寸较小的空间目标,尤其是目前无法观测的中小尺度的危险碎片。微波雷达是当前天基雷达研究的重点,被广泛用于空间目标的监测和空间碎片的探测。

目前比较先进的地基光电测量设备是美国空间司令部使用的有加强型摄像探测器的直径为1m的望远镜,这种望远镜用于监测和跟踪地球高轨道上的物体,是维护美国空间司令部空间物体目录中高轨道部分的主要设备,可探测到地球静止轨道上尺寸为1m的物体,从而有效获得空间碎片的轨道分布特征。

3.2.2 雷达类探测

1. 适用对象

在太空环境感知领域内,雷达类探测装置重在以天基地基遥感模式进行探测,通过解析雷达回波信号,反演临近空间大气的温度、风场等信息,实现对电离层总电子含量和临界频率、电离层电子温度、密度等的测量。

2. 探测原理

雷达辐射的无线电信号,经目标反射、共振等相互作用,以收发同地或异地等模式接收回波信号,通过分析回波信号时间、信号强度衰减、多普勒平移、载波相位差等,反演待测环境信息,其探测原理随目标特性略有差异。

1) 探测环境变化速度原理

雷达根据自身和目标之间有相对运动产生的频率多普勒效应,当雷达接收到的目标回波频率与雷达的发射频率不同时,两者的差值称为"多普勒频率",从多普勒频率中可以提取的主要信息之一是雷达与目标之间的距离变化率。

2) 探测环境温度原理

当待测环境分子与雷达辐射的波长相近时,利用分子共振和波长展宽等效应,可反演待测对象的温度。

3) 探测环境分布高度原理

利用天线的尖锐方位波束,测量仰角靠窄的仰角波束,从而根据仰角和距离测量发射脉冲与回波脉冲之间的时间差;再根据电磁波以光速传播的特性,换算雷达与目标的精确距离。

3. 探测仪器分类

雷达类探测的种类繁多,分类的方法也非常复杂。按照雷达的用途分类,有预警雷达、搜索警戒雷达、引导指挥雷达、炮瞄雷达、测高雷达、战场监视雷达、机载雷达、无线电测高雷达、雷达引信、气象雷达、航行管制雷达、导航雷达、防撞雷达和敌我识别雷达等;按照雷达的信号形式分类,有脉冲雷达、连续波雷达、脉部压缩雷达和频率捷变雷达等;按照角跟踪的方式分类,有单脉冲雷达、圆锥扫描雷达和隐蔽圆锥扫描雷达等;按照目标测量的参数分类,有测高雷达、二坐标雷达、三坐标雷达和多站雷达等;按照雷达采用的技术和信号处理的方式分类,有相参积累和非相参积累、动目标显示、动目标检测、脉冲多普勒雷达、合成孔径雷达和边扫描边跟踪雷达等;

按照天线扫描方式分类,有机械扫描雷达、相控阵雷达等;按照雷达频段分类,有超视距雷达、微波雷达、毫米波雷达和激光雷达等。

我国雷达通常按照频率进行分类,见表3-5。

表 3-5 我国按照频率分类的雷达

名称	英文缩写	频率	波段	波长	传播特性	主要用途
甚低频	VLF	3～30kHz	超长波	100～1000km	空间波为主	海岸潜艇通信;远距离通信;超远距离导航
低频	LF	30～300kHz	长波	1～10km	地波为主	越洋通信;中距离通信;地下岩层通信;远距离导航
中频	MF	0.3～3MHz	中波	100m～1km	地波与天波	船用通信;业余无线电通信;移动通信;中距离导航
高频	HF	3～30MHz	短波	10～100m	天波与地波	远距离短波通信;国际定点通信
甚高频	VHF	30～300MHz	米波	1～10m	空间波	电离层散射(30～60MHz);流星余迹通信;人造电离层通信(30～144MHz);对空间飞行体通信;移动通信
特高频	UHF	0.3～3GHz	分米波	0.1～1m	空间波	小容量微波中继通信;(352～420MHz);对流层散射通信(700～10 000MHz);中容量微波通信(1700～2400MHz)
超高频	SHF	3～30GHz	厘米波	1～10cm	空间波	大容量微波中继通信(3600～4200MHz);大容量微波中继通信(5850～8500MHz);数字通信;卫星通信;国际海事卫星通信(1500～1600MHz)
极高频	EHF	30～300GHz	毫米波	1～10mm	空间波	载入大气层时的通信;波导通信

针对太空环境待测量对象和运用特点,将雷达的用途分为如下 3 个方面:

1) 测高仪

利用回波时间延迟信息,反演大气密度、电离层等高度信息,典型应用有电离层垂测仪、电离层斜测仪、临近空间激光雷达等。

2) 测温仪

利用回波信号多普勒展宽,反演大气、电子等温度,典型应用有电离层相干散射雷达、VHF 雷达等。

3) 反演仪

利用回波信号延时与传输路径上的电子浓度等差异,反演电离层电子浓度等信息,典型应用有电离总电子含量和闪烁告警仪、GNSS 掩星接收机、激光掩星接收机等。

4. 典型探测方法

地球高空电离层利用电子学装置和无线电波传播效应来观测研究。英国的阿普顿、巴尼特和美国的布赖特、图夫分别用连续波和脉冲波的实验方法证实了电离层的存在,开创了使用无线电方法探测电离层的技术,并一直沿用至今。

20 世纪 40 年代后期至 50 年代,人们开始使用火箭、卫星等空间飞行器对电离层进行无线电探测和直接探测。电离层的变化主要受太阳辐射的影响。在时间上分为 11 年的周期变化、季节变化、逐日变化和昼夜变化;在空间上随高度、纬度和经度而变化。但是,太阳辐射本身的变化并不是完全规则的。此外,还有多种因素会影响电离层的状态。因此,电离层这一重要的传播介质具有十分复杂的特性结构和时、空变化,需要在全球范围内进行长期监测。可以采用多种无线电工作方式和传播原理,从不同的空间角度来探测电离层的各个高度及其基本参数。

探测高度分为电离层顶部(上电离层)和底部(以 F 层峰值高度为分界线),其中底部又分为 F 层下部和 E 层所在的电离层主体部分、E 层底部和 D 层所在的低电离层。主要探测参数是电波反射高度、总电子含量、电子密度、电子温度、高空大气成分、离子密度、离子温度、电子同其他粒子间的碰撞频率等。地基无线电探测方法包括电离层垂直探测、电离层斜向探测、电离层斜向返回探测、非相干散射探测和低电离层探测等。

1) 电离层垂直探测

电离层垂直探测是最基本的探测方法。该方法是最早的电离层探测方法,它验证了电离层的存在。用于电离层垂直探测的设备即电离层垂测仪。当前,电离层垂直探测仪依然是最为常用的电离层探测方法之一。长期以来,国内外先后构建了一系列电离层垂测网,累积了大量的电离层观测数据,这些为电离层研究、建模和应用提供了重要的数据支撑。

电离层垂测仪由一套发射机和一套接收机组成,发射机发射信号的频率一般在 0.5~30MHz 左右。发射机采用脉冲扫频工作模式,由于电离层的反射作用,接收机会接收时延回波信号,通过噪声和干扰信号滤除处理,得到信号反射虚高 h' 和频率 f 的关系曲线,此即电离层垂直探测电离图。由于磁离子的分裂现象,电离图中通常会出现两种回波描迹,即通常所说的 X 波描迹和 O 波描迹,在高纬度获取的电离图中还会出现 Z 波描迹,它的特点是反射高度高于 O 波描迹。在电离图中获取的虚高并非电离层真实的反射高度,它是由光速乘以信号反射时间得到的,一般情况下,虚高要比实高更高。当扫频信号的频率接近电离层的最大临界频率时,由于积累效应,电离图中的虚高会变得非常大。

要从垂测电离图中获取电离层的相关特征参量,首先需要做的工作即电离图判读。由于不同区域、不同时间电离层的变化形态各异,电离图中各种回波的痕迹千差万别,早期电离图主要依赖具有丰富观测经验的人员进行人工度量,后续随着设备研制技术的提高和计算机智能化技术的发展,电离层自动判读开始成为世界各国重点的发展方向并取得了非常大的成功,但目前电离层全自动判读还存在很多技术困难,因此其判读结果的有效性和可靠性还需进一步验证。

经过判读后的垂测电离图可以获得电离层不同层高对应的临界频率 foE、foF$_1$、foF$_2$ 和反射虚高 $h'E$、$h'E_s$、$h'F_1$、$h'F_2$ 等参数;同时,经过进一步的反演,可以得到电离层电子密度的剖面信息。

由于探测原理的限制,电离层垂直探测尚存在以下不足:①由于 D 层信号回波很弱,无法获得 D 层电离层特征参量;②受限于下部电离区出现的覆盖,垂测仪无法获得 E 层和 F$_1$ 层谷区间的电离层信息;③由于存在信号穿透电离层导致地面无法接收反射信号的可能,F$_2$ 层以上的电离层变化无法获得。电离层垂直探测设备实质上是一部可连续变频的高频(短波)雷达,其主机和天线如图 3-34 所示。由于电离层的电子密度是连续变化的,其中任意一个电子的密度都对应一个"等离子体频率"。当探测电波的频率与这一"等离子体频率"相等时,电离层的折射指数就会等于 0,探测电波就会满足全反射条件,从该"等离子体频率"对应的高度折回地面。电离层探测仪记录发射和接收脉冲之间的时间延迟。通过改变脉冲的频率,能够获得不同频率上时间延迟 τ 的记录。典型的垂直电离探测图如图 3-35 所示。

图 3-34 电离层垂直探测仪主机和天线

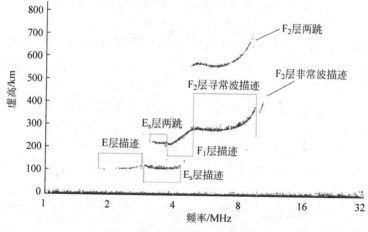

图 3-35 典型的垂直探测电离图

在电离层反射电波的过程中，不能简单地认为时间延迟与电波所经过的距离或实际反射高度成一定比例。如果电波在电离层中的传播速度与自由空间一样等于光速，根据反射回波与发射波之间的时延的一半就可以计算该频率的探测电波的反射高度，这个高度称为电离层"虚高"，它比实际的电波反射高度高，因为电波在电离层中的传播速度实际上比光速小。于是，按照上述原理连续改变探测电波的频率，得到频率与虚高的关系图称为"频率-虚高电离图"，简称"电离图"（ionogram）。通过一定的反演算法可以从电离图得到电离层电子密度的高度剖面。

电离图提供了电离层的大部分数据,揭示了电离层结构的细节。电离层任意水平高度上的反射频率正比于该层电子浓度的均方根,即 $f_c \propto \sqrt{N}$。这里,f_c 表示被电离层反射的电波频率,N 表示处于反射点的电离层电子浓度。这样,电离层的最大浓度可以在 F_2 层找到。被称为"F_2 临界频率的反射频率"是电离层中能够反射无线电波的最高频率,表示为 foF_2。对于高频通信,它是最重要的频率,高于 foF_2 频率的电波可以穿透电离层。F_1 层和 E 层的临界频率分别表示为 foF_1 和 foE。

在电离层中,地球磁场的存在把无线电波分离为两种相反的圆极化波,称为"寻常波"(O 波)和"非寻常波"(X 波)。O 波和 X 波的传播是相互独立的,因而在电离图中存在两条描迹。分析寻常波描迹的参数 foE、foF_1、foF_2 中的"o"即表示寻常波。

2)电离层斜向探测

将垂直探测方法中的发射和接收设备分别置于地面上相隔一定距离的两处,用某种方法实现收、发同步,测量电离层反射回波时延随频率的变化,得出斜向探测电离图,这就是电离层斜向探测的基本原理。电离层斜向探测仪的主要功能是获得固定地面距离的频率-斜距特性曲线,用于确定指定距离不同频率的实时传播模式。斜向探测电离图记录了接收信号的相对群时延(相对传播时间)与频率的关系,主要用于研究不同时间、不同频率的电离层传播模式,以实时确定特定电路上可能存在的传播模式的频率范围和射线距离。

不是所有的高频电波都能被电离层反射。用于两终端之间通信的信号频率有一个上限和下限,如果频率过高,信号会穿透电离层;如果频率过低,底部吸收(D 和 E 层)将降低信号强度直至低于检测门限。经电离层反射的特定频率的斜向入射电波有其相应的最小照射距离,这个最小照射地面距离称为该频率的"跳距",与工作频率有关。而对于特定电路,电离层能够反射的频率是有一定范围的,其上限频率称为该电路的"最高可用频率"(maximum usable frequency,MUF)。跳距和最高可用频率与当时的电离层电子浓度有关。由于电离层电子浓度随昼夜、季节和太阳黑子的变化而变化,所以跳距和最高可用频率也随其变化。典型的斜向探测电离记录如图 3-36 所示。

无线电波在到达电离层前是沿直线传播的。一旦进入电离层,就会被折射回地面。折射的数量取决于工作频率和电离层的电子浓度。由于通常用简单三角形射线路径替代实际射线路径,就像射线被镜子反射一样,所以常说无线电波是被电离层反射的,但实际上是被电离层折射的。

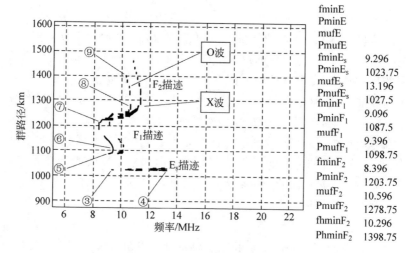

图 3-36　典型的斜向探测电离记录

3）电离层斜向返回探测

电离层斜向返回探测原理：由地面设备发射短波脉冲斜向射入电离层，经反射后回到地面，部分地面散射波沿原来路径返回发射点。测定脉冲往返一次的传播时延，从而获得大面积范围内的频率-时延特征和电离层短波传播参数（高频返回散射）。这一过程也可能出现两次以上地面散射和电离层返回散射。电离层斜向返回探测的原理示意图如图 3-37 所示。

电离层后向返回散射回波主要是由地面的不均匀性散射引起的。这种传播机制具有广泛的应用价值。

图 3-37　电离层斜向返回散射探测原理示意图

（1）短波无线电覆盖区的监测

利用天波返回散射可以确定短波传播跳距和不同地球物理因素影响下的随时间变化的跳距；监测和预报短波无线电电路上的工作条件，例如无线电覆盖区、最高可用频率等。

（2）运动目标的检测

利用天波返回散射机制已经成功研制高频天波超视距雷达。这种雷达已能成功检测地球曲率以下超远程的飞机、火箭和舰船目标。

（3）海洋状态的监视

利用天波返回散射机制与布拉格散射理论发展了一种无线电海洋学探测技术。当前已能探测远海的海水表面海流速度，绘制海流图与海面风场。

（4）电离层结构探测

利用扫频天波返回散射回波图的前沿线，推算电离层结构。但由于前沿线本身不能提供足够信息，推算只在某些假设中进行。

电离层返回散射探测的原始结果为返回散射电离图，高频返回散射信道时延特性的全部信息几乎都将反映在扫频散射仪实时测量的频率-时延-幅度三维天波返回散射电离图中。它同电离层垂直探测电离图一样随年份、季节、昼夜时间有很大变化。

4）非相干散射探测

电离气体对电磁波的非相干散射是指由离子和电子的随机热运动而导致的等离子体密度微小涨落所引起的电磁波散射。1958 年，Gordon 首先提出，由彼此之间做不相关运动的电子产生的散射可以成为研究地球电离层强有力的诊断工具；这个想法几个月后由 Bowles 证实，实际接收的散射信号的总功率与 Gordon 预测的差不多，但散射信号的谱比预计的复杂，谱宽度比预计的小得多，即谱展宽不是由电子本身的热速度造成的，谱线包含有关离子的重要信息。尽管受周围离子的控制，电子的运动并不是完全不相干的，但非相干散射这个名词已根深蒂固，被沿用下来。由电子非相干运动产生的散射是相当小的，每个电子的散射截面只有 $1.0 \times 10^{-28}\ \mathrm{m}^2$，假设平均电子密度为 $10^{11}/\mathrm{m}^3$，那么 $10\mathrm{km} \times 10\mathrm{km} \times 10\mathrm{km}$ 体积的电离层的总散射截面只有 $1 \times 10^{-5}\ \mathrm{m}^2$。尽管散射截面非常小，散射信号非常微弱，却仍可被强有力的大功率雷达探测到。

等离子体相互作用导致电子的运动是部分相关的。虽然这种相关性对总的散射截面来说影响不大，却会对散射信号的多普勒频谱产生深刻的影响，使散射信号频谱比 Gordon 预想的复杂得多；而正是这种额外增加的复杂性极大地提高了观测数据的价值。作为离子与电子静电耦合相互作用的结果，电子的随机热运动将产生波动：离子-声波和电子-声波等。正是与这些波相联系的电子密度的涨落引起了对电磁波的散射。电离层中的电子与离子的温度、离子的成分、等离子体的漂移速度、电子密度等都会影响散射信号的功率谱。反之，可以通过对散射信号功率谱的分析来测量或分析上述所有参量。非相干散射雷达可以对电离层等离子体的多种重要参数同时进行测量，如电子密度、电子与离子的温度、离子体漂移速度等；且测量高度可以覆盖 D 区（60～70km）至 2000km 高度的区域。所以非相干散射雷达是目前研究电离层结构与动力学过程的最强有力的地面探测工具。除此之外，由上述等离子体参数的测量，还可以很好地对某些中性大气参数进行非直接测量：例如，大气温度和风速等。

现在，在世界各地共有十几处非相干散射雷达，其中最精密、最复杂的应属"EISCAT"雷达，即欧洲非相干散射科学联合会的特高频雷达。世界上现有的非相干散射雷达包括"ESR""EISCAT""KHARKOY""IRKVTSM""MU""SONDRESTROM""MILLSTONE""ARECIBO""JICAMARCA"等。

非相干散射雷达是目前地面探测空间环境最先进的手段，可探测 80～2000km 甚至更高范围内的电子密度、离子密度、等离子体漂移速度、中性大气温度和空间电场等 20 多个参量，具有测量参数多、精度高、范围大、距离分辨率高等突出优点。非相干散射雷达的工作示意图和探测系统组成如图 3-38 和图 3-39 所示，其典型监测图如图 3-40 所示。目前，全世界只有数台非相干散射雷达在工作。

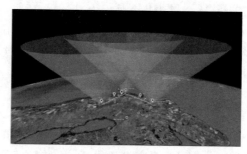

图 3-38　非相干散射雷达工作示意图

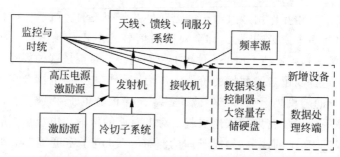

图 3-39　非相干散射雷达探测系统组成示意图

"EISCAT"雷达是全球现有非相干散射雷达的一个代表。该雷达是一套三站雷达系统，发射站位于挪威的特罗姆瑟（Tromso），该站同时也负责

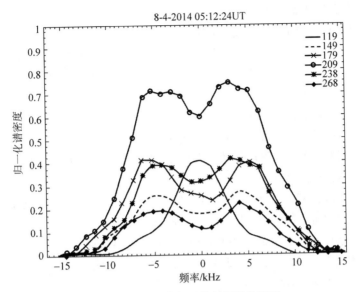

图 3-40 典型的非相干散射雷达监测图

接收,另外两个接收站位于芬兰的索丹屈莱(Sodankyla)和瑞典的基律纳(Kiruna)。位于特罗姆瑟的特高频非相干散射雷达如图 3-41 所示。天线使用三个完全易操纵的抛物面天线,每个天线的直径为 32m,雷达发射的峰值功率为 2.6MW,中心处理频率为 931MHz。

图 3-41 位于挪威境内特罗姆瑟的特高频非相干散射雷达系统

5) 低电离层探测

低电离层是较难探测的一个空域。由于中、短波在低电离层中的吸收太大,很难获得这一空域的普通回波电离图。主要的探测方法有交叉调制法、部分反射法和长波传播法等。

（1）交叉调制法

利用电离层的非线性效应，用某一频率的无线电波对电离层进行加热调变，使电子温度上升，造成碰撞频率和吸收的改变，使在同一电离层空域中传播的另一频率的无线电波受到交叉调制，对其进行观测分析即可获得低电离层参数。

（2）部分反射法

观测中波和短波强力脉冲在低电离层不均匀体上微弱的部分反射，分析回波的寻常分量与非常分量的振幅比，得到低电离层的基本数据。

（3）长波传播法

使用长波、超长波甚至极长波研究 100km 以下的电离层，分析频率高度稳定的多频或单频电波在不同路径斜向传播时的电波相位延迟、振幅分布，以及寻常波与非常波的关系，从而获得低电离层特性。

此外，还有流星余迹法、天电哨声法、激光雷达法等。

6）低轨卫星信标探测

低轨卫星信标电离层探测是随着航天技术的发展而发展起来的。第一颗人造地球卫星于 1957 年发射之后，利用卫星发射的无线电信号观测电离层成为可能。早期用于电离层探测的低轨卫星以美国海军子午仪卫星导航系统（navy navigation satellite system，NNSS）最为著名。该系统搭载了双频信标发射设备，发射载波频率为 150MHz 和 400MHz 的双频无线电信标，利用差分多普勒频移测量技术在地面接收卫星信标信号，可实现电离层总电子含量的测量。低轨卫星信标的电离层测量如图 3-42 所示。随后，美国、俄罗斯等又相继发射了"OSCAR""RADCAL""DMSP F15""COSMOS"等卫星，这些卫星均搭载了信标发射机。

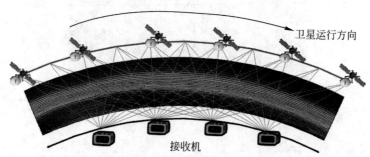

图 3-42　低轨卫星信标电离层测量示意图

三频信标测量系统主要包括星载分系统（三频信标机载荷）和地面分系统两大部分。星载分系统中的三频信标机通过向地面发射 VHF、UHF 和

L 频段信号,伴随卫星在轨运行实现对地球上空的电离层进行扫描。地面分系统中的地面观测站通过天线接收卫星上发射的三个频段的扫描信号,由接收机完成跟踪处理,并输出电离层相关参数信息。

三频信标机的基本功能是发射机输出具有正交性的 I、Q 两路单载波信标信号,并经由天线向下半空间辐射,形成圆极化波;信标频段为 VHF 或 UHF 或 L,以及三个频段的任意组合;频率稳定度主要由参考源决定,采用同一个参考源,分别经倍频得到,频率变换由频率源模块完成。

三频信标接收机设备组成如框图 3-43 所示,主要包括天线单元、接收机单元、计算机处理及显控单元等基本配置和外部频标、GNSS 定位/授时单元、观测站测试校准设备、数据通信设备,以及电源(稳压电源、UPS 等)等辅助设施。

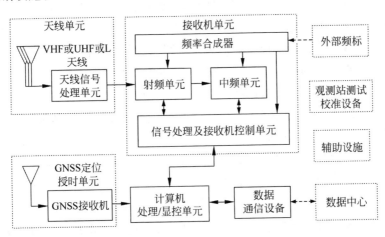

图 3-43　三频信标接收机设备组成框图

7) 地基 GNSS 探测

地基无线电探测主要的测量项目有回波时延、电离层吸收和电离层漂移。

地基全球导航卫星系统探测是目前应用最为广泛的电离层探测方法之一。自 20 世纪 90 年代以来,随着全球导航卫星系统建设的逐步完善,利用地基密集的全球导航卫星系统接收机监测电离层的时空变化获得了巨大成功。当前,全球导航卫星系统的气象学研究已日渐成熟,其应用领域涵盖了电离层的不均匀体结构、地震前兆电离层异常监测与分析、磁暴期间的电离层响应、电离层全球尺度上的周年、季节、周日变化规律的认识和量化等。

（1）回波时延测量

射频脉冲在电离层中的传播速度与电子密度有关，一般小于真空中的光速。因此，垂直探测、斜向探测和斜向返回探测所获得的电离图并不直接反映电离层反射层的真实高度。以垂直探测为例，测量脉冲从地面到反射层再返回地面的时延 t，因为脉冲传播速度与真空中的光速 c 相等，可得到虚高 h'，通常以此作为探测记录。显然，反射层的虚高与真实高度并不相等，频高图的一项重要的数据处理内容就是从虚高推导真实高度。

（2）电离层吸收测量

测量短波脉冲经电离层反射后的回波振幅衰减的专用设备称为"吸收仪"。电波在反射层被偏区吸收，在往返通过反射层之下的电离区域时又被非偏区吸收。这两种吸收造成了回波振幅的衰减，因而由反射系数 ρ 可以推算吸收指数 K，其关系式为式中的 ds（路径元）。在实际测量中，ρ 既可以通过一次回波振幅与发射常数的关系求得，也可以通过比较一次与二次回波振幅而求得，后者更为常用。用分贝表示的电离层吸收为

$$L = 20\lg(2I_2/I_1) + 20\lg\rho_g \tag{3-1}$$

式中，I_1 和 I_2 分别为电离层一次和二次回波的振幅；ρ_g 为地面反射系数。测量电离层吸收的其他方法还有使用电离层相对混浊度仪测量 $30\sim100\mathrm{MHz}$ 宇宙射电噪声在电离层中的吸收，与广播电台发射的载波振幅变化进行对比，由电离图中 f 的变化确定，使用地面台站测定接近磁旋频率时回波寻常波与非常波之间的差分吸收，使用空间飞行器测定高频、超高频差分吸收等。吸收和场强的数据对短波远距离通信和电离层动力学碰撞过程的研究极为重要。

（3）电离层漂移测量

漂移测量有助于研究电离层的精细结构和运动。垂直发射 $2\sim10\mathrm{MHz}$ 的短波脉冲，并在三副间距约为一个波长的接收天线上检出回波振幅，以测定电离层水平漂移的速度和方向，确定电离层的随机运动和不均匀性。电离层漂移会引起电波的多普勒频移。因此，用测量回波的多普勒频移的方法也可以测出电离层漂移。

8）电离层顶部探测

电离层顶部探测综合利用了穿透电离层的顶部探测与反射式顶部探测相结合的天基电离层探测技术，该技术克服了地面垂直探测和反射式顶部探测技术的缺点且兼备两者的优点，既能得到地面垂直探测的电离

层峰下剖面,又能得到一般顶部探测的电离层峰上剖面。电离层顶部探测仪是电离层 F 层峰值以上、大范围实时监测电离层参数最直接的手段,是确保星地、星间信息传输链路安全而需要对电离层状态进行预报、现报的重要数据来源。目前搭载有电离层顶部探测的天基平台包括"Alouette Ⅰ""Alouette Ⅱ""Intercosmos 19""Cosmos-1809"和"和平号"空间站等。

电离层顶部探测与地面垂直探测的原理基本相同。探测时利用一定功率的发射机从卫星垂直向下发射高频无线电脉冲信号。发射频率 f 在整个短波波段范围(一般为 $0.5\sim30\,\mathrm{MHz}$)内以一定的频率步进连续改变,改变方式可以是线性方式,也可以是对数方式,通过收发同一地点的星载接收机,接收不同频率电离层反射的回波,测量回波的传播时间 τ。依据 τ 推出虚高 h' 随频率 f 变化的曲线图,然后提取电离层的参数信息。

顶部探测系统由发射机、接收机、天线、频率合成器、控制器和计算机组成。以安装在"和平号"空间站上的顶部探测仪(ИС-338)为例,各分系统是在控制器的控制下同步工作的。首先,控制器控制合成器产生 $1\sim32\,\mathrm{MHz}$ 连续变化的高频信号,该信号被脉冲或相位编码信号调制,经发射机放大后通过天线垂直向上辐射,由于电离层的反射作用,反射回来的信号经接收天线进入接收机进行变频、放大等,然后送入信号处理器和数据终端进行数据处理,解出回波的时延、幅度、频谱等信息获得频高图。

9) GNSS/LEO 掩星探测

GNSS/LEO 掩星电离层测量是指利用 LEO 卫星搭载 GNSS 掩星接收机在较低仰角的情况下接收 GNSS 发射的信号,通过卫星平台和地球的相互运动及掩星过程中电磁波与大气的相互作用,获得不同高度的附加相位和振幅等信息,由此反演电离层总电子含量和电子密度剖面的一种天基探测技术。掩星探测结果的示意图如图 3-44 所示。

用于掩星观测的一般为 LEO 卫星,这些卫星的轨道高度约为 $400\sim800\,\mathrm{km}$,倾角为 $70°\sim90°$。其中比较著名的包括德国的"CHAMP"卫星、美国与我国台湾地区合作的"COSMIC"卫星,美国和德国合作的"GRACE"卫星等。相比于传统的电离层测量,掩星可以覆盖非常广的区域,包括海洋和沙漠区域,同时具有垂直分辨率较高的特点。

掩星观测的主要载荷是双频接收机,它由两类不同功能的 GNSS 接收

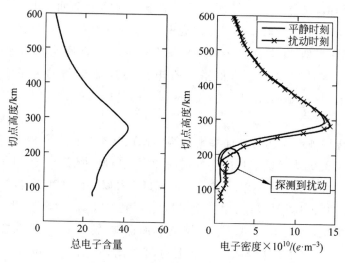

图 3-44 掩星接探测结果示意图

机集成,包括用于低轨卫星自主定位的接收机和掩星观测接收机,它们共用一个振荡器和频率合成器实现相干接收。定位接收机有 8~12 个通道。定位接收机的天线一般安装在卫星顶部,它接收天顶方向的 GNSS 信号,以接收的伪距和载波相位实现精密定位。"FORMOSAT 3""GRACE""COSMIC"等卫星载有能够测量电离层总电子含量和电子密度剖面的 GNSS 掩星接收机。

GNSS 掩星接收机的前端能够将来自天线的信号经过滤波和低噪声放大器放大,提高信号和噪声的电平比。通常,低噪声放大器的增益控制在 20~30dB。信号被送到射频放大器放大,进行载波恢复。

GNSS 的前端芯片是接收机的重要部件。包含两个线路板,一个是 CPU 储存器,另一个是卫星界面接口板。后端芯片包含相关器、振荡器和有关电路。还有 7 个小电路板,可以将 L 波段的接收信号转换和数字化,另有一个小板是电源的整流和开关电路。星载接收机的钟采用石英晶体振荡器,振荡器与 GNSS 时间信号同步。一旦接收机接收信号后,钟的精度即保持在 300ns。

10) 火箭和卫星探测

利用火箭或卫星装载专用仪器,单独或与地面配合进行电离层探测。这种方法的优点是可以进行现场测量,既可以对电离层顶部进行探测,也可以在更广泛的空间范围进行探测。

（1）电离层顶部探测

将小型化测高仪装载在卫星上，向下探测卫星高度至电离层最大电子密度高度之间的顶部电离层电离图。除了反射回波的时延信息外，还可以观测到一系列电离层的谐振现象。这是探测顶部电离层的一种非常有效的方法。

（2）法拉第旋转观测

利用这种方法接收火箭、低轨卫星，特别是同步卫星所发出的高频、超高频和微波信标的线性极化信号，并测出发射电波到达接收点时极化面的法拉第旋转量 Ω。通过相关方程求得电离层 2000km 高度以下的总电子含量。此外，还可以通过对月球雷达回波的法拉第效应记录求出电离层的总电子含量。此时因电波往返跨越电离层两次，实际的法拉第旋转量应是记录所得的一半。

（3）多普勒频移观测

多普勒频移由波源（或次级波源）对观察点的相对运动引起，对它进行分析即可获得总电子含量和电离漂移等信息。空间飞行器发射两个高频相干电磁波 f_1 和 $f_2 = mf_1$（式中整数 m 通常为 5～9）。当 f_1 大于电离层等离子体频率时，求出地面接收到的微分多普勒差 f，对其积分即可求得飞行器高度以下的总电子含量。

11）临近空间大气分布监测

近年来，国外已经研制和建立了不同体制的雷达系统来监测中、高层（含距地表 20～120km 的临近空间）大气环境，成功发展了多个高层大气风场模式。国内在高空大气雷达方面也取得了一些进展。相关大气环境监测设备和主要功能如下。

（1）无线电探空仪

无线电探空仪是能够测定自由大气各高度的气象要素，并将气象情报用无线电信号发送到地面的遥测仪器。由于无线电探空仪是在上升（或下降）过程中测量的，大气要素随高度变化有较大的变化，要求无线电探空仪的感应元件的灵敏度高、准确度高，感应快，量程大，仪器整体体积小、质量轻、牢固可靠，能经受风云雨雪和高空强辐射的影响。依据测量内容的不同，可分为常规无线电探空仪和特种无线电探空仪。

常规无线电探空仪借助探空气球携带升空，是测量对流层、平流层气象要素的主要仪器。它由感应元件、转换器和发射装置三部分组成。感应元件感应大气温度、气压、湿度等参数，采用变形元件（双金属片、空盒）和电子元件(热敏电阻、空盒、湿敏电阻或电容)两类。转换开关轮流将感应元件依次接入变换器,将气象信息变换成电信号。中国制常规无线电探空仪的变换器采用电码式和变低频式两种,发射装置是一个高频或超高频发射机,以载波方式将气象信息发送到地面。

特种无线电探空仪是在常规无线电探空仪的基础上,根据不同的目的(如测定臭氧、平流层露点、各种辐射通量、大气电场,监视低层大气污染等)或不同的仪器施放方式(如气球升空或气象飞机、气象火箭、定高气球下投等)派生的仪器,如臭氧探空仪、火箭探空仪等。

(2)中间层-平流层-对流层雷达

中间层-平流层-对流层(mesosphere-stratosphere-troposphere,MST)雷达是一种工作在 VHF 频段的大气层观测专用无线电探测雷达,主要用于中间层、平流层和对流层中性大气风场和气体分子分布的观测。进行中性大气时空变化研究,可以为战时设备系统和平流层飞艇等的运行提供背景参数,保证设备系统的运行,并直接为临近空间大气环境变化的动力学过程监测和分析提供技术数据。

2011年,我国利用子午工程在北京建成了 MST 雷达。该雷达采用全固态数字阵列脉冲多普勒体制,是我国首台可实现大气高、中、低层风场探测的功率孔径积最大的相控阵雷达。其设计先进,兼有无线电测距和多普勒测速功能的优点,并且在天气恶劣的情况下仍可以进行观测,解决了全天时、全天候监测中低层大气风场的世界性难题。

(3)中频雷达

中频雷达利用中频或高频信号在电离层 D 区和 E 区的吸收来测量电离层的电子密度和等效碰撞频率,利用分立天线布阵技术还可以探测中性大气风场。

中国科学院(以下简称"中科院")空间中心廊坊站的车载中频雷达采用了空间分布天线技术、模块化设计和全固态功率合成技术,发射功率高达64kW,探测高度为 60~100km,高度分辨率为 2km,时间分辨率为 2min。

(4)流星雷达

流星雷达通过发射 VHF 波段的无线电波接收低电离层高度(100km左右)由流星与大气摩擦烧蚀产生的流星尾迹的反射回波,可获得在 70~110km 高度的大气风场等各种环境参数。

(5)激光雷达

双频激光雷达系统利用钠共振荧光激光雷达技术探测钠层的密度分

布,利用瑞利散射激光雷达技术探测平流层至中层大气的温度垂直分布廓线,利用拉曼-米散射激光雷达探测对流层和平流层大气气溶胶的消光系数垂直分布廓线。

子午工程北京延庆观测站的雷达为双波长三通道激光雷达,可同时获得近地面至 110km 的大气后向散射回波信号,通过反演可以得到地球空间环境的中高层大气的密度、温度、钠层密度等大气参数。低空拉曼米散射激光雷达的探测范围为从近地面到 30km;高空瑞利散射的探测范围为 30～80km,高空钠层荧光的探测范围为 80～110km。2009 年 12 月,该系统成功获取了米散射、瑞利散射和钠荧光三通道后向散射的回波信号。

(6) 非相干散射雷达

非相干散射雷达向高空电离层发射强功率脉冲信号,接收电离层散射回波的电子密度、电子温度、离子温度、离子成分、等离子体速度等参数。

美国麻省理工学院的磨石山(Millstone Hill)观测站,是国际上久负盛名的电离层非相干散射的探测与研究基地,是美国国家自然科学基金委管辖的 4 个非相干观测站之一,拥有美国本土唯一的非相干散射雷达。该观测站自 20 世纪 70 年代开始,至今已有近 50 年的连续观测记录,并据此建立了庞大的数据库,发展了强大的数据库软件管理系统(Madrigal),提供在线数据提取平台。该平台已发表了一批关于中纬、亚极光区电离层特性的经典文献,对电离层的研究有重大的贡献。2002 年,该平台与中科院武汉物理与数学研究所进行长期合作、数据共享,包括长期无偿使用其积累的历史资料和所有未来资料,并合作建立磨石山数据武汉镜像网站。目前,Madrigal 软件系统和服务器也已经在中国科学院武汉物理与数学研究所成功建设,设于麻省理工学院的 Madrigal 总服务器也已经将该所的镜像服务器正式列入其系列。

2012 年,子午工程在云南曲靖建成了我国第一台非相干散射雷达,其峰值功率为 2MW,平均功率为 100kW,工作频率为 500MHz。

(7) 高频相干散射雷达

高频相干散射雷达可以监测极区电离层场向排列的不均匀体及其运动,探测参数包括雷达回波强度、电离层对流速度、速度谱展宽,主要用于探测极区电离层对流和等离子体不均匀体的形成、演化等过程。

(8) 利用 GNSS 等导航数据进行掩星探测

地球无线电掩星探测主要利用正在被大气遮掩的 GPS 卫星信号。当导航星发射的信号穿过地球电离层和大气层到达接收设备时,由于电波垂直折射指数变化,路径出现弯曲,引起附加信号延迟,由附加载波相位变化可以计算掩星剖面大气的折射率和电离层的折射率,进而得到气温、气压和水汽的分布(0~60km),以及电离层电子的密度分布(80~800km)。地球无线电掩星探测具有全球分布、全天候、高垂直分辨率、高精度、高长期稳定性等诸多优点。正是这些优点使相关领域正在迅速发展,目前已有十几个掩星探测计划。

我国于 2003 年 10 月在山西五台山(海拔约 2880m)进行了国内首次 GPS 掩星实验,成功获取了掩星数据。

中国科学院空间中心在国际上首次成功研制了兼容"北斗"和 GPS 的掩星探测仪,于 2013 年 9 月 23 日在太原卫星发射中心搭载"FY-3C"卫星发射升空,9 月 29 日成功接收"北斗"掩星信号,这是国际上首次接收到的"北斗"掩星信号。此外,GNOS 掩星探测仪还同时实现了国内首次星载 GPS"L2C"信号的接收,探测能力达到了国际同类仪器的先进水平。GNOS 掩星探测仪实现了 GPS 和"北斗"双系统兼容的大气和电离层探测,每天可以接收到的掩星事件多达千次,获得了上千幅大气和电离层的剖面图。

(9) 空间碎片雷达监测

空间碎片地基雷达观测一般采用脉冲精密测量雷达或相控阵雷达。脉冲雷达是一种机械扫描雷达,利用抛物面反射天线机械控制波束定向,一般用于卫星和大尺寸空间碎片的观测。相控阵雷达是采用相控阵天线的电子雷达,不同于依靠改变天线瞄准方向来改变波束指向的机械扫描雷达,它通过数字电子技术来改变辐射器的相位,使雷达能有效地实现对地球低轨道大尺寸空间碎片的探测。

使用地基雷达观测远距离的小型物体时,由于受到地面杂波和大气损耗的影响及自身功率和工作波长的限制,一般很难实现。

通过地基雷达探测空间碎片是一种重要方式,美国和俄罗斯都有自己的空间碎片雷达探测网。美国一直在使用"Haystack"、"HAX"(Haystack Auxiliary)和"Goldstone"雷达探测空间碎片,其中"HAX"和"Goldstone"雷达可以提供尺寸为 0.5cm 的空间碎片环境统计图。俄罗斯的雷达探测系统能对 30cm 以下尺寸的空间碎片进行测量。另外,德国的跟踪成像雷达 (tracking and imaging radar, TIRA) 也具有较高的探测能力,能够观测 500km 高空 2cm 大小的空间物体。

（10）小型电离层光度计探测

小型电离层光度计（tiny ionospheric photometer，TIP）搭载在低轨卫星上，可观测卫星高度以下距地表约 250km 高度的电离层的 1356Å 大气辉光，由于 1356Å 波段的光强度梯度正比于电离层最大电子密度的平方，经反演可计算沿卫星对着地球方向的电子密度总量，得到高空间分辨率的电离层电子密度水平梯度变化。"COSMIC"卫星搭载有 TIP，可以进行电离层探测的反演。

TIP 有多种滤光镜模式，并设计有闭合孔洞、低感度、高感度等。转动镜盘可测量、校正仪器的大气背景并可适用于不同纬度地区电离层的夜空观测。

TIP 作为小型、轻型和智能传感器，可用于顶部气辉探测且具有较高的灵敏度。光度计测量数据可用于电离层梯度、电离层/热层形态学和垂直电子含量/总电子含量估计、辅助三频信标、GNSS 掩星联合反演，以便数据同化。

（11）远紫外成像光谱仪

搭载于地球极轨卫星上的远紫外成像光谱仪是天基电离层探测的一个有力工具，通过对穿轨方向的扫描成像，远紫外成像光谱仪可以在一个回归周期内获取地球电离层天底方向和临边方向全球的远紫外图像，具有很好的空间覆盖性和时间连续性。在高度为 60~400km 的电离层大气中，波长在 120~180nm 的远紫外波段的吸收与辐射较为强烈，并且拥有非常多的易于辨认的特征谱线。通过对电离层大气中 O、N_2 和 H 等主要粒子受激产生的远紫外气辉和极光的全球范围观测，可以了解这些粒子的含量，进而反演氧原子和氮分子的比例（O/N_2）、电子密度剖面（EDP）、电子浓度总量和电离层大气温度、密度等环境参数，搭载远紫外成像光谱仪的卫星有"IMAGE""TIMED""DMSP F17"等。

电离层中远紫外辐射的特殊性使对其进行探测的仪器也与其他遥感仪器有所区别，主要表现在仪器光学系统和探测器两大关键部分。为了提高仪器对远紫外波段的响应度，要求接收的光学系统具有最大的光学传输效率，同时为了实现成像功能，需要光学系统尽量消除像差影响，提高空间分辨率。

电离层成像光谱仪的基本光学结构包括以离轴抛物镜为望远镜的前置光学接收系统和反射式光栅光谱分光系统。采用镜片数量尽可能少的反射式系统是为了提高信号的收集能力，但同时为保证成像所需的空间分辨率，还需反射式系统有一定的纠正像差的能力，这就要求在设计时必须在传输效率和分辨率之间做一个折中。

光电成像探测器可以分为光电导型和光致发射型两类。前者通过半导体衬底吸收光子能量发生光电转换和电导过程来成像,典型的代表器件为电荷耦合器件(charge couple device,CCD)和互补金属氧化物半导体(complementary metal-oxide semiconductor,CMOS)器件,其特点是空间分辨率高、波长响应范围宽,适用于可见波段。后者通过光电阴极的光电转换作用成像。

3.3 太空环境探测增强算法

获取太空环境探测数据是感知的基础,但信息量有限,难以生成关联天区的三维太空环境要素分布和精细化扰动信息,需借助太空环境数据增强算法实现时空反演、区域外推、信息关联等,依托有限的太空探测数据,将其通过数据同化融合、数值反演、环境模型匹配等技术扩展至太空全域时空,实现对环境状态分布和扰动信息的精细化呈现。

3.3.1 探测增强算法

为充分利用现有数据构建全球三维环境态势信息,需通过一定的融合算法,从数据时空方面增强环境信息的连续性、多维性,形成更可靠、更准确、更全面的全球环境状态信息。通常用于数据处理的方法包括数据插值、神经网络、数据同化和人工智能等。

1) 数据插值

数据插值的常用方法为线性插值,它是针对一维数据的插值方法,是根据一维数据序列中需要插值的点的左右临近两个数据来进行的数值估计。当然,它不是求这两个点数据大小的平均值(在中心点时就等于平均值),而是根据到这两个点的距离来分配比重,其原理示意如图 3-45 所示。

在图 3-45 中,假设已知坐标(x_0, y_0)与(x_1, y_1),要得到$[x_0, x_1]$区间内某一位置 x 在直线上的值。根据图中所示,可以得到两点式直线方程:

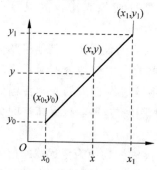

图 3-45 数据插值原理示意图

$$\frac{y - y_0}{y_1 - y_0} = \frac{x - x_0}{x_1 - x_0} \tag{3-2}$$

假设方程两边的值为 α，那么这个值就是插值系数——从 $x_0 \sim x$ 的距离与从 $x_0 \sim x_1$ 距离的比值。由于 x 已知，可以从公式得到 α：

$$\alpha = \frac{x - x_0}{x_1 - x_0} \tag{3-3}$$

同样，

$$\alpha = \frac{y - y_0}{y_1 - y_0} \tag{3-4}$$

这样，在代数上就可以表示为

$$y = (1 - \alpha)y_0 + \alpha y_1 \tag{3-5}$$

或者

$$y = y_0 + \alpha(y_1 - y_0) \tag{3-6}$$

这样，通过 α 就可以直接得到 y。实际上，即使 x 不在 $x_0 \sim x_1$ 且 α 也不在 $0 \sim 1$，这个公式也是成立的。在这种情况下，该方法被称为"线性外插"。

已知 y 求 x 的过程与以上相同，只是 x 与 y 要进行交换。

线性插值经常用于已知函数 $f(x)$ 在两点的值，要近似获得其他点数值的情况，这种近似方法的误差定义为

$$R_T = f(x) - \rho(x) \tag{3-7}$$

式中，ρ 表示上文定义的线性插值多项式：

$$\rho(x) = f(x_0) + \frac{f(x_1) - f(x_0)}{x_1 - x_0}(x - x_0) \tag{3-8}$$

根据罗尔定理可以证明：如果 $f(x)$ 有二阶连续导数，那么其误差范围是

$$|R_T| \leqslant \frac{(x_1 - x_0)^2}{8} \max_{x_0 \leqslant x \leqslant x_1} |f'(x)| \tag{3-9}$$

由上可知，函数上两点之间的近似性随着所近似的函数的二阶导数的增大而逐渐变差，函数的曲率越大，简单线性插值近似的误差也越大。

2）神经网络插值

人工神经网络作为解决非线性问题强有力的工具，受到越来越多关注，其中有关神经网络插值及其对非线性动力系统逼近能力的研究是人工神经网络研究的热点之一。为模拟神经系统感受刺激信号，神经网络引入了数学神经元的概念，目前常见的神经元激活函数包括阶跃函数、Sigmoid 函数、ReLU 函数等。

利用神经网络进行插值，即利用神经网络构建深层网络，其在数学上可

以视为一个映射：

$$F : R^n \to R^m , (x_1 , \cdots , x_n) \quad \to \quad F(x_1 , \cdots , x_n) = (y_1 , \cdots , y_n)$$

(3-10)

当 $m=n=1$ 时，F 便是最简单的一元函数 $y=F(x)$，图 3-46 为其表征的单输入单输出三层前向神经网络。设各神经元 $f_i (i=0,1,2,\cdots,n+1)$ 的激活函数为 $\varphi_i (i=0,1,2,\cdots,n+1)$；设 f_0 到 $f_1,\cdots,f_n$ 的权值为 1；$f_1,\cdots,f_n$ 到 f_{n+1} 的权值为 $w_1,\cdots,w_n$；x 对 f_0 的权值为 1；φ_0 和 φ_{n+1} 均取恒等函数 $\varphi(u)=u$。

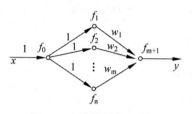

图 3-46 神经网络示意图

因此，上述神经网络的输出为

$$
\begin{aligned}
F(x) = y &= f_{n+1}(f_1(f_n(x)), f_2(f_0(x)), \cdots, f_n(f_0(x))) \\
&= f_{n+1}(f_1(x), f_2(x), \cdots, f_n(x)) \\
&= f_{n+1}(\varphi_1(x), \varphi_2(x), \cdots, \varphi_n(x)) \\
&= \varphi_{n+1}\Big(\sum_{i=1}^{n} \varphi_i(x) w_i\Big) \\
&= \sum_{i=1}^{n} \varphi_i(x) w_i
\end{aligned}
$$

(3-11)

不难看出，其基本与插值函数具备了相同的形式，适当选择基函数 $\varphi_1,\cdots,\varphi_n$，就能决定某类插值函数。

由此可知，人工神经网络的学习功能就是实现对权值 w_i 的调整。从插值角度来看，即设法令 w_i 与 $f(\theta_i)$ 充分接近（θ_i 为神经元本身的阈值），使插值函数尽可能逼近理想中的目标函数。

3）数据同化

在地球物理学领域，数据同化（data assimilation）就是利用物理特性和时间演变定律的一致性约束，将观测信息加入模式状态中的一种分析技术。简单地说，数据同化就是利用一系列约束条件将观测信息加到模式中，更改模式的初始状态，使其和观测更为接近（尽可能地接近真实大气状态），达到更好的预报效果，提高空间分解力、清晰度和数据利用率，减少模型的模糊度。目前对于栅格数据融合的水平分类主要有：

（1）数据级

数据级是一种低水平的融合，经过预处理的多源数据直接同化，并根据需要对数据特征进行提取。主要算法包括代数运算、高通滤波法、HIS 变换法、主成分分析法、分量替换法和小波分析法等。数据级的优点是尽可能多地保存了信息量,具有最高精度,但处理信息量大、实时性差、对数据源要求较高。

（2）特征级

特征级是一种中等水平的融合,先提取各类数据源的特征,再进行融合。主要算法包括贝叶斯估计、神经网络、聚类分析、熵法、加权平均法、表决法等。特征级的优点是融合的结果最大限度地给出了决策分析所需要的特征,但精度有所损失。

（3）决策级

决策级是最高水平的融合,首先对每一个数据进行属性说明,然后对其结果进行融合,以便根据一定准则和决策的可信度得到最优决策。主要算法包括人工神经网络、D-S 算法、模糊逻辑法等。决策级的优点是容错性强,但实现难度较大。

最早的矢量数据同化研究始于 20 世纪 80 年代,美国地质测量局和人口调查局合作进行了世界上第一个地图制图自动融合系统,之后各国也开展了很多研究。矢量数据融合指将同一位置不同来源的空间数据采用不同方法重新组合,统一对象的分级和属性,实现太空环境数据信息的扩充。目前的主要做法是先进行空间数据模型的融合,然后进行几何位置纠正,最后对数据对象各要素重新分类组合、统一量值。

4）人工智能

人工智能是指利用机器学习等方法来模仿、扩展和延伸人的智能,其长期目标是使机器达到人类的智力水平。人工智能包括认知建模、知识表示、自动推理和机器学习等多个分支,其中机器学习是目前研究的核心问题之一,是人工智能理论研究和实际应用中非常活跃的领域。机器学习主要通过研究人类学习过程中的特点,建立学习的理论和方法,并将其应用于计算机,使其获取新的知识和技能,从而提高现有计算机求解问题的能力。根据学习方式可将机器学习分为监督学习、无监督学习、半监督学习和强化学习等。监督学习是指利用有对应标签的样本数据训练算法模型,将模型结果与训练数据的标签进行比较,从而不断调整分类器的参数,使模型达到预期性能的过程,这类机器学习算法常被应用于分类和回归问题。在无监督学习中,训练样本是无标签的,模型的训练目标是通过对数据的学习推断出训练样本间的内在规律,常被用于数据挖掘。半监督学习是使用大量的未标记数据和部分标记数据来进行模式识别工作,这种学习模型可应用于预测、分类和回归等问题。强化学习的输入数据用于进行自我训练,模型需要根据环境给出的正反馈或负反馈做出调整,从而达到有效决策或做出某种特定行为的算法目标,一般应用于机器人控制或动态系统等领域。

常用的机器学习方法包括回归分析、支持向量机(support vector machine,SVM)和神经网络。深度学习是神经网络发展出来的一个新领域。其实质是通过海量的训练数据,构建具有多层网络结构的机器学习模型,并从众多数据中学习有用的特征,以最终提升其分类或预测的准确性。卷积神经网络(convolutional neural network,CNN)和循环神经网络(recurrent neutral network,RNN)是目前深度学习中最常用的两种网络结构。其本质是一个多层感知机,由卷积层和池化层(子采样层)构成,可以对三维输入数据(图像)进行特征抽取。卷积层中的神经元局部连接、共享权值,降低了特征提取过程的复杂性和涉及的参数数量。该优点在网络的输入是多维图像时表现得更为明显,使图像可以直接作为网络的输入,避免了传统识别算法中复杂的特征提取和数据重建过程。循环神经网络是处理序列数据的模型,它引入了定向循环的结构,可以解决全连接的深度神经网络无法对前后关联的时间序列的变化进行建模的问题,从时间长度和序列长度上来讲,循环神经网络是时间尺度上的深度学习神经网络。由于循环神经网络难以学到远距离的信息,同时为了改善其参数优化过程中的梯度爆炸问题,长短期记忆(long short-term memory,LSTM)神经网络开始发展起来。该网络拥有解决长期依赖问题的能力,与传统的前馈神经网络和循环神经网络相比有一定优势。

随着空间观测方法和探测能力的快速发展,丰富的各类太空环境数据得以获取,为人工智能技术应用在太空环境预报及相关工作提供了坚实的数据基础。

(1)太空环境数据处理与规范化

当前的空间天气数据存在归一化和标准化的问题,需要进行数据补全、数据标签和数据清洗等工作,建立机器学习需要的规范、完整、标准的数据集。

(2)空间天气现象的智能检测和特征提取

从时序、图像、视频等海量数据中快速智能检测出重要的空间天气现象,并利用机器学习自动提取已构建的物理特征参量和额外丰富的特征参数,作为机器学习预报建模的基础数据。

(3)空间天气事件和指数机器学习预报研究

综合利用太阳、行星际和地球空间环境机器学习数据集,充分挖掘不同参量之间的耦合关系和时间响应特征,开展太阳活动指数、地磁活动指数、太阳耀斑、质子事件、太阳风、高能粒子等指数和参数的预报研究。

(4)基于自主观测的太空环境分布实时重构和预报

基于我国自主卫星观测数据,研究辐射带三维重构的机器学习模型。利用子午工程、太空环境监测网等地基数据,进行中国区域地磁扰动分布和区域总电子含量预报的智能建模。

(5)智能化太空环境预报系统

发展智能化太空环境预报人机交互系统,利用语音识别、手势识别等新型智能人机交互技术,提供多元、友好的人机交互方式,从而更方便用户的操作和使用。

3.3.2 算法应用示范

生成全天域太空环境状态快视信息是感知的基础,在有限点探测数据的基础上,需依托诸多重要的物理模型实现环境状态的全维监视,如电离层、辐射带、太空大气等动态模型,日地能量耦合传输模型等。

电离层广泛分布在近地空间,受太阳风暴、地磁场、电离层人工加热等影响变化剧烈,传统电离层的探测数据包括地基台站(固定位置)、GNSS探测(集中在陆地范围)、掩星探测(与卫星轨迹有关)、天基遥感成像(覆盖星下轨道位置)等,均很难实现全球、全空域覆盖,难以反演人工电离层干扰等环境信息。当电离层三维模型的时空分辨率足够高时,生成的态势信息才能支撑雷达电离层修正等。因此,发展多源数据融合的电离层三维精细化快速模型是关键。在建立模型的过程中,拟采用大规模多台站GNSS观测数据预处理、多星座GNSS卫星和接收机硬件延迟与电离层系数联合估计、基于数字测高仪自动判读数据的电离层背景参量驱动方法、基于天基掩星数据融合的电离层总电子含量地图更新方法、重点区域电离层ROTI指数地图映射方法、基于数据驱动的三维时变电离层电子密度剖面重构等,同时需发展磁层-电离层-热层扰动能量耦合等技术。

随着计算机硬件性能的飞速提升,特别是卫星电离层探测技术的发展,针对不同的业务保障对电离层快视的需求,三类电离层特征参量快视技术(电离层层析成像技术(computerized tomography)、电离层数据驱动技术(data ingestion)和电离层数据同化)在理论和应用方面均取得了极大进展。电离层层析成像技术方向最典型的技术成果为英国巴斯大学研制的多手段电离层层析成像系统(multi instrument data analysis system,MIDAS),该系统引入了国际上最新的电离层层析技术,具有非常高的运行稳定性和反演精度,能够给出大范围区域内电离层的总电子含量和电子密度分布信息;电离层数据驱动技术领域最为重要的成果即 NeQuick G 模型,该模型目前已被采纳为欧洲"伽利略"卫星导航系统的电离层单频修正模型,该模型的精度相比现有 GPS 系统的"Klobuchar"模型有极大提升;数据同化领域最为成功的例子有美国海军实验室支持研发的三/四维电离层数据同化模型(ionospheric data assimilation three/four-dimensional,IDA3/4D),喷气推进实验室、南加州大学和犹他州立大学研制的 JPL/USC GAIM 和 USU GAIM 全球电离层数据同化模型等,其中 USU GAIM 模型已经在美国空军气象中心实现了业务化运行,极大提升了美国的空间天气保障能力。

1)电离层层析成像

电离层层析成像(电离层 CT)的过程是利用电离层电子密度积分量即总电子含量反演得到电离层电子密度的过程。电离层的总电子含量为电子密度沿信号传播路径上的积分:

$$\text{TEC}_i = \int_{s_i} N_e(\boldsymbol{r},t)\,\mathrm{d}s \tag{3-12}$$

式中,N_e 为卫星与接收机间信号传播路径上的电离层电子密度;$\boldsymbol{r}$ 是由经度、纬度和高度组成的位置向量;t 为时间;s 为卫星和接收机之间信号的传播路径。

为了计算机处理方便,通常对反演区域空间进行离散化处理。由于卫星信号的频率较高,故忽略信号的弯曲效应,而将传播路径近似为直线。基于级数展开法,选择特定的基函数(basis function)b_j 表征电离层电子密度的变化:

$$N_e(\boldsymbol{r},t) \approx \sum_{j=1}^{J} x_j(t) b_j(\boldsymbol{r}) \tag{3-13}$$

式中,$x_j(t)$ 为级数展开后基函数的系数,$j = 1, 2, \cdots, J$。

将式(3-13)代入式(3-12),斜向电离层总电子含量可进一步展开为

$$
\begin{aligned}
\text{TEC}_i(t) &= \int_{l_i} \sum_{j=1}^{J} x_j(t) b_j(\boldsymbol{r})\,\mathrm{d}s \\
&= \sum_{j=1}^{J} x_j(t) \int_{l_i} b_j(\boldsymbol{r})\,\mathrm{d}s \quad (i = 1, 2, \cdots, M)
\end{aligned} \tag{3-14}
$$

式中,M 代表参与层析的斜向电离层总电子含量观测数据的数目,将式中的积分项由 A_{ij} 代替,则有

$$\mathrm{TEC}_i(t) = \sum_{j=1}^{J} A_{ij} x_j + \varepsilon_i \tag{3-15}$$

式中,ε_i 表示第 i 条射线路径的离散误差和观测噪声。选用像素基函数,J 即离散化网格总数,即

$$b(r) = \begin{cases} 1, & r \in 像素 \\ 0, & 其他 \end{cases} \tag{3-16}$$

将式(3-16)代入式(3-15)有

$$A_{ij} = \Delta s_{ij} \tag{3-17}$$

式中,Δs_{ij} 表示第 i 条射线传播路径在第 j 个网格内的截距。当射线穿过该网格时,$A_{ij} = \Delta s_{ij} \neq 0$;而当网格内没有任何信号穿越时,$A_{ij} = \Delta s_{ij} = 0$。

将式(3-15)以矩阵方程的形式表示:

$$d_{m \times 1} = A_{m \times J} x_{J \times 1} + e_{m \times 1} \tag{3-18}$$

式中,d 为 $m \times 1$ 列的电离层总电子含量向量;A 矩阵为所有射线在层析离散化网格内的截距;x_j 为第 j 个网格的电子密度;e 为 m 条观测噪声和离散误差组成的 M 维列向量。

相比于待求解的未知电子密度的数目,卫星与接收机间独立的观测数据不足,因此电离层 CT 技术在重构电离层电子密度时,部分层析网格内没有任何射线穿越。这就意味着基于电离层 CT 技术的电子密度重构是一个秩亏问题。为获得电离层 CT 层析稳定的解,需要满足最小偏差和最小范数两个原则。最小偏差原则确定一簇最近的近似解,而最小范数原则在这一簇解中选择范数最小的解作为问题的最终解,分别有

$$\min \| Ax - d \|_2 \tag{3-19}$$

$$\min_{x \in S} \| x \|_2, \quad S = \{x \in R^J \mid \min_x \| Ax - d \|_2\} \tag{3-20}$$

按照这一思路,在电离层 CT 过程中施加平滑约束可以在一定程度上克服反演过程中的秩亏问题。然而,施加约束虽然克服了电离层 CT 中的秩亏问题,但是该反演问题却呈现病态特征,使电离层 CT 反演的电子密度结果对测量结果十分敏感,出现了不稳定的特征。许多学者针对这一问题提出了很多电离层 CT 反演算法,以获得电子密度反演的稳定唯一解。其中,常用的算法可分为六类,即傅里叶变换算法、卡尔曼滤波算法、正交分解型算法、线性代数重构算法、随机反演法和正则化算法。

(1)傅里叶变换算法

傅里叶变换算法的理论基础是投影定理,其变换过程是严格的线性过程,特别适用于利用特定的模式值来补充数据缺失对成像过程造成的影响。

傅里叶变换算法一般只在层析成像的理论分析中使用,在实际观测数据处理中应用得较少。对于完整投影,应用傅里叶变换算法得到的解与代数算法得到的解是相同的。由于电离层层析成像系统本身存在接收机布设不均匀、接收机数量稀少和视角有限等限制,直接应用傅里叶变换算法难以得到理想的结果。此外,变换算法还存在运算所需的时间较长和存储空间需求过大等不足,直接限制了算法的应用。

（2）卡尔曼滤波算法

卡尔曼滤波是在线性无偏最小方差估计原理下推导得到的一种递推滤波方法,它在很多电离层研究领域应用广泛。在确定了电离层层析系统的初始状态后,卡尔曼滤波算法无需存储大量的历史观测数据,仅仅借助层析系统本身的状态方程,根据 $t-1$ 时刻的电子密度的状态估计值和 t 时刻的电离层总电子含量的观测值即可推算新的电子密度状态估计值,非常适合实时处理。

然而,在将经典卡尔曼滤波技术应用于电离层层析成像时,也存在一些困难:①卫星观测中的动态噪声和观测噪声难以准确获得;②由于计算误差和观测粗差的存在,卡尔曼滤波存在发散的问题。

（3）正交分解型算法

电离层 CT 问题涉及两个空间:图像空间和投影空间。基于此,正交分解型算法的基本思想如下:首先将图像空间的基函数投影到投影空间,再利用正交分解法得到相应的投影空间中的一组正交基;然后利用这组正交基将测量数据展开,最后将得到的展开系数变换到图像空间,即可得到图像空间基函数的展开系数,从而获得重构的电子密度图像。

正交分解型算法通过研究投影矩阵的投影行为计算矩阵的零投影空间和垂直于零空间的投影空间,从而将图像向量分割为两个独立的部分:可观测部分和不可观测部分。不可观测部分可视为投影矩阵的“盲区”,可观测部分可通过 SVD 奇异值分解法获得。用一组由经验电离层模型得到的图像向量作为基函数,可对图像的可观测部分进行拟合;进而把由此得到的图像向零投影空间投影,即可得到图像的不可观测部分,从而完成电离层 CT 成像。由于测量噪声等因素的影响,可观测部分和不可观测部分难以有效区分,从而造成解存在较为严重的不稳定性,导致正交分解型算法的应用较少。

（4）线性代数重构算法

在电离层 CT 进行电子密度的反演时,使用较多的就是线性代数重构算法,其中又有多种方式的线性代数算法可用于求解方程。迭代类重构解法是代数重构算法的常用方式,行作用技术是迭代处理方法的一种。它对初始估计的解进行反复修正,直到满足设定迭代终止条件为止,每一次修正针对一个方程进行。线性代数重构算法比较节省计算机内存资源且编程实现简单,应用非常广泛。综合而言,应用最广的要数加法类代数重建法(如代数重建算法)和乘法类代数重建法(如乘型代数重建算法等)。

（5）随机反演法

随机反演法是贝叶斯估计理论在电离层CT中的应用。该理论将电离层CT中的测量值、待求量和背景模型误差看作随机变量(例如满足高斯分布),通过事先估计测量值、待求量、背景模型的误差协方差,获得满足最大后验概率密度分布的电离层电子密度值。从最大后验概率密度观点出发所发展起来的随机反演方法的突出优点在于,在保证反演解的稳定性的前提下,最大限度地提高了反演解的分辨率。随机反演法在地震波反演、石油储层预测等领域应用较多。由于每次反演背景模型待求量的误差协方差均有不同,难以计算得到,一般只能凭经验估计,影响求解质量,因此随机反演法适合电离层历史观测资料较为丰富的区域。

（6）正则化算法

电离层CT本质上是一个逆问题,其求解面临的困难是不适定性,主要体现在近似解的不稳定性。正则化算法是求解不适定性问题的一类普遍方法。电离层CT正则化算法中有一类常用的奇异系正则化算法,该类算法由于不需要对算法添加初始值假设,可以在很大程度上消除迭代类算法对初始值过于依赖的问题。该类方法比较常用的有吉洪诺夫正则化(Tikhonov regularization)、广义奇异值分解(generalized singular value decomposition, GSVD)、截断奇异值分解法(truncated singular value decomposition, TSVD)等。这些算法通过在电离层层析系统中施加约束条件,截断过小的奇异值等方法来克服解的不唯一性和病态性问题,从而使反演结果稳定。正则化方法特别适合结合模式化基函数以观测数据较为稀疏的区域,用于电离层CT方程的求解。但单纯使用正则化算法获取的电离层电子密度较为平滑,从而无法获取一些较小尺度的电离层特征。

2）电离层数据驱动

数据驱动(data ingestion)技术在广义上属于数据融合一种,其基本原理是利用数学上的参数最优化理论,通过对气候学模型驱动参量进行驱动更新,使观测数据与观测模型输出参数间的误差最小,从而实现将观测数据融入对应观测模型中的目的。数据驱动的主要目标函数为

$$(\hat{x}_1, \hat{x}_2, \cdots, \hat{x}_n) = \operatorname*{argmin} \sum_{i=1}^{M} (\mathrm{ION}_{\mathrm{mod},i}(x_1, x_2, \cdots, x_n) - \mathrm{ION}_{\mathrm{obs},i})^2$$

$$(3\text{-}21)$$

上述目标函数可以简化为

$$Y = Y(X) \tag{3-22}$$

式中，$Y = \sum_{i=1}^{M} (\mathrm{ION}_{\mathrm{mod},i}(x_1, x_2, \cdots, x_n) - \mathrm{ION}_{\mathrm{obs},i})^2$，为一个含有 n 个驱动量的观测列向量，$X = (x_1, x_2, \cdots, x_n)$ 为模型的驱动参量，$\mathrm{ION}_{\mathrm{mod},i}(x_1, x_2, \cdots, x_n)$ 为模型在指定驱动参量下的参量输出，$\mathrm{ION}_{\mathrm{obs},i}$ 为实际观测值。

当数据驱动的背景模型采用简单的线性方程时，目标函数表现为线性最小二乘问题；当数据驱动的背景模型采用复杂的经验或物理模型时，目标函数为非线性方程，需要先将非线性方程进行线性化，再利用迭代最小二乘法求解。

令 $X_{i/0}$ 为电离层模型驱动参数进行 i 次迭代后的估计值，将方程在 $X_{i/0}$ 处展开，有

$$Y = Y(X_{i/0}) + \left(\frac{\partial Y}{\partial X}\right)_{x_0 = x_{i/0}} (X - X_{i/0}) + o((X - X_{i/0})^2) \tag{3-23}$$

令雅可比矩阵 $H = \left(\frac{\partial Y}{\partial X}\right)_{x_0 = x_{i/0}}$，同时略去高阶项 $o((X - X_{i/0})^2)$ 可以得到

$$y = Hx + v \tag{3-24}$$

根据最小二乘估计值原理，可以得到 x_0 最优估计值：

$$\hat{x} = (H^{\mathrm{T}} H)^{-1} H^{\mathrm{T}} y \tag{3-25}$$

经过多轮迭代，数据驱动对应的电离层模型最优化驱动参数为

$$X_{(i+1)/0} = X_{i/0} + \hat{x} \tag{3-26}$$

对于电离层模型的数据驱动而言，其主要的驱动参量一般包括两大类：①电离层模型的控制参数，包括太阳辐射指数（R_{12} 或 $F_{10.7}$ 等），地磁指数（Kp、Ap、AE 等）、极区粒子沉降功率等；②电离层模型中涉及的建模系数，例如 Klobuchar 模型中的 8 个拟合参数，"北斗"系统改进的 Klobuchar 模型中的 14 个拟合参数、CODE 全球电离层地图中的球谐模型的 256 个拟合参数，IRI/NeQuick 模型对 foF_2 和 $M(3000)F_2$ 建模过程中调用的 CCIR 系数等。用于模型吸收的观测数据主要为电离层的各类特征参量，如 TEC、NmF_2、hmF_2 等。

（1）数据驱动重构 Klobuchar 模型延迟修正参数

为满足 GPS 系统单频电离层延迟修正的需要，1987 年 Klobuchar 提出了一种能有效修正单频导航接收机电离层影响的方法，即 8 参数 Klobuchar 模型修正法。但 Klobuchar 模型对夜间电离层和电离层随纬度的变化处理过于简化，导致模型精度受限。我国"北斗"卫星导航系统针对模型的不足将其改进为 14 参数修正模型：

$$I_i^j = \begin{cases} 5 + A_1 + Bt, & 0 \leqslant t \leqslant 21\,600 \\ 5 + A_1 + B(t - 72\,000) + A_2 \cos\left(\dfrac{2\pi(t - A_3)}{A_4}\right), & 21\,600 < t < 72\,000 \\ 5 + A_1 + B(t - 86\,400), & 72\,000 \leqslant t \leqslant 86\,400 \end{cases} \tag{3-27}$$

式中，$A_1 = 5 \times 10^{-9}$ s 代表夜间的电离层延迟，白天电离层延迟余弦曲线的幅度用系数 α_n 计算：

$$A_2 = \begin{cases} \sum_{n=0}^{3} \alpha_n \varphi_m^n, & A_2 \geqslant 0 \\ 0, & A_2 < 0 \end{cases} \tag{3-28}$$

式中，φ_m 为穿刺点（ionospheric pierce point，IPP）的地磁纬度，单位为半周（π）。A_3 为余弦函数的初始相位，对应于曲线极点的地方时，可用系数 γ_n 求得：

$$A_3 = \begin{cases} 50\,400 + \sum_{n=0}^{3} \gamma_n \varphi_m^i, & 43\,200 \leqslant A_3 \leqslant 55\,800 \\ 43\,200, & A_3 < 43\,200 \\ 55\,800, & A_3 > 55\,800 \end{cases} \tag{3-29}$$

A_4 为余弦曲线的周期，可用系数 β_n 求得：

$$A_4 = \begin{cases} \sum_{n=0}^{3} \beta_n \varphi_m^n, & A_4 \geqslant 72\,000 \\ 72\,000, & A_4 < 72\,000 \end{cases} \tag{3-30}$$

为了播发电离层修正系数，"北斗"系统的主控站需要采用数据驱动技术对模型的 14 个系数进行更新。通过多个"北斗"监测站的实测电离层延迟数据，数据驱动的主要任务即将观测数据融入改进的 Klobuchar 模型，获得最优化的电离层延迟改正模型的 14 个未知参数：

$$\boldsymbol{X} = (A_1, B, \alpha_0, \alpha_1, \alpha_2, \alpha_3, \beta_0, \beta_1, \beta_2, \beta_3, \gamma_0, \gamma_1, \gamma_2, \gamma_3)^{\mathrm{T}} \tag{3-31}$$

按照数据驱动理论,则需要构建雅可比矩阵 **H**:

$$
H = \begin{bmatrix}
\dfrac{\partial Y_1^1}{\partial A_1} & \dfrac{\partial Y_1^1}{\partial B} & \dfrac{\partial Y_1^1}{\partial \alpha_1} & \dfrac{\partial Y_1^1}{\partial \alpha_2} & \cdots & \dfrac{\partial Y_1^1}{\partial \gamma_3} \\
& & \vdots & & \ddots & \vdots \\
\dfrac{\partial Y_1^m}{\partial A_1} & \dfrac{\partial Y_1^m}{\partial B} & \dfrac{\partial Y_1^m}{\partial \alpha_1} & \dfrac{\partial Y_1^m}{\partial \alpha_2} & \cdots & \dfrac{\partial Y_1^m}{\partial \gamma_3} \\
& & \vdots & & & \vdots \\
& & \vdots & & & \vdots \\
\dfrac{\partial Y_n^1}{\partial A_1} & \dfrac{\partial Y_n^1}{\partial B} & \dfrac{\partial Y_n^1}{\partial \alpha_1} & \dfrac{\partial Y_n^1}{\partial \alpha_2} & \cdots & \dfrac{\partial Y_n^1}{\partial \gamma_3} \\
& & \vdots & & \ddots & \vdots \\
\dfrac{\partial Y_n^m}{\partial \gamma_3} & \dfrac{\partial Y_n^m}{\partial B} & \dfrac{\partial Y_n^m}{\partial \alpha_1} & \dfrac{\partial Y_n^m}{\partial \alpha_2} & \cdots & \dfrac{\partial Y_n^m}{\partial \gamma_3}
\end{bmatrix}
\tag{3-32}
$$

式中,n 表示参与吸收的测站数目;m 表示观测到的导航颗卫星数;Y 为测站-卫星间的电离层延迟数据;**H** 中的各元素表示为

$$
\frac{\partial Y_i^j}{\partial A_1} = 1, \quad 0 \leqslant t_i^j \leqslant 86\ 400
\tag{3-33}
$$

$$
\frac{\partial Y_i^j}{\partial B} = \begin{cases}
t_i^j, & 0 \leqslant t_i^j \leqslant 21\ 600 \\
t_i^j - 72\ 000, & 21\ 600 < t_i^j < 72\ 000 \\
t_i^j - 86\ 400, & 72\ 000 \leqslant t_i^j \leqslant 86\ 400
\end{cases}
\tag{3-34}
$$

$$
\frac{\partial Y_i^j}{\partial \alpha_k} = \begin{cases}
\varphi_M^k \cos\left(\dfrac{2\pi(t_i^j - A_3)}{A_4}\right), & 21\ 600 \leqslant t_i^j \leqslant 72\ 000\ \text{且}\ A_2 \geqslant 0 \\
0, & \text{其他}
\end{cases}
\tag{3-35}
$$

$$
\frac{\partial Y_i^j}{\partial \beta_k} = \begin{cases}
2A_2\pi(t_i^j - A_3)\dfrac{\varphi_M^k \sin\left(\dfrac{2\pi(t_i^j - A_3)}{A_4}\right)}{A_4^2}, & 21\ 600 \leqslant t_i^j \leqslant 72\ 000\ \text{且} \\
& A_4 \geqslant 72\ 000 \\
0, & \text{其他}
\end{cases}
\tag{3-36}
$$

$$\frac{\partial Y_i^j}{\partial \gamma_k} = \begin{cases} \dfrac{2\pi A_2}{A_4} \sin\left(\dfrac{2\pi(t_i^j - A_3)}{A_4}\right) \varphi_M^k, & 21\,600 \leqslant t_i^j \leqslant 72\,000 \text{ 且} \\ & 43\,200 \leqslant A_4 \leqslant 55\,800 \\ 0, & \text{其他} \end{cases}$$

$$(3\text{-}37)$$

利用式(3-36)和式(3-37)给出的最小二乘方法进行多次迭代求解,即可获得模型的 14 个最优化驱动参数 $\boldsymbol{X}$,从而将实测数据驱动融入模型,进而重构所需的电离层参数并提高模型电离层参数的输出精度。

(2) 数据驱动重构全球三维电子密度

Alizadeh 等基于多层 Chapman 剖面函数和球谐函数表征全球电离层三维电子密度变化,采用数据驱动技术重构了全球电离层特征参量。其基本思路为利用 GNSS 的载波平滑伪距 $\widetilde{P}_4$ 观测量,基于非线性最小二乘重构多层 Chapman 函数和球谐函数的未知系数,进而重构电离层总电子含量和电子密度等特征参量。

由 GNSS 的观测方程,$\widetilde{P}_4$ 观测量可以表示为

$$\widetilde{P}_4 = \xi \times \text{STEC}(\beta, s) + c(\Delta b^s - \Delta b_R) + \varepsilon \tag{3-38}$$

式中,ξ 为与频率相关的常数;(β, s) 为经纬度;Δb^s 和 Δb_R 为卫星和接收机的硬件延迟;ε 为观测噪声。STEC 为倾斜电离层总电子含量的积分,因此 $\widetilde{P}_4$ 观测量可以表示为

$$\widetilde{P}_4 = \xi \int_R^S N_e(s) \, \mathrm{d}s + c(\Delta b^s - \Delta b_R) + \varepsilon \tag{3-39}$$

利用多层 Chapman 函数表示电离层电子密度的高度分布,则有

$$\widetilde{P}_4 = \xi \sum_{i=1}^k N_{mi} \, \mathrm{e}^{\alpha(1 - z_i - \mathrm{e}^{-z_i})} \, \mathrm{d}s_i + c(\Delta b^s - \Delta b_R) + \varepsilon \tag{3-40}$$

式中,$z_i = \dfrac{h_i - h_{mi}}{H_i}$;$H_i = \dfrac{h_{mi} - 50}{3}$。利用球谐函数表征电离层在空间经纬度上的分布:

$$N_{mi} = \sum_{n=0}^{n_{\max}} \sum_{m=0}^{n} \widetilde{P}_{nm}(\beta_i)(a_{nm} \cos(ms_i) + b_{nm} \sin(ms_i)) \tag{3-41}$$

$$h_{mi} = \sum_{n=0}^{n_{\max}} \sum_{m=0}^{n} \widetilde{P}_{nm}(\beta_i)(a'_{nm} \cos(ms_i) + b'_{nm} \sin(ms_i)) \tag{3-42}$$

数据驱动即求解 $\boldsymbol{X} = \{a_{nm}, b_{nm}, a'_{nm}, b'_{nm}, \Delta b^s, \Delta b_R\}$,按照数据驱动理论,首先需要构建雅可比矩阵 $\boldsymbol{H}$,即需要分别计算 $\dfrac{\partial \widetilde{P}_4}{\partial a_{nm}}$、$\dfrac{\partial \widetilde{P}_4}{\partial b_{nm}}$、$\dfrac{\partial \widetilde{P}_4}{\partial a'_{nm}}$、$\dfrac{\partial \widetilde{P}_4}{\partial b'_{nm}}$、

$\dfrac{\partial \widetilde{P}_4}{\partial \Delta b^{\mathrm{S}}}$ 和 $\dfrac{\partial \widetilde{P}_4}{\partial \Delta b_{\mathrm{R}}}$:

$$\frac{\partial \widetilde{P}_4}{\partial a_{nm}} = \frac{\partial \widetilde{P}_4}{\partial N_{mi}} \frac{\partial N_{mi}}{\partial a_{nm}} = \sum_{i=1}^{k} \mathrm{e}^{\alpha(1-z_i-\mathrm{e}^{-z_i})} \mathrm{d}s_i \widetilde{P}_{nm}(\beta_i) \cos(ms_i) \tag{3-43}$$

$$\frac{\partial \widetilde{P}_4}{\partial b_{nm}} = \frac{\partial \widetilde{P}_4}{\partial N_{mi}} \frac{\partial N_{mi}}{\partial b_{nm}} = \sum_{i=1}^{k} \mathrm{e}^{\alpha(1-z_i-\mathrm{e}^{-z_i})} \mathrm{d}s_i \widetilde{P}_{nm}(\beta_i) \sin(ms_i) \tag{3-44}$$

$$\frac{\partial \widetilde{P}_4}{\partial a'_{nm}} = \frac{\partial \widetilde{P}_4}{\partial z_i} \frac{\partial z_i}{\partial h_{mi}} \frac{\partial h_{mi}}{\partial a'_{nm}} =$$
$$\sum_{i=1}^{k} \left[\mathrm{e}^{\alpha(1-z_i-\mathrm{e}^{-z_i})} (\mathrm{e}^{-z_i}-1) \mathrm{d}s_i \left(-3\,\frac{h_i-50}{(h_{mi}-50)^2}\right) \widetilde{P}_{nm}(\beta_i) \cos(ms_i) \right]$$
$$\tag{3-45}$$

$$\frac{\partial \widetilde{P}_4}{\partial b'_{nm}} = \frac{\partial \widetilde{P}_4}{\partial z_i} \frac{\partial z_i}{\partial h_{mi}} \frac{\partial h_{mi}}{\partial b'_{nm}} =$$
$$\sum_{i=1}^{k} \left[\mathrm{e}^{\alpha(1-z_i-\mathrm{e}^{-z_i})} (\mathrm{e}^{-z_i}-1) \mathrm{d}s_i \left(-3\,\frac{h_i-50}{(h_{mi}-50)^2}\right) \widetilde{P}_{nm}(\beta_i) \sin(ms_i) \right]$$
$$\tag{3-46}$$

$$\frac{\partial \widetilde{P}_4}{\partial \Delta b^{\mathrm{S}}} = \frac{\partial \widetilde{P}_4}{\partial \Delta b_{\mathrm{R}}} = c \tag{3-47}$$

在获得雅可比矩阵后,同样利用迭代最小二乘即可获得 X 的最优估计,将这些参数代入多层查普曼函数和球谐函数,则可获得更新后的电离层特征参量信息。采用该方法求解三维电子密度,所需求解的未知参数较多,当观测资料不完全、空间覆盖性较差时,会造成 H 矩阵不满秩,因此需要引入更多约束条件以满足其稳定求解的要求。

（3）电离层数据同化技术

数据同化方法最早起源于大气和海洋领域,它是一种在考虑数据时空分布、背景场及其误差的基础上,将新的观测数据融入数值模型动态运行过程的理论方法。数据同化具备两种能力,它既能把时间和空间上大量的零散、不规则的数据融入模型,也能将模型内在的物理规律对状态变量进行有效地约束,从而使同化后模型输出的结果与观测结果一致,同时蕴含物理变化规律。当前,电离层的探测数据日益丰富,电离层模型的研究日趋深入,计算机的计算性能更是取得了飞速提升。依托这些有利的数据资源和软硬件条件,电离层数据同化技术获得了极大的发展并逐渐成为全球电离层特征参量精确感知与预报领域最有力的工具。目前,世界已将电离层数据同化模型研究列入空间天气保障的基础研究方向之一,它的实现将极大地满足空间天气事件监测与预报预警、卫星导航、短波通信和天波超视距雷达等军、民用无线电信息系统对精确电离层信息感知的需求。

统计中的估计理论,包括最小方差估计、最大似然估计和贝叶斯理论是数据同化方法的理论基础。既承认系统本身的决定性,也认同系统基本的时空状态包含内在的物理规律,这是估计理论的基础理念。这个决定性的规律对应的模型(模式)既可以是经验模型(模式),也可以是物理模型(模式)。同时,估计理论认为系统本身也同样存在不确定性,在一定范围内,系统本身也会呈现随机性。

估计理论可作为数据同化的理论支撑主要包括三个方面的原因:①现有任何模式都不是完美的,且在实现过程中总是存在大量的近似假设,因此,模式只能认为是对现实变化的一个近似;②模式在计算求解的过程中,会存在不可避免的计算误差和截断误差;③观测数据中的误差,包括仪器误差和观测噪声等。由于模式和观测两者都具有各自的不确定性,在数据同化过程中,需要同时兼顾其内在的物理规律及其不确定性。这就要求对输入数据及其质量进行分析,即既要同时估计概率密度最大的情况,也要对概率分布本身进行估计。

目前,几乎所有的同化方法均可从条件概率的贝叶斯理论推导得出。根据贝叶斯法则:

$$P(x_t^t \mid \psi_t) \propto P(\psi_t \mid x_t^t) P(x_t^t) \tag{3-48}$$

式中,$\psi_t = [y_t, \psi_{t-1}]$ 表示包括 t 时刻和 t 时刻之前的观测值;x_t^t 表示 t 时刻模式的状态变量的真实值。通常情况下,不同时刻的观测误差可以认为是互不关联且相互独立的,因此,

$$P(\psi_t \mid x_t^t) \propto P(y_t \mid x_t^t) P(\psi_{t-1} \mid x_t^t) \tag{3-49}$$

结合前两式,有

$$P(x_t^t \mid \psi_t) \propto P(y_t \mid x_t^t) P(\psi_{t-1} \mid x_t^t) P(x_t^t) \tag{3-50}$$

再次利用贝叶斯公式:

$$P(\psi_{t-1} \mid x_t^t) P(x_t^t) \propto P(x_t^t \mid \psi_{t-1}) \tag{3-51}$$

对上式进行简化处理,得到条件概率密度函数:

$$P(x_t^t \mid \psi_t) \propto P(y_t \mid x_t^t) P(x_t^t \mid \psi_{t-1}) \tag{3-52}$$

上式即估计理论中用到的贝叶斯公式。

贝叶斯公式给出了模式当前状态、模式之前状态和观测资料之间的联

系。假设概率密度函数服从正态分布,而且误差满足线性增长的条件,此时,概率密度分布函数可以简化为

$$P(\boldsymbol{x}_t^t \mid \boldsymbol{\phi}_{t-1}) \in N(\boldsymbol{x}_t^b, \boldsymbol{B}_t^b) \propto$$
$$\exp\left\{-\frac{1}{2}(\boldsymbol{x}_t - \boldsymbol{x}_t^b)(\boldsymbol{B}_t^b)^{-1}(\boldsymbol{x}_t - \boldsymbol{x}_t^b)\right\} \tag{3-53}$$

$$P(\boldsymbol{y}_t^t \mid \boldsymbol{x}_t^t) \in N(\boldsymbol{y}_t, \boldsymbol{R}) \propto$$
$$\exp\left\{-\frac{1}{2}(\boldsymbol{H}\boldsymbol{x}_t - \boldsymbol{y}_t)\boldsymbol{R}^{-1}(\boldsymbol{H}\boldsymbol{x}_t - \boldsymbol{y}_t)\right\} \tag{3-54}$$

式中,$\boldsymbol{y}_t$ 为观测值;$\boldsymbol{x}_t^b$ 为模型背景场;$\boldsymbol{B}$ 为背景模型的误差协方差矩阵;$\boldsymbol{H}$ 为由状态变量 $\boldsymbol{x}$ 映射到观测变量 $\boldsymbol{y}$ 的观测算子;$\boldsymbol{R}$ 为观测数据的误差协方差矩阵。由此可得:

$$P(\boldsymbol{x}_t^t \mid \boldsymbol{\phi}_t) \propto$$
$$\exp\left\{-\frac{1}{2}(\boldsymbol{x}_t - \boldsymbol{x}_t^b)(\boldsymbol{B}_t^b)^{-1}(\boldsymbol{x}_t - \boldsymbol{x}_t^b) - \frac{1}{2}(\boldsymbol{H}\boldsymbol{x}_t - \boldsymbol{y}_t)\boldsymbol{R}^{-1}(\boldsymbol{H}\boldsymbol{x}_t - \boldsymbol{y}_t)\right\}$$
$$\tag{3-55}$$

为获得数据同化的最优解,需要求解概率密度分布函数的极大值:

$$J(\boldsymbol{x}_t) = \frac{1}{2}\{(\boldsymbol{x}_t - \boldsymbol{x}_t^b)(\boldsymbol{B}_t^b)^{-1}(\boldsymbol{x}_t - \boldsymbol{x}_t^b) + (\boldsymbol{H}\boldsymbol{x}_t - \boldsymbol{y}_t)\boldsymbol{R}^{-1}(\boldsymbol{H}\boldsymbol{x}_t - \boldsymbol{y}_t)\}$$
$$\tag{3-56}$$

式中,$J(\boldsymbol{x}_t)$ 一般称作"目标函数"或"代价函数"(cost function),式(3-56)也是变分同化和卡尔曼滤波同化类方法的理论基础。式(3-56)大括号内的第一项代表背景模型场 $\boldsymbol{x}_t^b$ 对同化结果的影响,影响程度由模型误差的协方差决定。有趣的是,方程的第一项与吉洪诺夫正则化具有相似的形式。只不过是由误差协方差代替了平滑矩阵。因此,从一定意义上来讲,这种代价函数的形式也可以看作一种复杂形式的"正则化";式(3-56)大括号内的第二项代表测量数据对同化结果的影响,如果方程只含有第一项,则方程即经典的最小方差估计问题。代价方程既可以在"模型"空间下求解,其相关矩阵的尺度是由未知数数目决定的;也可以在"数据"空间下求解,这种情况下的矩阵大小由观测的数据量决定。

在数据同化过程中,对数据同化的分析结果(期望向量)和分析误差(协方差矩阵)的估计是非常重要的。数据误差协方差包括硬件误差和表征误差,这些误差是由内尺度现象的观测本身和空间网格离散化本身造成的,这些误差必须有一个精确的测量误差协方差来表示,获得更好的协方差估计结果对数据同化的分析结果具有很大的影响,如何在电离层同化过程中估

计一个合适的误差协方差矩阵是一个重要的研究课题。

值得一提的是,电离层的数据同化研究有两种实现方法:一种基于经验电离层模型的数据同化,如 IDA3/4D 模型、EDAM 模型,模型的预报一般采用高斯-马尔可夫链实现;另一种是基于理论模型的电离层数据同化,利用模型积分向前预报,如 GAIM 模型。这两种方法均取得了不错的同化效果。

3) 数据同化算法

同化算法是连接观测数据与模型模拟、预测的核心部分,它是数据同化的重要组成之一。按算法与模型之间的关联机制,数据同化算法大致可分为连续同化和顺序同化两类。连续同化算法主要有三维变分同化算法和四维变分同化算法等;顺序同化算法主要有卡尔曼滤波、集合卡尔曼滤波等。

(1) 三维变分同化算法

三维变分同化(three dimensional variational assimilation, 3DVAR)算法是三维空间条件下对分析场参量进行最优求解的同化算法,其定义目标函数表示状态量和观测值之间的距离,使这个目标函数最小的状态即状态量最优值:

$$J(x) = J_b + J_o = \frac{1}{2}(x - x_b)^T \boldsymbol{B}^{-1}(x - x_b) +$$

$$\frac{1}{2}(\boldsymbol{y}_o - \boldsymbol{H}(x))^T \boldsymbol{R}^{-1}(\boldsymbol{y}_o - \boldsymbol{H}(x)) \tag{3-57}$$

式中, x 为待求解的分析场; x_b 代表背景场参量;上标 T 表示转置; $\boldsymbol{B}$ 为背景模型场的误差协方差矩阵; $\boldsymbol{y}_o$ 为观测数据; $\boldsymbol{H}$ 为观测算子; $\boldsymbol{R}$ 为观测数据的误差协方差矩阵。通常认为观测数据之间是相互独立的,此时 $\boldsymbol{R}$ 可以用对角矩阵表示,对角线元素即观测数据误差的方差。

要获得目标函数的最小值,首先应计算目标函数的梯度:

$$\nabla J = \nabla J_b + \nabla J_o = \boldsymbol{B}^{-1}(x - x_b) + \boldsymbol{H}\boldsymbol{R}^{-1}(\boldsymbol{y}_o - \boldsymbol{H}(x)) \tag{3-58}$$

若直接求解 $\nabla J = 0$ 时的梯度函数,由于地球物理同化的未知数目非常庞大,其需要非常巨大的计算资源。因此,3DAVR 算法通常使用逐步迭代极小化法(也称为"增量法")求解,此时代价函数及其梯度可以改写为

$$J(\delta x) = J_b + J_o = \frac{1}{2}\delta x^T \boldsymbol{B}^{-1}\delta x + \frac{1}{2}(H\delta x - d)^T \boldsymbol{R}^{-1}(H\delta x - d)$$

$$\tag{3-59}$$

$$\nabla J = \nabla J_b + \nabla J_o = \boldsymbol{B}^{-1} \nabla J = \nabla J_b + \nabla J_o = \boldsymbol{B}^{-1}\delta x + \boldsymbol{H}\boldsymbol{R}^{-1}(H\delta x - d)$$

$$\tag{3-60}$$

式中, $\delta x = x - x_b$。经过上述处理, 目标函数的求解就从直接求解 x 转换为求解背景场的增量 δx。

由于背景场已经包含了状态变量的内在物理规律, 数值求解的平衡性被大大提升, 从而有效降低了迭代轮次, 减少了计算量。

(2) 四维变分同化算法

四维变分同化 (4DVAR) 算法是在 3DVAR 算法的基础上发展起来的一种新的同化算法, 它最早于 1987 年由 Talagrand 和 Courtier 提出。在 3DVAR 算法中, 默认同一同化窗口内所有的观测数据 (如电离层总电子含量) 与模型状态 (如电子密度) 的初始变量是处于同一时刻的, 因此所有观测数据对模型变量的影响无须考虑时间的差异; 而 4DVAR 算法则认为不同观测时刻的数据对模型初始状态的影响是不一样的, 每个观测数据对应的时间变化都需要单独分析。由此可见, 4DVAR 算法比 3DVAR 算法保留了更全面的信息。

同 3DVAR 算法一样, 4DVAR 算法的代价函数表示如下:

$$
\begin{aligned}
J(X) = \sum_{t=0}^{T} (Y_t &- H(M_t(M_{t-1}(\cdots(M_1(X))))))^{\mathrm{T}} \boldsymbol{R}^{-1} \cdot \\
&(Y_t - H(M_t(M_{t-1}(\cdots(M_1(X)))))) + \\
&(X - X_b)^{\mathrm{T}} \boldsymbol{B}^{-1} (X - X_b)
\end{aligned} \tag{3-61}
$$

式中, M 表示背景场随时间的变化 (或预报模式); Y_t 表示观测量需要考虑随时间的变化; 其他变量的含义与式 (3-57) 基本相同。

4DVAR 算法的代价函数包括价值函数和约束方程两部分。价值函数要求模型状态与观测数据尽可能保持一致, 而约束方程则要求状态变量还必须满足一定的物理规律。

目标函数的梯度函数表示为

$$
\begin{aligned}
\nabla J(X) = 2B^{-1}(X - X^b) &- 2 \sum_{t=0}^{T} M_1^{\mathrm{T}} M_2^{\mathrm{T}} \cdots M_{t-1}^{\mathrm{T}} M_t^{\mathrm{T}} \boldsymbol{R}_t^{-1} \cdot \\
&(Y_t - H_t(M_t(M_{t-1}(\ldots(M_1(X))))))
\end{aligned} \tag{3-62}
$$

4DAVR 算法与 3DVAR 算法的主要不同之处在于 4DVAR 算法考虑了背景模式状态随时间的变化 M, 因此更能体现复杂的非线性约束关系。然而, 在 4DVAR 算法的求解过程中, 既需要进行背景模型的后向预报, 也需要计算模型切线上的正向积分和伴随模式的后向积分, 再加上 4DVAR 算法求解过程常用迭代的准牛顿类梯度下降法, 其所需的计算量相比 3DVAR 算法大幅增加。

（3）卡尔曼滤波算法

卡尔曼滤波算法是电离层数据同化模型常用的算法,它能连续地重构地球电离层的状态变化。通过对背景模型和观测数据的误差特性分析,卡尔曼滤波能把不同类型的数据资料同化到电离层模型中,从而获取最优化的电离层参量信息。通过观测算子 $\boldsymbol{H}$,系统状态的真值 x 可与观测数据 m 产生有效的映射关系,有

$$m_k^0 = \boldsymbol{H}_k x_k^t + \varepsilon_k^0 \tag{3-63}$$

式中,x_k^t 为 k 时刻电离层状态(如密度)的真值;ε_k^0 为观测误差,其包含测量误差 ε_k^m 和模型误差(代表性误差)ε_k^r 两部分:

$$\varepsilon_k^0 = \varepsilon_k^m + \varepsilon_k^r \tag{3-64}$$

经过线性化处理,把 t_k 时刻的状态解与 t_{k+1} 时刻的真实状态解的关系表示为

$$x_{k+1}^t = \psi_k x_k^t + \varepsilon_k^q \tag{3-65}$$

式中,ψ_k 为状态转换函数;ε_k^q 为离散化噪声。式(3-65)代表了模式向前预报的过程,则卡尔曼滤波过程可以表示为

$$x_{k+1}^f = \psi_k x_k^a \tag{3-66}$$

$$\boldsymbol{P}_{k+1}^f = \psi_k \boldsymbol{P}_k^a \psi_k^T + \boldsymbol{Q}_k \tag{3-67}$$

$$x_{k+1}^a = x_k^t + \boldsymbol{K}_k (m_k^0 - \boldsymbol{H}_k x_k^f) \tag{3-68}$$

$$\boldsymbol{P}_k^a = \boldsymbol{P}_k^f - \boldsymbol{K}_k \boldsymbol{H}_k \boldsymbol{P}_k^f \tag{3-69}$$

$$\boldsymbol{K}_k = \boldsymbol{P}_k^f \boldsymbol{H}_k^T (\boldsymbol{H}_k \boldsymbol{P}_k^f \boldsymbol{H}_k^T + \boldsymbol{P}_k + \boldsymbol{M}_k)^{-1} \tag{3-70}$$

式中,x_{k+1}^a 代表 $k+1$ 时刻由测量值 x_k^t 和预报值 x_k^f 得到的状态分析场(同化结果);x_k^f 是模型状态预报场;$\boldsymbol{M}_k$、$\boldsymbol{P}_k$ 和 $\boldsymbol{Q}_k$ 分别为测量、背景模式和离散化噪声误差协方差矩阵;$\boldsymbol{K}_k$ 代表增益矩阵;$\boldsymbol{P}^a$ 和 $\boldsymbol{P}^f$ 分别代表分析场和预报场协方差矩阵;$(m_k^0 - \boldsymbol{H}_k x_k^f)$ 表示观测值与模型间的误差,即常说的新息(innovation);通常情况下 $\boldsymbol{Q}_k$ 可以忽略。

从整个滤波流程可以看出,卡尔曼滤波的同化过程包括预测和更新两个步骤:其中式(3-66)和式(3-67)分别为状态预测和协方差预测;式(3-68)和式(3-69)分别为状态更新和协方差更新。

（4）集合卡尔曼滤波

集合卡尔曼滤波(ensemble Kalman filter,EnKF)算法可以认为是卡尔曼滤波的蒙特卡罗(Monte Carlo)近似。该算法由 Evensen 于 1994 年提

出,现在已成为研究气象、海洋和陆面时最常用的数据同化方法之一。与卡尔曼滤波过程相似,集合卡尔曼滤波算法同样也包括预测和更新两个步骤。但在预测和更新前,集合卡尔曼滤波算法首先需要产生一组模型初始状态的集合。集合包括若干个样本,每个样本均表示一种模型可能的状态。在预测过程中,需要先对每个集合样本分别进行预测以获得每个样本的预测场,然后再计算预测误差协方差矩阵;在更新过程中,利用观测数据及误差协方差矩阵对每个集合样本的状态进行更新,获得预测场的集合,从而得到数据同化的后验估计值,即分析场集合的平均。

集合可以通过在状态变量中加入随机噪声的方法生成,也可以将对状态变量具有重要影响作用的控制变量加入扰动,以此作为模型的控制变量集合,再输入模型得到状态变量的集合。例如,可以在电离层模式中的太阳辐射通量、地磁活动指数、中性风场等控制变量中加入扰动,以此获得集合卡尔曼滤波算法所需的初始状态变量集合。

集合卡尔曼滤波算法中模型状态向量的集合预报可以描述为基于非线性电离层模型,利用状态变量的分析场作为输入,预测 $k+1$ 时刻的状态预测值:

$$X_{i,k+1}^{\mathrm{f}} = M_{k,k+1}(X_{i,k}^{\mathrm{a}}) + w_{i,k}, \quad w_{i,k} \sim N(0, \boldsymbol{Q}_k) \tag{3-71}$$

式中,上标 a 和 f 分别表示分析场和预测场;$X_{i,k}^{\mathrm{a}}$ 表示 k 时刻集合样本 i 的状态分析场;$M_{k,k+1}$ 为 k 时刻到 $k+1$ 时刻电离层模型间内在的状态变化关系;$X_{i,k+1}^{\mathrm{f}}$ 为 $k+1$ 时刻的状态预测场;$w_{i,k}$ 为满足期望值为 0,协方差为 $\boldsymbol{Q}_k$ 的正态随机分布的模型误差。

集合卡尔曼滤波算法中模型状态向量的集合更新可以描述为基于 $k+1$ 时刻的观测向量和模型预测场,利用观测值和协方差矩阵对所有预报场集合的状态进行更新:

$$X_{i,k+1}^{\mathrm{a}} = X_{i,k+1}^{\mathrm{f}} + \boldsymbol{K}_{k+1} \left[Y_{k+1}^{\mathrm{o}} - \boldsymbol{H}_{k+1}(X_{i,k+1}^{\mathrm{f}}) + v_{i,k} \right],$$
$$v_{i,k} \sim N(0, \boldsymbol{Q}_k) \tag{3-72}$$

$$\bar{X}_{k+1}^{\mathrm{a}} = \frac{1}{N} \sum_{i=1}^{N} X_{i,k+1}^{\mathrm{a}} \tag{3-73}$$

$$\boldsymbol{K}_{k+1} = \boldsymbol{P}_{k+1}^{\mathrm{f}} \boldsymbol{H}^{\mathrm{T}} (\boldsymbol{H} \boldsymbol{P}_{k+1}^{\mathrm{f}} \boldsymbol{H}^{\mathrm{T}} + \boldsymbol{R}_k)^{-1} \tag{3-74}$$

$$\boldsymbol{P}_{k+1}^{\mathrm{f}} \boldsymbol{H}^{\mathrm{T}} = \frac{1}{N-1} \sum_{i=1}^{N} (X_{i,k+1}^{\mathrm{f}} - \bar{X}_{k+1}^{\mathrm{f}})(\boldsymbol{H}(X_{i,k+1}^{\mathrm{f}}) - \boldsymbol{H}(\bar{X}_{k+1}^{\mathrm{f}}))^{\mathrm{T}} \tag{3-75}$$

$$HP_{k+1}^{\mathrm{f}} H^{\mathrm{T}} = \frac{1}{N-1} \sum_{i=1}^{N} \left[H(X_{i,k+1}^{\mathrm{f}}) - H(\overline{X}_{k+1}^{\mathrm{f}}) \right] \cdot$$

$$\left[H(X_{i,k+1}^{\mathrm{f}}) - H(\overline{X}_{k+1}^{\mathrm{f}}) \right]^{\mathrm{T}} \tag{3-76}$$

$$P_{k+1}^{\mathrm{a}} = \frac{1}{N-1} \sum_{i=1}^{N} (X_{i,k+1}^{\mathrm{a}} - \overline{X}_{k+1}^{\mathrm{a}})(X_{i,k+1}^{\mathrm{a}} - \overline{X}_{k+1}^{\mathrm{a}})^{\mathrm{T}} \tag{3-77}$$

式中,上标 a 和 o 分别为分析场和观测值;Y_{k+1}^{o} 为 $k+1$ 时刻的观测值;$X_{i,k+1}^{\mathrm{a}}$ 为 $k+1$ 时刻集合样本 i 的状态分析值;K_{k+1} 为卡尔曼滤波过程中的增益矩阵;H_{k+1} 为 $k+1$ 时刻的观测算子,它可以将状态变量转换为观测变量;$\overline{X}_{k+1}^{\mathrm{a}}$ 为 $k+1$ 时刻所有分析场集合样本的平均值,即状态的数据同化后验估计值;P_{k+1}^{f} 为预测场的误差协方差矩阵;P_{k+1}^{a} 为分析场的误差方差矩阵;$v_{i,k}$ 为观测误差,服从方差为 Q_k,均值为 0 的正态随机分布。

与 3DVAR 算法相比,集合卡尔曼滤波算法的背景场误差协方差不是固定的,而是通过时间积分得到的,这更多地保留了同化模型的动态特性;与 4DVAR 算法相比,集合卡尔曼滤波算法避开了复杂的伴随模式编程中带来的困难,降低了同化模型的开发难度,加上集合本身便于计算机并行处理的优点,集合卡尔曼滤波算法在数据同化领域得到了广泛的应用。美国 NCAR 开发的通用型数据同化研究平台(Data Assimilation Research Testbed,DART)的核心同化算法即集合卡尔曼滤波算法。

3.3.3 太空环境的典型快视模型

太空环境的典型快视模型主要包括电离层快视模型、辐射带动态模型、太空大气动态模型、日地能量耦合传输等。

1)电离层快视模型

(1) MIDAS

多源数据分析系统(multi-instrument data analysis system,MIDAS)是英国巴斯大学 2001 年开始研发和设计的电离层层析成像模型。该模型最早利用 GPS 双频观测获取大区域乃至全球的四维电子密度分布,后续则可以联合处理卫星-地面测量、卫星-卫星测量、卫星-海面反射测量、垂直测量电离图、LEO 卫星电子密度就位测量等多种观测数据。

图像重构的一般步骤是先使图像的再投影与实际投影数据接近,再利用二次规划优化方法对图像进行重建。这样既可以保证计算的有效性,也可以保证成像方程快速收敛至最优解。MIDAS 的实现方法借鉴了 CT 图像重构方面的研究成果：先利用模式化基函数（球谐函数与经验正交函数）进行电离层表征，再利用奇异值分解的方法对表征函数的权重进行求解，以降低层析反演过程中由于数据稀疏性造成的求逆困难。

目前，MIDAS 已经能够综合利用卫星信标、GPS 等多种数据进行电离层反演并已向公众发布北极上空电离层电子密度数据层析成像数据产品。其相关衍生产品，如 MIDAS 在软件中集成了高频射线追踪模型（ray tracer），可利用其电子密度数据实现短波最优可用频段的预测，从而满足短波通信系统的应用需求。

（2）IRTAM 模型

为满足全球三维电离层精细化现报的需要，美国麻省大学罗维尔校区在国际参考电离层（IRI）模型的基础上，利用实时同化映射技术进行了更新，推出了 IRTAM（IRI real-time assimilative mapping）模型。IRTAM 模型利用全球无线电电离层观测站（global ionospheric radio observatory, GIRO）对 IRI 模型的 CCIR 和 USRI-88 系数进行更新，以使模型的输出与观测值一致。IRTAM 模型可以对磁暴、底层大气-电离层重力波耦合效应等现象引起的短期电离层响应进行全球高分辨率成像。目前，IRTAM 模型已经实现了业务化运行，可实时发布 foF_2、hmF_2、B_0 等电离层特征参量，模型更新频率为 15min。

（3）NeQuick G 模型

NeQuick G 模型是欧空局针对"伽利略"导航系统的实际应用需求，对 NeQuick 2 的电子密度积分公式进一步优化，并利用全球分布的 GNSS 电离层监测站数据对 NeQuick 模型进行驱动，从而可以满足"伽利略"系统的单频电离层误差修正的模型。NeQuick G 模型具体的实现策略如下："伽利略"导航系统的主控中心基于全球分布的 20 多个监测站前一日的电离层观测数据（24h），利用数据吸收技术处理得到各监测站对应的等效辐射指数（Az）；进而对全球范围内所有台站的 Az 与修正磁倾角进行二次多项式拟合，计算得到 NeQuick 电离层模型的 3 个拟合系数作为播发参数；注入站将播发参数上注至各导航卫星，将"伽利略"导航系统的单频用户利用接收到的电离层参数重构得到对应站点的 Az，再将这个 Az 代替 $F_{10.7}$，即可驱动 NeQuick 模型，从而实现 NeQuick 模型的更新。

（4）GAIM 模型

GAIM 模型包括两种，分别是美国喷气动力实验室（Jet Propulsion Laboratory, JPL）/南加州大学（University of Southern California, USC）的全球同化电离层模型（global assimilative ionospheric model, GAIM），缩写

为 JPL/USC GAIM；美国犹他州立大学(Utah State University)的全球电离层观测同化模型(global assimilation of ionospheric measurements, GAIM)，缩写为 USU GAIM。

JPL/USC GAIM 在 SUPIM 模型的基础上开发，为简化运算，模型只求解 O^+ 的连续性方程和动量方程得到电离层电子密度，利用经验模式 MSIS、HWM 获得中性浓度、速度、太阳辐射和电场漂移等背景参数。JPL/USC GAIM 模型包括了限带(band-kimited)卡尔曼滤波和 4DVAR 两种同化算法，分别用于电子密度参量的最优估计和模式中性风、电场漂移速度等外驱动参量的更新。该模型可以同化包括地基电离层 GNSS、垂测仪、卫星掩星和远紫外观测在内的多种数据源。

USU GAIM 的背景模式是 IFM(ionosphere forecast model)和 IPM (ionosphere-plasmasphere model)。IFM 的覆盖高度为 90～1600km，IPM 则扩展至 90～35 000km。USU GAIM 能够自洽求解电子和离子的连续性、动量和能量方程，能够给出三维电子密度和电离层动力学参数，以及 NmF_2、TEC、hmF_2 等辅助参数，相比 JPL/USC GAIM 仅考虑了 O^+，USU GAIM 考虑了 H^+，O^+，N_2^+，NO^+，O_2^+ 5 种成分，模型的同化采用了近似卡尔曼滤波算法。目前，USU GAIM 的运行模式有两个版本：一个是高斯-马尔可夫(Gauss-Markov)卡尔曼滤波同化模式(GAIM-GM)，另一个是全物理卡尔曼滤波同化模式(GAIM-FP)。目前，USU GAIM 已经在美国社区协同建模中心(Community Coordinated Modeling Center，CCMC)实现了在线运行，可为全球用户提供定制数据同化产品。

2) 辐射带动态模型

太空辐射环境(尤其是地球辐射带)感知需依托天基就位探测手段，单探测器的覆盖范围和时间区域有限，难以实现全球范围辐射带的精细化监测，尤其在太阳风暴、地磁暴等活动中，太空辐射会表现较强的区域性，依托普通静态手段难以满足运用需求。构建动态监视模型需在多个卫星获取的有限空间内的数据的基础上，通过 B、L 等效等数据处理和多源数据同化手段，构建辐射带动态模型，增强同化和增强辐射带整体的数据表征能力，实现全空域精细化监视。

3) 太空大气动态模型

稀薄大气探测通常采用卫星星座就位联合探测，并通过大气、风场等模型进行修正和补充，实现增强扩充探测数据尚未覆盖区域的数据。在模型构建中，需发展星座实测大气密度数据预处理、星座实测大气密度探测数据标校功能、星座实测大气密度与轨道反演大气密度比较分析、基于星座实测大气密度高度网格化处理、星座实测大气密度地方时网格化处理、不同倾角卫星实测大气密度纬度分布权重分析、基于空间目标精密星历反演大气密度等技术,综合太空环境搭载载荷实测值、大气密度星座实测值、精密星历反演大气密度值,进行数据同化,修正大气密度、不同轨道类型、目标轨道数据、高度模型等。

4) 日地能量耦合传输

不同的太阳活动事件传播至地球的速度也不同。通过对日地空间、地球轨道粒子能谱和太阳风等事件的监测,结合太阳活动和磁层模型,可以分析日地空间能量传输的因果链。具体途径可以通过物理经验模型、人工智能等技术来实现,对探测未覆盖的时空分布进行预测,生成相关环境态势数据信息。

参考文献

[1] ANGLING M J. First assimilations of cosmic radio occultation data into the electron density assimilative model (EDAM) [J]. Annales Geophysicae, 2008,26(2): 353-359.

[2] AUSTEN J R,FRANKE S J,LIU C H. Ionospheric imaging using computerized tomography [J]. Radio Science,1988,23(3): 299-307.

[3] BILITZA D. International Reference Ionosphere 2000 [J]. Radio Science,2001, 36(2): 261-275.

[4] BILITZA D,BROWN S A,WANG M Y,et al. Measurements and IRI model predictions during the recent solar minimum[J]. Journal of Atmospheric and Solar-Terrestrial Physics,2012,86(5): 99-106.

[5] BILITZA D, ALTADILL D, REINISCH B, et al. The International Reference Ionosphere: Model Update 2016[C]// EGU General Assembly. [S. l. : s. n.],2016.

[6] BUST G S, MITCHELL C N. History, current state, and future directions of ionospheric imaging[J]. Reviews of Geophysics,2008,46(46): 394-426.

[7] DAVIES K. Ionospheric Radio [M]. London: Peter Peregrinus,1990.

[8] EVENSEN G. Data assimilation: The ensemble Kalman filter [M]. New York: Springer-Verlag,2009.

[9] GALKIN I A,REINISCH B W,HUANG X,et al. Assimilation of GIRO data into a real-time IRI[J]. Radio Science,2012,47(4): 1-10.

[10] GALKIN I A,REINISCH B W,HUANG X. Global ionosphere radio observatory [J]. AGU Fall Meeting Abstracts,2014.

[11] HAJJ G A,LEE L C,PI X Q,et al. COSMIC GPS ionospheric sensing and space weather [J]. Terrestrial Atmospheric and Oceanic Sciences, 2000, 11 (1):

235-272.

[12] JIN R,JIN S,FENG G. M-DCB：Matlab code for estimating GNSS satellite and receiver differential code biases[J]. GPS Solutions,2012,16(4)：541-548.

[13] MEMARZADEH Y. Ionospheric Modeling for Precise GNSS Applications [D]. Delft：Delft University of Technology,2009.

[14] NAVA B,COISSON P, RADICELLA S M. A new version of the NeQuick ionosphere electron density model [J]. Journal of Atmospheric and Solar-Terrestrial Physics,2008,70(15)：1856-1862.

[15] NAVA B,RADICELLA S M, AZPILICUETA F. Data ingestion into NeQuick 2 [J]. Radio Science,2011,46(6)：1-8.

[16] RADICELLA S M. The NeQuick model genesis,uses and evolution[J]. Annals of Geophysics,2009,52(3-4)：417-422.

[17] SCHAER S. Mapping and predicting the Earth's ionosphere using the Global Positioning System [D]. Berne：Astronomical Institute, University of Berne,1999.

[18] SCHERLIESS L,SCHUNK R W,SOJKA J J,et al. Development of a physics-based reduced state Kalman filter for the ionosphere[J]. Radio Science,2004,39(1)：1-12.

[19] SCHERLIESS L,SCHUNK R W,SOJKA J J,et al. Utah State University global assimilation of ionospheric measurements Gauss-Markov Kalman filter model of the ionosphere：Model description and validation[J]. Journal of Geophysical Research Atmospheres,2006,111(A11315)：1-12.

[20] ZHIZHIN M, KIHN E, REDMON R, et al. Space physics interactive data resource—SPIDR[J]. Earth Science Informatics,2008,1(2)：79-91.

[21] 陈宝林.最优化理论与算法[M].北京：清华大学出版社,1989.

[22] 丁金才.GPS 气象学及其应用[M].北京：气象出版社,2009.

[23] 郭兼善,尚社平,张满莲,等.空间天气探测数据的同化处理[J].中国科学：数学,2000,30(S1)：115-118.

[24] 郭文兴.基于卫星信标的 TEC 分布和电子密度反演技术研究[D].西安：西安电子科技大学,2017.

[25] 黄珹,郭鹏,洪振杰,等. GAIM 电离层同化方法进展[J].天文学进展,2007,25(3)：236-248.

[26] 霍星亮.基于 GNSS 的电离层形态监测与延迟模型研究[D].武汉：中国科学院测量与地球物理研究所,2008.

[27] 焦培南,张忠治.雷达环境与电波传播特性[M].北京：电子工业出版社,2007.

[28] 李东.基于地基 GPS 的长三角地区电离层层析研究[D].青岛：山东科技大学,2008.

[29] 梁顺林,李新,谢先红.陆面观测、模拟与数据同化[M].北京：高等教育出版社,2013.

[30] 刘裔文,徐继生,徐良,等.顶部电离层和等离子体层电子密度分布——基于 GRACE 星载 GPS 信标测量的 CT 反演[J].地球物理学报,2013,56(9): 2885-2891.

[31] 鲁芳,徐继生,邹玉华.电离层暴和行扰的 GPS 台网观测与分析[J].武汉大学学报(理学版),2004,50(3):365-369.

[32] 马建文.数据同化算法研发与实验[M].北京:科学出版社,2013.

[33] 莫平华,欧明,张凤国.GNSS/LEO 无线电掩星电离层探测仿真研究[J].全球定位系统,2015,40(3):6-10.

[34] 牛俊,方涵先,李宁,等.电离层掩星反演的变分同化方法[J].地球物理学进展,2013.28(4):1662-1665.

[35] 欧明.基于卫星信号的电离层特征参量重构技术研究[D].武汉:武汉大学,2017.

[36] 秦思娴.陆面数据同化中的智能算法研发与实验[D].北京:中国科学院大学,2013.

[37] 佘承莉.基于全球 TEC 多源观测的电离层资料再分析[D].北京:中国科学院大学,2017.

[38] 万卫星,宁百齐,刘立波,等.中国电离层 TEC 现报系统[J].地球物理学进展,2007,22(4):1040-1045.

[39] 王宁波,袁运斌,李子申,等.不同 NeQuick 电离层模型参数的应用精度分析[J].测绘学报,2017,46(4):421-429.

[40] 王跃山.数据同化——它的缘起、含义和主要方法[J].海洋预报,1999,16(1):11-20.

[41] 闻德保.基于 GNSS 的电离层层析算法及其应用[M].北京:测绘出版社,2013.

[42] 吴雄斌.低纬电离层 CT 实验与算法[D].武汉:武汉大学,1999.

[43] 萧栋元.低纬度电离层不规则体之结构研究[D].桃园:台湾中央大学,2007.

[44] 熊超.中/低纬电离层多尺度结构形态学与机理[D].武汉:武汉大学,2012.

[45] 熊年禄,唐存琛,李行健.电离层物理概论[M].武汉:武汉大学出版社,1999.

[46] 姚宜斌,汤俊,张良,等.电离层三维层析成像的自适应联合迭代重构算法[J].地球物理学报,2014,57(2):345-353.

[47] 乐新安.中低纬度电离层模拟与数据同化研究[D].北京:中国科学院地质与地球物理研究所,2008.

[48] 赵必强.中低纬电离层年度异常与暴时特性研究[D].北京:中国科学院研究生院,2006.

[49] 邹晓蕾.资料同化——理论和应用[M].北京:气象出版社,2009.

[50] 邹玉华.GPS 地面台网和掩星观测结合的时变三维电离层层析[D].武汉:武汉大学,2004.

[51] 唐本奇.卫星抗辐射电子学研究动态[J].抗核加固,1999,16(1):1-6.

[52] ADOLPHSEN J W,BARTH J L,GEE G B. First observation of proton induced power MOSFET burn out in space. The CRUX experiment on APEX[J]. IEEE

Transactions on Nuclear Science,43(6): 2921-2926.

[53] BLAND A S. LDEF materials overview[R]. NASA93-28255: 741-790.

[54] CLARK L G,KINARD W H,CARTER D J,et al. The long duration exposure facility(LDEF) [R]. NASA SP-473,1984.

[55] ROBERT J C,CHENG Y L,IRENE A. Applicability of long duration exposure facility environmental effects data to the design of space station freedom electrical power system[R]. AIAA 92-0848.

[56] SILVERMAN E M. Space environmental effects on spacecraft: LEO materials selection guide,part 1[R]. NASA Contractor Report 4661.

[57] SILVERMAN E M. Space environmental effects on spacecraft: LEO materials selection guide,part 2[R]. NASA Contractor Report 4661.

[58] YOO H,GRANATA J E,RUMSEY D L,et al. Pico satellite solar cell testbed (PSSC Testbed) [R]. ADA474819,2007: 1-31.

[59] HENRY Y,DANIEL R, DAVID H, et al. Satellite solar cell testbed (PSSC Testbed) [R]. ADA443521,2005: 1-4.

[60] HENRY Y,GRANATA J E,SWENSON J,et al. Pico Satellite Solar Cell Testbed (PSSC Testbed) Design[R]. ADA477827,2007: 1-17.

[61] SWENSON J,RUMSEY D,HINKLEY D,et al. Flight of the pico satellite solar cell testbed (PSSC Testbed) space experiment [C]//IEEE Photovoltaic Specialists Conference (PVSC). [S. l. : s. n],2009: 268-290.

[62] HENRY Y,GRANATA J,SWENSON JAMES,et al. Solar cell calibration for the Pico Satellite solar cell testbed (PSSC Testbed) space flight experiment[C]// IEEE Photovolatic Specialists Conference. [S. l. : s. n],2008: 1-4.

[63] IGNACZAK L R,HALEY F A,DOMINO E J,et al. The plasma interaction experiment /PIX/ - Description and flight qualification test program[R]. AIAA, 1978-674: 1-20.

[64] STEVENS,N J. Summary of PIX-2 flight results over the first orbit [R]. AIAA86-0360: 1-12.

[65] MANDELL M J,KATZ I,JONGEWARD G A,et al. Computer simulation of plasma electron collection by PIX-Ⅱ(solar array-space plasma interaction) [R]. AIAA-85-0386: 1-8.

[66] FERGUSON D C,HILLARD G B. Preliminary results from the flight of the solar array module plasma interactions experiment (SAMPIE) [R]. NASA 20529,1995: 247-256.

[67] BARRY G H, DALE C. Solar array module plasma interactions experiment (SAMPIE)-scienceand technology objectives [J]. Journal of Spacecraft and Rockets,1993,30(4): 488-493.

[68] STAKKESTAD K,FENNESSEY R. SCATHA mission termination report [R]. NASA 24725,1993: 453-470.

[69] MCPHERSON D A, CAUFFMAN D P, SCHOBER W R. Spacecraft charging at high altitudes: SCATHA Satellite Program [J]. Journal of Spacecraft and Rockets, 1975, 12(10): 621-626.

[70] KOONS H C. Summary of environmentally induced electrical discharges on the P78-2 (SCATHA) satellite[R]. AIAA 82-0264.

[71] KOONS H C. Summary of environmentally induced electrical discharges on the P78-2 (SCATHA) satellite[J]. Journal of Spacecraft and Rockets, 1983, 20(5): 425-431.

[72] MIZERA P F, LEUNG M S, KOONS H C, et al. A review of SCATHA (Spacecraft Charging at High Altitudes) satellite results: Charging and discharging [R]. ADA158680, 1985: 1-37.

[73] GORNEY D J. KOONS H C. The Relationship between electrostatic discharges on spacecraft P78-2 and the electron environment[R]. ADA255179, 1992: 1-24.

[74] MULLEN E G, GUSSENHOVEN M S. SCATHA environmental atlas [R]. AFGL-TR-83-0002, 1983.

[75] 杨垂柏,王世金,梁金宝. 航天器充放电在轨探测实验的发展[J]. 上海航天, 2006, 2: 28-32.

[76] JOSEPH F F, HARRY C, KOONS H C, et al. A review of SCATHA satellite results: Charging and discharging[R]. SD-TR-85-27, 1985.

[77] KOONS H C, SEGUNDO E. Summary of environmentally induced electrical discharges on the P78-2 (SCATHA) satellite[R]. AIAA-82-0264, 1982.

[78] FREDERICKSON A R, MULLEN E G, BRAUTIGAM D H. High energy electron penetration and insulator discharge pulses in the CRRES Internal Discharge Monitor satellite experiment Combined Release and Radiation Effects Satellite[R]. AIAA 92-0609.

[79] JOHNSON M H, JOHN K. Combined release and radiation effects satellite (CRRES): Spacecraft and mission [J]. Journal of Spacecraft and Rockets, 1992, 29(4): 556-563.

[80] GILES B L, MCCOOK M A, MCCOOK M W. CRRES combined radiation and release effects satellite program[R]. NASA 108494, 1995: 1-168.

[81] BRAUTIGAM D H, FREDERICKSON A R. Mining CRRES IDM pulse data and CRRES environmental data to improve spacecraft charging discharging models and guidelines[R]. NASA CR 213228, 2004: 1-55.

[82] FREDERICKSON A R, HOLEMAN E G, MULLEN E G. On-orbit insulator charge storage and partial discharge in the space radiation belts[J]. Electrical Insulation and Dielectric Phenomena, 1992: 142-147.

[83] FREDERICKSON A R, MULLEN E G, BRAUTIGAM D H. Radiation-induced insulator discharge pulses in the CRRES internal discharge monitor spacecraft samples[J]. Conduction and Breakdown in Solid Dielectrics, 1992: 150-154.

[84] FREDERICKSON A R, MULLEN E G, BRAUTIGAM D H. Radiation-induced insulator discharge pulses in the CRRES internal discharge monitor satellite experiment[J]. IEEE Transactions on Nuclear Science, 1991, 38(6): 1614-1621.

[85] FREDERICKSON A R, MULLEN E G, BRAUTIGAM D H. The CRRES IDM spacecraft experiment for insulator discharge pulses[J]. IEEE Transactions on Nuclear Science, 1993, 40(2): 233-241.

[86] FREDERICKSON A R, MULLEN E G, BRAUTIGAM D H. High energy electron penetration and insulator discharge pulses in the CRRES internal discharge monitor satellite experiment combined release and radiation effects satellite[R]. AIAA92-0609.

[87] BRAUTIGAM D H. CRRES in review: Space weather and its effects on technology[J]. Journal of Atmospheric and Solar-Terrestrial Physics, 2002, 64: 1709-1721.

[88] COAKLEY P G, TREADAWAY M J. Low flux laboratory test of the internal discharge monitor(IDM) experiment intended for CRRES[J]. IEEE Transactions on Nuclear Science, 1985, 32(6): 4065-4072.

[89] FREDERICKSON A R, MULLEN E G, BRAUTIGAM D H. Radiation-induced insulator discharge pulses in the CRRES internal discharge monitor satellite experiment[J]. IEEE Transactions on Nuclear Science, 1991, 38(6): 1614-1621.

[90] FREDERICKSON A R, HOLEMAN E G. Characteristics of spontaneous electrical discharging of various insulators in space radiation [J]. IEEE Transactions on Nuclear Science, 1992, 39(6): 1773-1782.

第4章

太空环境态势生成和运用

4.1 概述

准确掌握航天器所处的太空环境状况,评估其演化趋势,以及研究太空环境对人类太空活动的影响,是应对环境风险和支撑各类环境信息运用的基础,"态"主要指当前的状态信息,"势"主要指未来的变化、可能的威胁和潜在的运用信息。太空环境态势就是基于太空环境监测数据,借助数据融合分析、可视化仿真分析、智能计算与推理分析等技术,并利用相关软件、模型和算法,形成适于太空环境特点的环境参量空间分布、风险现报告警、预报警报等信息,支撑人类太空活动安全。态势图是信息的呈现形式,通常包含通用态势图和专项态势图,太空环境状态分布、大尺度扰动和规律性预测信息等。指定用户所需的局部、精细化的特殊信息多以专项态势图展示,在信息的时空性、指向性等方面要求较高。

4.1.1 环境态势图特点

从信息生成流程看,态势图的生成过程可分为态势数据获取、态势信息生成、态势信息表征 3 个部分。多年来,很多研究人员对态势生成技术、态势图表征方法等进行了诸多探索与实践,在态势信息产品应用、综合数据处理、多维信息显示等方面不断开拓创新,态势图的技术方面呈现如下特点:

1)太空环境态势产品需求日益增多

随着人类活动频次的增加,导航、通信、遥感等对太空环境信息支持的需求越发强烈,获取符合其活动特性的专项预警预报等信息是确保太空环境信息有效运用的关键,太空环境信息的表现形式高度依托态势图。在态势图运用中,航天用户类型不同、需求不同、视野不同,其所需的态势信息范围、数据类型也各不相同。同时,各用户属性也差异显著,各类用户均希望得到直观、可视、易用的态势信息,显然"一幅图"难以匹配每一类用户的细节要求。而且,用户需求也在不断变化、日渐增多,其需求处于动态调整之中。

2)太空环境态势数据处理能力持续提升

态势信息的形成离不开多源数据的支撑,既包含天基/地基太空环境监测数据、各类太空环境模型计算得到的数据,也包含航天器运行状态信息、各类指令等。由于用户对太空环境态势信息的针对性、易用性、时效性等要求不断提高,态势数据处理能力也需升级,尤其在差异化太空环境风险预警等信息生成方面,数据处理的难度也大幅增加。用户不仅需要得知当前的环境状态信息,也期望预测未来太空环境的变化趋势。由于用户对态势信息的直观性、前瞻性、知识性需求的增长,态势数据处理的任务日趋复杂,大容量高运算系统逐渐成为态势生成的必备条件,以支撑电离层快视模型、动态辐射带模型等的运行。

3)太空环境态势显示需求不断更新

太空环境不同于人们触手可及的风霜雨雪等环境,其覆盖在地球20km 以上天域,"看不见、摸不着",只有借助探测器和态势显示工具才能感知它的存在。如何显示广阔天域中多环境要素分布、变化趋势及其相关影响仍需深入研究。目前,可视化显示技术尚不成熟,有效展示态势信息还存在一定难度,具体表现在以下几点。

(1)显示要素多

太空环境态势的显示不同于其他空间态势,需显示的环境要素多且程度不同。在环境要素方面,主要有电离层电子密度、电离层临界频率、电离层总电子含量、电离层闪烁强度、太阳耀斑强度、太阳黑子、太阳风成分和传播速度、行星际磁场大小和方向、宇宙射线强度和成分、临近空间大气强度和成分、辐射带边界分布、太空电子/质子的能谱/强度和方向、碎片大小和分布等;在效应方面,主要有光学相机图像出现噪点增加、卫星器件出现单粒子效应和充放电故障、雷达电波出现延时和折射误差、卫星材料因氧化而脆化、碎片撞击风险、卫星轨道衰减风险等;在用户方面,随着对象的变化,其关注的信息维度也发生变化,需在同一态势信息平台中展示多样化的信息,适合不同用户需要,且保证态势信息直观、适用且好用。

(2)时空跨度广

在有限的视觉空间内,展示 20km 以上天域多维环境要素信息,需以单维、二维、三维等方式,呈现低轨、中轨、高轨和深空等多个天区的太空环境及其影响信息,也包含辐射带、电离层、日面磁场等区域的精细结构信息。在时间覆盖方面,既包括历史状态信息追溯、环境现报、短期预报、中长期预报等信息,也关注磁场扰动、碎片分布等演化时空信息。

(3)使用要求高

态势信息的运用效果主要体现在运用人员能迅即理解并做出响应,运用人员对态势信息的理解和运用应达到一定的水平,同时需要太空环境态势显示能简单易懂、简洁直观,并能针对不同用户的教育背景、认知能力和运用习惯等差异,在态势信息的可用性、适用性等方面进行针对性设计。

4.1.2 环境态势信息要素

环境态势信息要素主要包括太空环境监测数据、太空环境预报、预警和评估信息等。其中,太空环境监测数据源于各类天基/地基探测设备,数据对象主要包括太阳活动、地磁扰动、地球空间粒子环境等,是正确判断当前太空环境的状态和预测未来一段时间内环境演变所需的基本信息。太空环境预报信息是指基于原始太空环境监测数据,使用模型、软件等,形成多时效和不同时间尺度的太空环境信息产品,包括对太空环境的实时描述(现报)、提前半小时至数小时的趋势预测。太空环境警报数据是在太空环境预报、现报的基础上,提炼形成太空环境灾害性事件警报和风险评估等信息。

鉴于太空环境态势包含的环境要素种类多、信息精细程度差异明显等特点,需运用态势要素合成等技术,对诸要素进行抽象与组合,简化空间态势、减少态势分量和态势数量,通常采用信息抽象和组合等分析方法实现。抽象分析法是把同一类态势内容合成更少的信息。组合分析方法是把若干态势信息合并成一个态势要素,但可针对同一个主体。其中,太空环境态势要素对基础信息进行模拟、推理和分析,采用信息抽象和合成等技术,形成特征信息。在计算和推理中,必须建立相应的模型,包括数学公式、规则模型等。针对以上态势信息组成和生成方法的特点,需优化产品类型、生成模式、显示界面,实现环境与运用结合设计,以强化信息的实用化建设。

(1)优化太空环境态势产品类型,适于用户需求

根据用户的需求差异,划分不同的态势产品类型,为用户提供定制化的态势信息,其个性化主要体现在:①信息颗粒度。太空环境态势产品可参照指挥层级的等级进行匹配设计,较高指挥层级重点关注宏观尺度的信息,其对太空环境态势的完整性要求较高,对态势信息产品的精细程度要求较低;而较低的指挥层级需关注相关的细节信息,对态势信息的精准性与实时性要求较高,不关心与本系统无关的其他态势信息。②产品分类。可依照不同用户的专业差异进行产品分类。例如,中高轨卫星用户侧重辐射环境影响和应对,包括高能电子、质子等变化;导航通信用户关心电离层扰动区域、指定路径上的电子密度增加量、南大西洋异常区边界等。

(2)优化太空环境态势生成模式,增强处理效能

太空环境态势生成模式在很大程度上可以理解为多源信息融合处理模式,数据处理模式的合理性决定了太空环境态势的生成效能。一般而言,太空环境态势生成需要经历数据预处理、数据融合、特征匹配等流程,但完全流水化会降低数据处理效率,面对复杂的太空环境和不同层级的信息产品粒度需求,态势生成过程可将单一的下游系统推送信息模式转变为推送与用户拉取方式相结合的模式,充分体现用户需求牵引。在态势信息生成的过程中,可以通过对信息融合处理过程的控制和优化,提高信息融合的稳健

程度,提升信息融合结果和信息产品的适用性,相应的做法包括融合处理模型选择、核心算法组织与运用,以及关键参数选择与调校等;也可以通过对太空环境探测、通信和计算资源的优化配置,增强太空环境状态或影响的针对性,提高有限资源的利用效率。

(3)优化太空环境态势表征方式,提升应用体验

对于太空环境态势表征方式,应在以下几个方面进行优化:①优化界面布局。界面布局必须符合用户的使用习惯,并针对大多数用户在态势理解方面非专业化的特点,在态势显示中避免大量的数据表、曲线图,以直观易懂的方式展示,与用户的认知习惯匹配;②优化表征要素,针对用户特点及其关注点,精炼环境要素和信息,确保太空环境态势要素的表现形式简单明了、科学准确。

(4)优化太空环境效应与运用链条,确保运用有效

针对不同环境要素、用户特点和技术能力,梳理由环境信息到影响效应,再到用户需求的信息传递链。针对用户特点来优化信息颗粒度和信息要素构成,将人工环境和自然环境甄别及影响有效融合,实现环境与效应的一体生成、一体展示,并通过态势信息助力多维信息的有效运用。

4.1.3 太空环境态势系统

1. 域的构成

态势感知通常包含实体域、信息域和认知域三部分:实体域包括互联互通的网络系统和联合共享的数据库等;信息域包括信息的产生、处理和分享等;认知域包括大脑对太空环境的观察、理解和感知,以及作出的决策和应对等。感知对象的结果输出即态势图,它是针对用户特点和关注重点开发的信息地图,是对太空信息的形式化组织与可视化表达,包括多维信息结果展示,态势图主要由底图、信息要素和活动计划等组成。

(1)实体域

太空环境感知领域的实体域包括所有太空环境态势感知传感器、配套的地面站、网络链路和物理网络本身、中心信息处理系统、大型物理模型等。其中,传感器主要是指太空环境感知体系内部署的就位探测、遥感探测和环境信息运用场所等。在形成监测能力的全局态势图中,需针对用户特性和需求,展现当前天基地基传感器的位置、状态和技术能力,标明已有的数据/信息传输手段和能力,形成便于指挥员了解的可用的监测资源和技术能力等信息,并可以适当的方式备注感知设备具备的功能、性能、部署等信息。通常,太阳活动和对地有效性探测仪包括 X 射线成像仪、日冕仪、磁场监测

仪、射电望远镜、离子体仪和磁场监测仪等；磁层探测仪包含等离子体仪、磁场监测仪、高能粒子监测仪和风险效应监测仪等；电离层探测仪包括垂直探测仪、斜向探测仪、掩星探测仪、地基 GNSS 探测仪等；太空大气环境监测仪包括中频雷达、激光雷达、无线电掩星接收机、探空火箭、探空落球等；信息链路主要指用于数据和信息传输的信息网络，为数据的高效传输和运用提供条件；太空环境中心的信息处理系统主要由计算系统、存储系统、控制显示系统和相关物理模型及方法（也属信息阈）等构成，可实现太空环境信息的生成。

（2）信息域

太空环境感知信息域主要利用太空环境探测增强算法、预警预报算法和数据分析工具等，生成太空环境客观存在的状态数据和信息，主要指环境现报。按照航天器在轨风险应对等运用需求，态势信息应具备高度融合、迅即生成、多维呈现等特点。信息域需具备海量数据的高效运算、多源数据融合处理、多维信息立体展示等能力。在信息生成中，需构建太阳爆发和行星际传播综合指数监测及状态表达、磁层动态环境监测及状态表达、高精度电离层监测及状态表达、全球大气活动监视及状态表达、典型应用场景风险信息等。在构建的这些模型中，需处理不同信息源的探测结果，涉及数据校准、数据同化处理、结果类推表达等。

硬件部分属于实体域范畴，主要包括数据库、数据分级处理平台、数据查询发布平台和数据超计平台等。软件实力部分包括载荷状态监视软件、各类参数标校模型、多源数据归一处理软件和数据查询发送等软件，能够实现数据质量管理和载荷技术资料管理，满足不同用户的查询需要，包括数据处理分析、态势核心模型构建和太空环境态势标绘等。

太空环境态势图针对航天器安全管控、载人航天等太空活动的特点，以二维、三维电子图等形式，对太空环境信息进行形式化组织与可视化表达，展示与人类活动关联的太阳活动、地磁活动、电离层和中高层大气等状态信息，掌握太空环境综合态势，形成不同类别的太空情报信息。其信息要素主要包括探测获取的太空环境监测数据、模型生成的太空环境监视数据、监测设备和感知系统的状态、太空活动/计划等信息。由于太空范围尺度大，环境要素种类多，扰动复杂且各种态势信息交互繁杂，通常需要明确构图的基本元素和对诸多元素的描述、计算与管理等。因此，在构图时必须对其进行整体优化设计，明确作用权重，合理设置元素。

（3）认知域

认知域表述人的各种认识活动的概念，它由感知、理解、信念等组成。太空环境感知的认知域主要为针对环境信息运用需求，基于信息域提供的数据和各种专家知识、专题信息、人工智能等工具，反演或推理生成各类太空环境态势信息，主要为环境告警、预报、警报、风险评估等。

在信息生成中，需针对不同用户的特点生成差异化环境态势信息，如在生成某航天器环境态势信息时，需生成该航天器运行的轨道信息和单机状态信息等，生成精细化的环境参数动态信息（质子、电子、重粒子等），以及充电风险概率等效应信息。在信息生成中，需依托专项活动构建的专家诊断平台，并采用人工智能、大数据关联等手段。在态势构图中，需以数字地图为依托，实现多维信息融合展示并灵活调用。目前，可将认知域生成的主要信息归类为太空环境告警和预报、太空活动环境风险预警、太空环境信息反演运用三类。

1）太空环境告警及预报

太阳爆发等自然活动表现出较强的规律性和可预见性，通过分析信息域提供的情报，依据运用对象特点，结合相关模型和算法，可以实现太空环境状态超限风险告警，也可以预测未来一段时间内太阳爆发活动等发生的可能性，以及已发生的太阳爆发活动对近地空间的影响。

告警主要指当太空环境状态信息超过某一设定值时，系统将发出超限警报信息，提醒各应用部门注意。告警的类型包含环境指数告警和效应指数告警两类：环境指数通常包括太阳软 X 射线流量、射电 $F_{10.7}$ 流量、大于或等于 2MeV 的高能电子通量、大于或等于 10MeV 的质子通量等；效应指数通常包含卫星内部充电值、卫星表面充电值、电离层 S_4 闪烁指数、卫星轨道衰减量、某频率电离层的延时量等。告警的唯一依据为超限值，属于专家认知范畴，可根据认知水平和应用对象的差异灵活设置。

预报主要指借助实体域和信息域内的数据和模型生成未来一段时间内的太空环境变化和演化趋势，包括短临预报、中长期预报。预报模式与天气预报类似，关注的对象为 20km 以上的天区环境状态。预报信息类型以自然环境为主，如高能电子增强趋势、太阳耀斑爆发趋势、典型轨道质子发展趋势、背景太阳风和行星际磁场演化趋势、太阳 $F_{10.7}$ 指数 27 天预测、基于自主数据的地磁指数预测、电离层 FoF_2 和临界频率预报、卫星典型轨道动态辐射环境趋势、日冕物质抛射自动识别和预测、全球临近空间大气环境预测、太空大气密度短临预报等，也包含空间微小碎片的分布演化等人工环境变化趋势等。

以太阳爆发及其对地有效性为例,实现对太阳活动辐射出的从 γ 射线到射电频段连续不间断地监测,获得太阳磁场强度、粒子运动速度、日冕精细结构、演化时标、太阳爆发强度、爆发规模、起始时间等信息,预测未来数小时内是否会产生太阳爆发、是否对地球环境产生影响,支撑灾害性空间天气的有效应对。以电离层活动预报为例,电离层易受太阳活动、火箭发射、地震等影响,诱发不同尺度和不同形态的扰动,电离层状态的恢复随时间演化和触发条件等差异显著。预报中,需依托海量的实测数据和相关预报模型推演电离层精细结构状态的变化情况,借助热层与电离层能量耦合、电子在等离子体中的扩散和复合等模拟,预报指定区域电子密度、临界频率、总电子含量等信息变化量,支撑电离层可用通信频率预测、雷达跟踪测距测角误差预测。

2) 太空活动环境风险预警

太空活动环境风险预警主要是对即将发生的环境扰动和风险进行紧急通报。太空环境风险预警涉及的典型运用场景较多,如太阳爆发活动和航天器风险预警等,其认知重点如下:在太空活动及其对地有效性预警中,需结合太阳风暴预报结果,充分考虑太阳风暴预警的针对性和时效性,分析评估各类在轨设备可能受到的影响与危害程度,确定太阳风暴警报等级,完成太阳 X 射线耀斑、太阳质子事件、高能电子增强及地磁暴等事件预警信息生成,包含事件发生的持续时间、事件级别、影响范围等;在在轨航天器风险预警态势信息生成的过程中,需结合人类航天活动典型的运用场景,区分卫星运行轨道、防护结构、运行状态等差异,发展个性化的太空环境健康诊断模型,明确模型运行所需的驱动数据,生成差异化风险预警和评估信息,支撑航天器应对在轨环境风险。

3) 太空环境信息反演运用

太空环境信息的反演运用是态势感知的一项重要内容,其应用范围随着人类的认知在不断扩展,目前本领域内对太空环境的主动利用主要集中在太空环境修正和太空环境扰动信息反演运用两方面。太空环境修正主要针对电离层信息,如依托监测得到的电离层三维电子密度信息,可开展电波路径上总电子含量电子延时误差修正,支持雷达、导航和远距离通信电离层影响扣除;在太空活动信息反演方面,依据电离层、辐射、太空大气等分布扰动信息,可识别航天发射中火箭尾焰、高空核爆、高超飞行器等太空活动信息,实现太空环境信息的反演运用。

2. 域的功能

态势感知信息包含实体域、信息域和认知域三部分。从逻辑功能上，通常将太空环境态势划分为太空环境数据支撑、太空环境态势表征、太空环境态势分析、太空环境态势标绘、太空环境态势共享与分发及系统运行管理等，其系统功能组成和相互关系示意图见图 4-1。

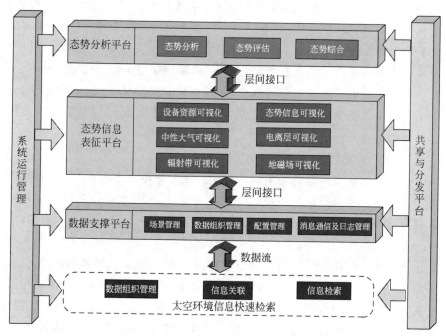

图 4-1 系统功能组成及相互关系示意图

1）太空环境数据支撑平台

太空环境数据支撑平台用于对太空环境监测信息的提取、综合处理和有效管理，完成太空环境各类模型和数据的创建。虽然太空环境数据种类多、组成复杂，但均可以插件等形式提供标准化的数据接口，确保平台具备通用性、兼容性和可拓展性。太空环境数据支撑平台需要将太空环境监测数据、情报数据、模型仿真数据、实验数据等进行融合处理，为太空环境态势数据库创建、信息描述等建立索引，支撑太空环境数据信息的高效管理和查询检索，并形成符合标准数据接口规范的数据流。相关系统数据流程如图 4-2 所示。

2）太空环境态势表征平台

实现太空环境要素的可视化表征，包括三维立体表征、二维图形表征、

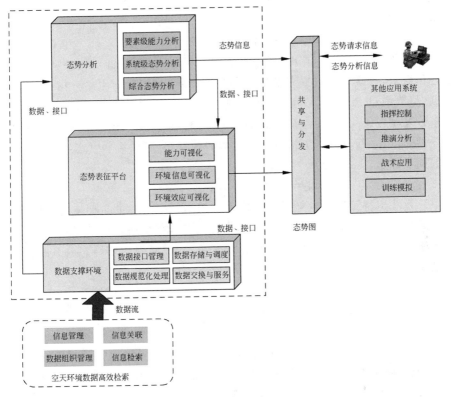

图 4-2　系统数据流程图

图表静态表征、视频动态表征等，可用图、表、曲线等来形象地表现太空环境态势中不可见的太空环境要素的分布状况和变化趋势，便于用户理解和运用。

3）太空环境态势分析平台

太空环境态势分析是在真实环境下，对太空环境等进行觉察、认知、理解和预测等处理，主要过程包括太空环境态势要素计算、态势数据分析、状态比对和态势信息输出等，均由太空环境态势分析平台提供的数据和软件实现。其中，太空环境态势的分析数据为经过数据支撑平台加工处理后生成的标准化格式信息。太空环境态势要素的计算主要包括各种太空环境要素的时空分布、扰动幅度、变化趋势、影响程度等。太空环境态势的系统分析主要结合太空环境态势要素的计算结果，以及太空环境态势表征和态势标绘数据，生成时效性强、可视化效果好的全局态势图；且可以按照基本任务想定，进行综合态势分析。太空环境态势信息输出是将态势计算分析生成的结果,以文件、数据等形式提供给用户,主要包括态势数据、态势评估结果、态势变化趋势等。

4) 态势信息共享与分发平台

态势信息的共享与分发是信息运用的基础,主要是针对用户特性和个性化需求,按既定的数据交换规则和标准,将态势信息的原始数据、运用数据、趋势信息、影响结果等,以图像、视频、图表、报文等信息,以多种形式共享分发至各级用户,使态势信息准确、实时传输至各应用系统,并依据运用反馈需求,不断改进态势信息的内容和展现形式,实现共享模式与运用需求的同步更新。

5) 系统运行管理平台

系统运行管理平台是系统构造和系统运行全过程的重要支撑,其主要功能是维护系统的基本信息,包括系统参数初始化、信息通信管理、数据存储调用、平台异常监控、接口模式智能升级等,进而保障环境态势系统的正常运行。

4.2 典型态势生成和运用

太空环境领域态势图的主要运用对象为太空环境预警预报等业务系统、卫星研制生产等工业部门和相关科研机构,太空环境态势主要针对某些特定的运用需要,以态势图模式生成定制化的太空环境态势信息,支撑各类太空环境用户的运用。下文将介绍典型的太空环境态势信息运用方向。

4.2.1 在轨航天器风险管控

1. 感知模式

近年来,随着高集成度的大规模/超大规模微电子器件的应用,在低成本航天发射活动的驱动下,大量商用器件(或卫星)进入轨道,使在轨电子系统的太空环境防护脆性增加。尤其随着美国"星链"等巨型星座的在轨部署,太空将越发拥挤,由太空环境诱发的航天器故障或事件日趋频繁。在太空环境感知中,需在利用现有空间天气信息的基础上,围绕卫星防护和任务特点,适量搭载太空环境和风险效应感知载荷,并结合相关数字反演手段,感知地球辐射带状况、太阳宇宙射线、银河宇宙射线、次级辐射粒子、空间太阳电磁辐射等信息,并以态势图的模式呈现环境状态和对航天活动的影响。

获取在轨航天器所受的电离辐射信息是感知的重点,这些电离辐射环境的种类包括质子、电子、重离子、中子、等离子体等,同时还有太阳射电暴等电磁辐射环境。实现全天域、全天时、多维度环境和风险普查,需在卫星上搭载精细化的辐射环境探测载荷和效应监测载荷,实现区域环境信息和风险的精细化感知,支撑个性化运用需求。

2. 态势图

态势图由航天器运行状态、太空自然环境、人工环境、轨道信息和风险监测等信息构成,同时包含航天器运行管理中关联的历史故障数据、应对预案、代价利益评估等信息。

太空环境对卫星的影响主要在于太空质子、电子、等离子体等辐射和效应态势信息。由太空环境感知要素可知,卫星充电事件与地磁变化、太空辐射事件等密切相关,卫星充电也可分为表面充电和内部充电,表面充电指卫星暴露在外表面的电荷积累,包括绝对充电和不等量充电。绝对充电指将卫星表面充到相同电位,由于卫星表面不完全是金属,实际充电情况大多是不等量充电。不等量充电可以导致表面弧光放电和静电放电,在电子部件中产生严重的干扰脉冲,甚至引起卫星部件烧毁。在静止轨道,卫星的异常主要是由不等量充电引起的;在 GEO、IGSO、MEO、LEO 等,由于各轨道面所处的环境不同,产生的典型太空环境效应的影响也有所区别,各轨道的自然环境态势特点见表 4-1。

3. 态势信息运用

(1)在航天器的设计研制阶段,提供不同太空环境扰动的情况下的太空环境能谱、注量等信息,可以帮助航天器设计部门开展环境适应性设计,并制定灾害性空间天气事件风险减缓和应对策略。

(2)在航天器在轨运行阶段,态势信息可为卫星长期运行管理部门提供针对灾害性空间天气事件的预报、现报和警报信息,有助于其制定运控计划、规避太空环境风险。

(3)在卫星故障诊断过程中,为卫星运控和卫星设计部门提供故障前后的太空环境状态信息、故障与环境事件的关联性等信息,以及针对特定部件和元器件特征,提供定制化的环境效应仿真和评估信息,支撑卫星故障诊断、处置和应对。

表 4-1 各轨道自然环境态势特点

	GEO	IGSO	MEO	LEO
轨道高度	约为 35 786km	约为 35 786km	约为 2000km 到 GEO 的轨道高度	小于 1000km
地球辐射带捕获电子和捕获质子态势	位于地球外辐射带外边缘附近，在轨期间将持续遭遇外辐射带的捕获粒子环境，环境扰动时高通量的高能电子会造成卫星产生内带电效应	位于地球外辐射带外边缘附近，在轨期间将持续遭遇外辐射带的捕获粒子环境，环境扰动时高通量的高能电子会造成卫星产生内带电效应，但遭遇环境的时间相对较短	处于外辐射带的中心区域（高度为 20 000～25 000km），主要是捕获电子，捕获质子的强度较小，环境扰动时高通量的高能电子会造成卫星产生内带电效应	位于内辐射带下边缘附近的区域（下边界距赤道平面高度约 600km），将持续遭遇内辐射带捕获电子和捕获质子辐射环境。总体来说捕获质子通量不高。可能间歇式穿越南大西洋异常区，在此期间可遭遇较高通量的高能质子和电子。其中，高能质子可能使单粒子效应的发生概率明显增加
太阳宇宙射线态势	如遭遇太阳耀斑爆发，则在爆发期间及其后一段时间（一般为几小时到几十小时）内，卫星将遭遇强烈的太阳宇宙射线环境，可引发单粒子效应	如遭遇太阳耀斑爆发，则在爆发期间及其后一段时间（一般为几小时到几十小时）内，卫星将遭遇强烈的太阳宇宙射线环境，可引发单粒子效应	MEO 受地磁场屏蔽作用显著，故能量较低的太阳耀斑质子通量相对偏低	地磁场可以提供较好的屏蔽作用，可能遭遇的太阳耀斑质子累积通量很小
银河宇宙射线态势	持续遭遇银河宇宙射线高能粒子的辐射，可引发单粒子效应	持续遭遇银河宇宙射线高能粒子的辐射，可引发单粒子效应	持续遭遇银河宇宙射线高能粒子的辐射，可引发单粒子效应	持续遭遇银河宇宙射线高能粒子的辐射，可引发单粒子效应

续表

	GEO	IGSO	MEO	LEO
等离子体环境态势	等离子体环境非常复杂，受太阳风的影响很大，几乎涉及所有能量的等离子体，粒子的能量谱也不完全一样。热等离子体可能会引起表面带电效应	等离子体环境非常复杂，受太阳风的影响很大，粒子能量范围很宽，几乎涉及所有能量的等离子体，粒子的能量谱也不完全一样。热等离子体可能会引起表面带电效应，但遭遇带电环境的时间较短	在地磁宁静条件下，此区域古等离子体通常为冷等离子体，但在强烈的地磁亚暴活动期间，的热等离子体同样能够进入MEO区域，引起表面带电效应	主要包括电离层冷稠等离子体，通量高，温度低。在极区（纬度60°以上）会有高机沉降电子，但穿越极区时间较短，影响不大
充放电风险	较典型，包含表面充放电效应，内带电效应（也叫"深层充电"）	非典型，其处于引起充电效应的环境时间较短，发生异常的概率偏低	较典型，包含表面充放电效应、内带电效应，尤其内带电效应风险较大	发生充放电效应的风险相对较低
环境分析时GEO与IGSO的区别	较典型，主要以内带电效应为主，可能也有表面带电效应的贡献	非典型，其处于引起充电效应的环境时间较短，发生异常的概率偏低		
单粒子风险	较典型	较典型	较典型	非典型，受磁场大气等保护，发生异常的概率偏低
总剂量风险	较典型	较典型	较典型	非典型，除极区外，发生总剂量的风险较低
其他	太阳活动信息、电磁扰动信息	太阳活动信息、电磁扰动信息	太阳活动信息、电磁扰动信息	电磁扰动信息

4.2.2 航天员在轨安全

1. 感知模式

太空环境是载人空间站运行的基本条件,时刻影响着航天发射、测控、航天器和航天员的安全。特别是灾害性空间天气事件,可导致航天器故障、轨道衰减大幅增加、测控信号中断甚至坠落,威胁航天员的生命。当太阳爆发剧烈活动时,太阳风携带的高能粒子流能直接射入航天器内部,引起电子元器件的逻辑错误,甚至造成航天器内部短路、击穿或航天器整体失控。电离层扰动可引起电波信号闪烁,造成航天器地面测控、运控系统无法正常运行。高能粒子还可能对航天员的人体细胞、组织、器官等产生影响,造成身体伤害。因此,载人空间站的稳定运行和安全防护过程十分依赖轨道环境参数、太空环境效应风险等太空环境信息。在探测中,除需获取常规太空环境信息外,更需采用就位探测手段,如组织等效正比计数器(TEPC)、带电粒子探测系统(Ⅳ-CPDS)、带电粒子探测系统(EV-CPDS)、电离室(RT6)、硅探测器(DB8)、TL 系统(PILLE)等,实现有限点位的太空环境和风险伴随探测。

2. 态势图

态势图要素由航天器和航天员运行状态、太空自然环境、人工环境、轨道信息、环境辐射风险、空间碎片信息等构成,同时包含航天器运行管理中关联的历史数据、应对预案、航天员健康评估等。态势图的呈现形式主要包括二维、三维的图、表和视频等形式,以显示航天器和航天员运行的环境状态、影响参量、风险等级、预案应急路径等分层信息。

航天员风险管理环境探测和模型应具有较强的精细度和针对性,除上述在轨风险管理模型和探测数据外,每次任务都需开展实时就位探测。主要以就位实测环境数据为驱动,融合宏观太空活动信息,对舱内、舱外可能对航天员健康或宇航服性能造成威胁的磁层环境进行监测评估,生成不同轨道环境、舱内环境和人体关联的粒子辐射环境(质子、电子、重离子、中子)、等离子体环境、电磁场环境态势信息。依托环境参数,结合风险评估等模型,反演近地和深空轨道上的航天员深层器官剂量、表面皮肤剂量、器官总剂量等,给出银河宇宙射线对航天员造血器官造成的剂量估算值,评估太空耀斑等对航天活动的影响,并发出太空环境预警、预报等信息,支撑航天员风险规避,同时展示太空中光照、真空、碎片等环境状态信息,支撑人类航天活动。

3. 态势信息运用

（1）在航天任务的设计研制阶段，需提供历史环境数据和极端环境信息，了解航天员健康特性参数，支撑航天器设计部门开展环境适应性设计，并制定灾害性事件的减缓规避方案。

（2）航天员在轨飞行期间，为航天器长期运行管理部门提供针对灾害性事件的预报、现报和警报信息，并提供精确的太空大气预报和现报、电离层状态、空间碎片分布等信息。支撑卫星长期运行管理部门制定运控计划、实施在轨风险减缓操作等。支撑飞行安全和评估、监测，并研判轨道上太空环境效应风险所处等级，制定载人空间站环境风险防护规避建议，保障载人空间站安全运行。

（3）在空间站在轨轨道维持期间，计算三维大气密度并输入载人空间站轨道控制和预测系统，以提高载人空间站轨道精度，同时关注空间碎片等环境状态分布，实现风险规避。

（4）在留轨系统故障诊断过程中，为卫星运行管理和卫星设计部门提供故障时刻前后的太空环境态势分析、环境诱发故障的可能性分析、故障与环境事件关联性分析等信息，并针对特定部件和航天员个体差异，开展环境效应仿真，支撑在轨系统故障诊断处置和应对。

4.2.3 在轨有效载荷运行

太空环境中的极光、气辉、红闪、蓝急流等大气发光现象能导致天基地基望远镜成像图像质量下降，造成侦察、监视等军事活动的虚报、误报。强激光等人工干扰也能使探头饱和，出现侦察致盲现象，对导弹预警和拦截精度造成影响，保证有效载荷运行需要辐射和背景光环境的信息支持。

在太空环境态势生成中，融合有效载荷运行轨道、工况等，生成辐射总剂量、电离和位移损伤风险、背景光和扰动参数等信息，形成多参数融合的态势信息，包含天基搭载的辐射、极光、气辉、红闪、蓝急流等信息，支撑相机等有效载荷的运行和故障归零等。

针对太空侦察监视用的光学相机（包括红外、可见光、紫外）、雷达 SAR 等设备特点，在设备研制、运用、评估和故障诊断全过程开展太空背景光谱特性分布、太空高能辐射等环境监测，给出背景光、辐射等相关信息，支持图像识别。

4.2.4　导航通信功能维持

1. 态势模式

短波通信依托电离层对短波的反射（特别是多跳反射）向远处传播信号，信号的远距离传播高度依赖电离层状态，它决定了用于反射信号的临界频率和反射高度；在导航系统的运行中，不同频点的信号需穿过电离层，带来幅度和相位畸变，影响导航和定位精度。为保持导航通信系统的功能，需识别电离层扰动和支撑系统有效修正。接近导航通信频点的电磁干扰信号也会影响导航通信系统的功能。在感知中，需依托电离层感知信息，形成电离层环境和影响信息，并针对通信所需的区域范围和质量要求，开展区域电离层状态监测，并发布可用频段，为短波通信提供精确的电离层保障。

2. 态势图

态势图主要由电离层背景态势、扰动态势和运用情况构成，包含导航通信系统状态、电离层和自然分布、电离层电子密度分布、临界频率、电离层闪烁等信息，同时包含通信导航中关联的历史数据、应对预案等。

3. 态势信息运用

在导航系统运用阶段，导航系统的地面接收机用户可依据态势信息提供的电离层突然骚扰期的基底噪声增强、电离层闪烁、极盖吸收、电离层总电子含量等信息，结合系统运行工况和电离层修正模型，开展单频接收机电离层延迟误差修正，清除定位误差影响。

在短波通信系统运用阶段，用户可依据态势信息提供的电离层短波传播效应现报和预报数据，包括最高可用频率预测准确率、通信盲区预测准确率、信道衰落深度预测、电离层扰动预警/告警、电离层总电子含量等信息，实现短波通信选频。同时也可根据需要通过加热电离层等手段，构建适于短波通信的电离层环境，支撑超短波通信等特殊运用。所提供的环境态势信息需有较高的精准性、一定的时效性和预报提前量，并确保预警信息及时、准确。

4.2.5　天基地基雷达有效运行

1. 态势模式

在太空环境中，电离层的存在会对穿越其间的电波信号产生相位偏转和延时等效应，影响天基地基雷达（尤其是 P 波段和 L 波段）回波信号的准确性，为雷达测距和测角等带来误差。尤其在电离层扰动期，其总电子含量波动较大,平静期产生的雷达测距误差可达几十米,扰动期则可达到千米量级,甚至导致雷达信号不可用。当雷达在低仰角工作时,存在对流层折射,会对测角带来较大误差。在感知中,需依托电离层状态的快视信息,识别环境扰动及其影响程度,以实施有效修正。

2. 态势图

态势图主要由电离层背景信息、扰动态势和雷达运用情况等构成,包含雷达系统工作状态、区域电离层精细化分布、电离层临界频率、电离层暴、电离层闪烁等信息,同时包含雷达工作中关联的历史环境数据、应对预案等。

3. 态势信息运用

在雷达运用阶段,用户可依据态势信息提供的电离层折射误差数据、电离层总电子含量等信息,开展电波折射误差修正和校验。

在应对电离层事件时,用户可依据态势信息提供的电离层扰动和雷达性能下降参数等数据,实现电波传播路径上的信号延时等修正。在态势信息中,应确保由电离层导致的测距测角误差预警、信号衰落事件预警等态势信息有一定的提前量。

在应对故障时,首先应识别故障诱因是否与太空环境相关,并识别人工干扰和自然环境扰动,依据相关态势信息完善应对预案,并实施有效修正。

4.2.6 精密轨道控制

1. 态势模式

低轨航天器/目标/碎片运行在大气环境中,地磁暴和太阳辐射增强会引起大气温度升高,使高层大气密度急剧增加,增大航天器的飞行阻力。在太阳活动剧烈时,轨道大气预测精度降低。需立足有限的环境探测数据,构建大气密度三维状态模型,为航天器轨道维持、自主交会对接等提供数据支持。

2. 态势图

态势图主要由太空背景态势、扰动态势和航天器运行状态等信息构成,主要包括航天器运行状态、大气状态分布和预报、太阳活动等信息,同时包含航天器运行中关联的历史环境数据、轨道精度影响和应对预案等信息。

态势图应能展示太空环境状态、大气分布和发展趋势,并能识别异常扰动信息,配合电离层扰动、太阳活动等信息,甄别非自然环境的影响。态势图所包含的态势信息有实测大气密度数据、气候模型数据、轨道大气密度信息、扰动事件预警信息、轨道维持辅助信息、交会对接的保障信息等。

3. 态势信息运用

在低轨航天器的轨控飞行计划和安全窗口选择中,应获取精准的太空大气分布和扰动信息,以支撑轨道设计和应对策略制定。

在轨道维持中,应依托态势信息,及时调整轨道维持方案,确保卫星姿态和轨道控制精度。同时,根据太空大气密度信息,提升陨落物体(包含航天器)再入大气层的时间和落点预报精度。

当发现太空环境事件时,依托精准的太空大气现报和预报结果,评估其对任务的影响,及时给出预警预报信息,支持太空环境风险应对。

4.2.7 临近空间飞行支持

1. 态势模式

临近空间环境要素主要通过气动力、气动热与飞行器强烈的相互作用产生综合效应,影响飞行器安全。临近空间大气的密度、风场、温度、氧原子等参数的变化和动力学扰动会对高超声速飞行器、导弹、浮空器、飞艇产生重要影响。当临近空间大气密度突然增大后,大气阻力随之变化,影响飞行器的运行轨迹和落点精度。当临近空间风场发生切变或出现急流时,飞行器轨道或临近空间平台驻留等任务会受到影响。在感知中,立足有限的探测数据,构建临近空间大气的修正模型,可为临近空间平台的研制和测试、航天器陨落预报等提供信息支持。

2. 态势图

态势图主要由临近空间目标主体及相关特征信息(与环境密切关联)、空间天气事件信息、太空大气状态信息、预报预警信息、事件应对预案等构成。其中,太空大气状态信息应包含临空大气下层的热带气旋、波动等信息,本层的大气密度、风场分布,以及上层的能量和物质输入情况,如磁暴、X 射线耀斑等参数,以全方位地描述临空大气环境所处的状态、扰动源项、变化趋势、对空间活动的影响和应对措施。

3. 态势信息运用

在临空飞行器飞行计划和安全窗口的选择中,应获取精准的太空大气分布信息,以支撑轨道设计和应对策略制定。在飞行实验中,应依托态势信息,及时调整飞行高度维持方案,确保姿态轨道控制精度;并根据太空大气密度信息,给出中长期(几十天)陨落预报误差和短临陨落预报误差控制水平等。

当发现太空环境事件时,需依托精准的太空大气现报和预报结果,评估其对任务的影响,及时给出预警信息,支持环境风险应对。

4.2.8 太空环境扰动甄别和信息运用

为支撑人类的部分太空活动,需主动改变太空局部的环境分布和状态。如加热电离层,可生成易于电波传输的电离层分布;或采用低频电波辐射手段,可调制太空辐射带粒子分布,减弱目标轨道电子通量水平,降低诱发卫星表面充电和内部充电故障概率。在清除太空碎片的环境治理任务中,需准确识别碎片的大小和分布,掌握轨道大气密度和扰动信息。同时,在精细化监测的基础上,利用太空电离层、大气等环境扰动信息,可甄别诱发环境扰动源项,识别扰动程度和持续时间。涉及内容包括太空环境状态探测、微扰模型构建和运用、扰动效果评估等。

态势图主要由太空背景环境、扰动态势和潜在风险、诱因特征构成,可为卫星发射、航天器长期运行管理等部门提供及时准确的态势信息。

参考文献

[1] 沈自才.空间辐射环境工程[M].北京:中国宇航出版社,2013.

[2] KIM K G,BRUCE A B. NASA Glenn Research Center's materials International Space Station experiment (MISSE 1-7)[R]. NASA/TM-2008-21 5482:1-39.

[3] 姚好海,张权,何锡玉,等.澳大利亚空间天气研究概况[J].科技创新导报,2012,17:8-10.

[4] 魏奉思.关于我国空间天气保障能力发展战略的一些思考[J].气象科技进展,2011,1:53-57.

[5] 郭建广,张效信.国际上的空间天气计划与活动[J].气象科技进展,2011,1:18-25.

[6] 国家空间天气监测预警中心——武汉电离层监测技术研发中心[J].中南民族大学学报(自然科学版),2010,29:2.

[7] 肖建军,龚建村.国外空间天气保障能力建设及对我国的启示[J].航天器环境工程,2015,32:9-13.

[8] 张贵银,陈世敏,崔宏光,等.军事活动与空间天气[J].中国科学:数学,2000,S1:25-29.

[9] 汤克云,焦维新,彭丰林,等.空间天气对技术系统和现代战争的影响[J].中国科学:数学,2000,S1:35-38.

[10] 贾朋群.空间天气发展时间简表[J].气象科技进展,2011,1:60-61.

[11]　汪景臻,季海生.空间天气驱动源——太阳风暴研究[J].中国科学:地球科学, 2013,43:883-911.

[12]　呼延奇,蔡震波.空间天气事件对航天器的影响[J].气象科技进展,2011,1: 13-17.

[13]　魏奉思.空间天气学[J].地球物理学进展,1999,S1:1-7.

[14]　空间天气学国家重点实验室[J].空间科学学报,2017,37:508-509.

[15]　王水.空间天气研究的主要科学问题[J].中国科学技术大学学报,2007,8: 807-812.

[16]　吕建永,杨亚芬,杜丹,等.空间天气研究进展[J].气象科技进展,2011,1:26-36.

[17]　陶勇,高增勇.空间天气与导弹设备作战[J].中国科学:数学,2000,S1:30-34.

[18]　陆全明.空间物理和空间天气学[J].科学通报,2011,56:447.

[19]　王海名.欧美将合作建立增强型空间天气预报系统[J].空间科学学报,2019, 39:566.

[20]　岳桢干.欧洲航天局正在开发空间天气预警网络[J].红外,2015,36:48.

[21]　方成.蓬勃发展的空间天气学[J].科技潮,2004,6:30-31.

[22]　刘四清,罗冰显.全球空间天气路线图及对中国的启示[J].空间科学学报,2019, 39:275-282.

[23]　方成.新兴的交叉学科——空间天气学[J].江苏科技信息,2006,1:1-4.

[24]　中国科学院空间科学与应用研究中心空间天气学国家重点实验室[J].中国科学 院院刊,2007,4:341-342.

[25]　王水,魏奉思.中国空间天气研究进展[J].地球物理学进展,2007,4:1025-1029.

[26]　王劲松.中国气象局的空间天气业务[J].气象科技进展,2011,1,4:6-12.

第5章

太空环境感知发展

5.1 相关组织机构和大型发展计划

5.1.1 太空环境业务性机构

为应对灾害性空间天气事件对人类活动的影响,许多机构和国家相继制定了空间天气计划。从 1995 年美国白宫批准六大部委(宇航局、国防部、商务部、内政部、能源部、基金委)联合实施第一个国家空间天气战略计划(1995—2005 年)开始,欧空局、法国、德国、英国、俄罗斯、加拿大、日本等机构和国家也相继制定了空间天气计划。联合国、世界气象组织、国际空间组织也开始积极涉足空间天气领域,希望建立有太空环境感知能力的社会。随着空间科技的进步和对空间大气认知的加深,人们关注空间天气的视野在广度和深度上持续延伸。规模宏大的国际空间天气计划相继提出和实施。例如,由美国宇航局牵头、组织世界众多技术发达国家参加的"与恒星共存"(Living With a Star)计划是一个"由应用驱动、聚焦空间天气"的研究计划。该计划的规模空前宏大,将在太阳周围和整个日地系统配置 20 余颗卫星,已经发射的包括日地关系天文台(STEREO,2006 年 10 月)、太阳动力学观测卫星(SDO,2010 年 2 月)、辐射带风暴探测卫星(RBSP,2012 年 11 月)、磁层多尺度卫星(MMS,2015 年 3 月)、帕克太阳探测器(PSP,2018 年 8 月)、太阳轨道飞行器(SolO,2020 年 2 月)。在太空环境服务方面,各国展开积极合作,其主要组织介绍如下。

1. 国际太空环境服务组织

国际太空环境服务(International Space Environment Service,ISES)组织是一个为全球空间天气提供协作服务的网络组织,旨在为广大用户提供开放性的空间天气服务,满足国际空间天气用户社区的利益,是非营利性组织。目前包括 20 个区域预警中心、4 个副预警中心和 1 个协作专家中心。该组织也是国际科学理事会(International Council for Science,ISC)的世界数据系统(World Data System,WDS)的网络成员,并与世界气象组织(World Meteorological Organization,WMO)和其他国际组织合作,自 1962 年以来,该组织一直是国际协调空间天气服务的主要组织。ISES 提供的共享空间天气数据和预报服务包括太阳、磁层和电离层的天气预报,提供太空环境数据和空间环境事件的信息服务,涵盖典型空间天气事件分析、太阳活动周期长期预测。

2. 国际空间研究委员会

国际空间研究委员会(Committee for Space Research,COSPAR)于1958年10月成立于华盛顿,是国际科学联合会理事会(International Council for Science,ICSU)的跨学科成员。旨在国际范围内通过学术交流组织实施国际项目研究,促进以卫星、火箭、飞船、高空气球等为手段的各种科学研究。国际空间研究委员会的目标是通过系列讨论会将地方研究活动纳入空间科学主流研究,为欠发达国家的空间科学研究和活动提供基础设施,促进太空领域的技术合作和成果共享。

3. 亚洲-大洋洲空间天气联盟

亚洲-大洋洲空间天气联盟(Asia Oceania Space Weather Alliance,AOSWA)成立于2010年,旨在鼓励亚洲和大洋洲的空间天气研究机构开展资源共享、业务合作以达到信息互通。亚洲和大洋洲是其保障的重要区域,通过开放电离层的监测数据等,以数据和信息交换系统、研讨会、实时通信、邮件列表等方式鼓励区域合作,促进亚洲和大洋洲区域内的空间天气监测、预报和应对的合作。

4. 日地物理科学委员会

日地物理科学委员会(Scientific Committee on Solar-Terrestrial Physics,SCOSTEP)是隶属国际科学协会理事会的国际空间天气组织,它的前身是日地物理联合会间委员会(Inter-Union Commission Solar-Terrestrial Physics,IUCSTP),这个联合会是1966年国际科学联合会理事会第十一次全体会议决定成立的。1972年改名为"日地物理特别委员会",1973年定名为"日地物理科学委员会"。2010年5月起,其秘书处设在加拿大的约克大学。SCOSTEP主要与加入国际科学理事会的机构合作,协调和组织国际日地空间物理计划,曾经组织过"国际地球物理年"(International Geophysical Year,IGY(1957—1958年))、"国际宁静太阳年"(International Quiet Sun Year,IQSY(1964—1965年))、"国际磁层研究"(International Magnetospheric Study,IMS(1976—1977年))、"极大太阳年"(Solar Maximum Year,SMY(1979—1981年))、"中层大气计划"(Middle Atmosphere Program,MAP(1982—1985年)),以及"国际日地能量传输计划"(Solar-Terrestrial Energy Program,STEP(1990—1997年))、"日地系统空间气候和天气计划"(Climate and Weather of the Sun-Earth System,CAWSES(2004—2013年))等活动。

5. 欧洲非相干散射科学联合会

为了更好地开展北极/高纬地区的高空大气与等离子体的物理科学实验研究,英国、法国、德国、挪威、瑞典、芬兰六国共同出资,于 1970 年联合成立了欧洲非相干散射科学联合会(European Incoherent Scatter Scientific Association,EISCAT),总部位于瑞典基律纳,由出资机构代表组成理事会,行使运行和决策权。该组织以为非军事目的的科学研究提供最高技术水平的雷达等实验设施为目标。该理事会会议、SAC 会议、AFC 会议每年举行两次,论坛每两年举行 1 次,雷达培训学校每 1~2 年举行 1 次,该组织拥有 500MHz 的非相干散射雷达,在基律纳与索丹屈莱拥有 32m 的天馈系统和接收系统,可开展电离层监测,研究高空大气、电离层、极光、空间等离子体物理等之间的关系,对相关探测实验与科学研究领域产生了重大影响。

6. 国际地磁学和高空大气学协会

国际地磁学和高空大气学协会(International Association of Geomagnetism and Aeronomy,IAGA)是国际大地测量学和地球物理学联合会(International Union of Geodesy and Geophysics,IUGG)的 7 个协会之一,其历史悠久,起源可以追溯至 1919 年 IUGG 的地磁地电组。IAGA是一个非政府机构,资金来源于各成员国的捐款。IAGA 关注地核、地幔和地壳,中高层大气,电离层和磁层,太阳、太阳风、行星和行星际天体等领域的电磁学特性研究,鼓励科学研究的国际合作,并定期组织、赞助研讨会,为各国科学家发表和讨论研究成果提供机会。

7. 联合国和平利用外层空间委员会

联合国和平利用外层空间委员会(United Nations Committee on the Peaceful Uses of Outer Space,COPUOS)是根据 1959 年联合国大会第1472 号决议建立的,简称"外空委",现有包括中国在内的 92 个成员国。联合国维也纳办事处的外空司是外空委的秘书处。外空委的宗旨是制定和平利用外层空间的原则和规章,促进各国在外层空间领域的合作,研究有关的科技问题和法律问题。外空委下设科学技术小组委员会和法律小组委员会,由外空委全体成员国组成。科技小组委员会主要审议、研究与和平利用外层空间有关的科技问题,促进空间技术的国际合作和应用;法律小组委员会主要审议、研究和平利用外层空间活动时产生的法律问题,拟订有关的法律文件和公约草案。外空委的经常性活动包括研究并促进空间减灾、远程医疗、远程教育,以及立足卫星的气象、通信、导航、直接广播和地球资源遥感等国际合作;举办国际、区域的研究会、讨论会和讲习班,促进外空研究的情报交换等。

8. 世界气象组织

世界气象组织应 ISES 的要求,于 2010 年正式成立国际空间天气计划协调组(Inter-Programme Coordination Team on Space Weather,ICTSW),与美国国家空间天气监测预警中心(NCSW/CMA)、空间天气预报中心(SWPC/NOAA)成为联合主席单位,共同指导和协调国际的空间天气活动。在其成立的近 7 年里,ICTSW 建立了门户网站,通过了空间天气观测指南,明确了全球航空导航的空间天气服务需求和建议,同时 ICTSW 还致力于扩大空间天气在世界气象组织和国际社会的影响,有 27 个成员国和 7 个国际组织最终参与到 ICTSW 的工作之中。后来,世界气象组织转变了 ICTSW 的组织架构,于 2017 年 11 月成立空间天气信息、系统和服务小组(IPT-SWeISS),下设 4 个专家组,空间天气基本系统(TT-SYS)、空间天气科学(TT-SCI)、空间天气应用(TT-APP)和航空空间天气(TT-AVI),负责协调世界气象组织的项目与空间天气活动,联络与各组织及其下属工作组之间的关系,并给予世界气象组织成员相应的技术指导,美国国家空间天气监测预警中心与美国空间天气预报中心再次成为联合主席单位。

9. 国际民用航空组织

国际民用航空组织(International Civil Aviation Organization,ICAO)早在 2000 年初就开始计划将空间天气信息引入航空领域,并于 2018 年 11 月批准了 3 个 ICAO 全球空间天气中心:ACFJ 联合体(澳大利亚、加拿大、法国和日本)、PEGASUS(泛欧航空空间天气服务组织,以芬兰为首,包括奥地利、比利时、塞浦路斯、德国、意大利、荷兰、波兰和英国,后来南非加入)和美国。2019 年 11 月,该组织正式开始为全球航空安全飞行提供空间天气信息支持。2020 年 4 月,该组织批准了中俄联合体全球空间天气中心(China-Russia Consortium,CRC;包括中国气象局、中国民用航空局、俄罗斯气象水文局)成为第 4 个 ICAO 全球空间天气中心。

5.1.2 太空环境感知机构

太空环境感知是太空态势领域的重要组成部分,主要开展太空安全相关的研究,并通过对环境分布、扰动和影响的监测,识别太空活动状态和风险。太空环境感知体系对太空环境的信息需求在于知晓太空环境状态、识别人工干扰,并支撑太空活动的有效开展,将太空环境信息融入航天活动的各个阶段。这些机构包括美国国家航空航天局、欧空局等。

1. 美国国家航空航天局

美国国家航空航天局(NASA),又称"美国宇航局""美国太空总署",是美国联邦政府的一个行政性科研机构,负责制定、实施美国的太空计划,并开展航空科学和太空科学的研究。NASA 是目前世界上最权威的航空航天科研机构,与许多国内及国际上的科研机构分享其研究数据。

NASA 在空间科学方向的研究领域包括太阳系探索、火星探索、月球探索、宇宙结构和太空环境等,研究计划有"水星"计划、"双子星"计划、"阿波罗"计划、太空实验室、航天飞机、国际空间站(与俄罗斯、加拿大、日本以及欧洲合作)、"星座"计划和"未来载人登陆火星"计划等。

2. 欧洲航天局

欧洲航天局(ESA)简称"欧空局",成立于 1975 年,是一个致力于探索太空的政府间组织,拥有 22 个成员国,总部设在法国巴黎。欧空局最重要和最持久的合作对象是美国航天局,"依巴谷"卫星、太阳和太阳风层探测器、"哈勃"空间望远镜等都是由欧空局和 NASA 共同完成的。欧空局还参与了与俄罗斯联邦航天局协作的项目,例如 1994—1995 年的欧洲/"和平号"联合飞行。此外,欧空局还与日本在数据中继卫星和国际空间站的硬件交换领域开展了合作。欧空局的太空飞行计划包括载人航天(主要通过参与国际空间站计划)、月球和其他行星的无人探测任务、地球观测、设计运载火箭等。重要项目包括"伽利略"定位系统、"火星快车号"、"罗塞塔号"彗星探测器、"金星快车号"、"Cluster"系列卫星等。

3. 中国国家卫星气象中心

中国国家卫星气象中心是中国气象局的直属事业单位,主要从事与卫星气象相关的科学技术研究,开展气象卫星数据与产品的应用和服务,以及空间天气监测预警业务、服务等;负责制订中国气象卫星和卫星气象事业发展规划,承担气象卫星应用系统的业务运行和在轨气象卫星的运行管理,并承担气象卫星应用系统的工程建设。

4. 澳大利亚气象局

澳大利亚气象局的空间天气服务(Space Weather Services,SWS)部门ISES 的成员。其在澳大利亚、新西兰和南极洲管理着一个天文台网络,其中的设备包括磁力计、电离层探测仪和其他传感器。该部门综合卫星观测数据和其他国家的数据,以监测空间天气,为无线电通信、卫星导航等业务提供空间天气条件方面的服务和咨询,是大洋洲的区域预警中心。

5. 巴西国家空间研究所

20世纪60年代初,受苏联和美国首次太空探索的影响,巴西行星际学会在美洲空间研究会议上提议,建立一个民用研究机构。1961年8月,在巴西的热那亚签署了一项法令,创建国家空间活动委员会(GOCNAE),该组织即巴西国家空间研究所(National Institute for Space Research,INPE)的前身。GOCNAE诞生的最初几年致力于空间和大气科学方向的研究,后来扩展到地球物理学、大气学和地磁学等方面。在之后的时间里,INPE加强国际合作,加大仪器设备的投入建设,利用卫星数据作为应用研究的动力,同时致力于可持续发展的技术,从卫星的应用到每日天气预报,为农业活动、能源生产、运输、建筑和旅游业等国民生产生活的方方面面提供环境和天气信息。

6. 德国航空航天中心

德国航空航天中心(German Aerospace Center,DLR)是航天、能源与交通运输领域的综合性研究机构,同时,也是德国的太空活动职能部门,现已加入太空数据协会(Space Data Association,SDA)。作为SDA的成员,其可即时接收和访问协会数据信息,以支撑联合评估、射频干扰、定位支持等业务。

DLR的主要任务是开展地球与太阳系探索,以及在科技、通信、交通运输与能源方面研究与环保相关的技术。"火星快车号"、"伽利略"定位系统、航天飞机雷达地形测量任务(Shuttle Radar Topography Mission,SRTM)、"TerraSAR-X"、同温层红外线天文台与国际太空站等均为DLR参与的太空任务。

7. 日本国家信息与通信研究院

2004年,日本通信综合研究所(1896年成立)与电信推进组织合并后,成立了日本国家信息与通信研究院(National Institute of Information and Communications Technology,NICT),其总部位于东京都小金井市北町。日本国家信息与通信研究院的使命是开展研究、发展信息和通信技术领域。其在空间天气领域的职责包括创造和传播日本国家频率和时间标准,根据日本的电波法开展全球海上遇险安全系统和海洋雷达无线电设备校准测试,以及提供电离层和空间天气事件的监测服务工作。

5.1.3 大型发展计划

国际空间天气组织和美国等航天大国,按照全球空间天气事件应急、国家战略发展等需求,不定期制订相关计划,如美国的国家空间天气战略和行动计划等,我国也曾制订诸多空间天气及太空环境感知领域的发展计划。

1. 大型规划

1) 国家空间天气战略和行动计划

2015 年 10 月 29 日,美国白宫颁布了《国家空间天气战略和行动计划》,从国家层面来应对极端太阳风暴所带来的威胁。白宫发布的美国国家空间天气战略旨在通过整体性的国家行为,提升对空间天气风险的预防、缓解和管控能力,提升关键设施与技术系统的适应能力,加强政府和公民对空间天气影响的理解和应对能力,提高空间天气监测和预报的准确性、及时性和可靠性,确保国家具备承受极端空间天气事件影响和迅速恢复的能力。2015 年发布了该计划的第 1 版,此后每四年发布一次。在 2019 年 3 月发布的第 2 版中,着重强调了提升美国应对太阳爆发活动等空间天气事件的能力,并提出三个目标:①加强对国家安全、国土安全,以及商业资产和商业运营的保护,使之免受极端空间天气的影响;②及时、准确地发布空间天气预报;③制定针对极端空间天气事件的应急预案。

2) 国家空间天气计划

国家空间天气计划(National Space Weather Program,NSWP)是美国为了加快其空间天气服务能力而进行的一项全国性的、多部门联合执行的计划。该计划最早于 1994 年被提出,其目标是建立一个有效的、协作式的多部门联合系统,从而提供及时、准确、可信的空间天气警报、观测、描述、预报等服务。NSWP 在美国已有能力的基础上,集中各部门的优势、能力和资源,建成一套有效的协调机制。NSWP 的组成人员来自学术界、工业界和政府部门,涉及不同机构的用户、预报人员、研究人员、建模人员,以及载荷研制、通信和数据处理等方面的专家。该计划的履行和管理由联邦气象服务及研究支持委员会(Federal Coordinator for Meteorological Service and Supporting Research,FCMSSR)下属的联邦气象协调办公室国家空间天气计划委员会负责。该组织的成员由美国与空间天气活动有关的政府部门派代表组成,进行计划的监督和政策引导,从而使各部门的需求和利益得到满足。其具体活动包括评估并记录空间天气的影响、支持用户制定任务需求、设置任务优先级、确定各部门的角色、协调各部门资源,确保信息交换通畅、激励科学研究深入开展、促进研究成果向应用转变,以及为用户和公众提供相关的教育培训等。

3)日地探测计划

NASA 的日地探测计划(Solar Terrestrial Probes Program,STP)是一项用于研究太阳系的等离子体、物质和能量流动等基础科学问题的计划,由 NASA 科学任务理事会的太阳物理分部进行管理。该计划的目标为理解日地之间,以及其他太阳系区域间的环境扰动和分布的物理机制,理解太阳活动变化和行星磁场对人类社会、技术系统和行星的可居住性的影响,发展对极端空间天气事件的预报能力,提高空间设施的安全性和运用效率。STP 重点研究日地系统,以增强对日地联系的理解。STP 将执行一系列探测任务,采取就位探测和遥感探测相结合、多平台联合探测等方式,在大空间范围内理解太阳活动变化的原因和影响,STP 计划中包括的探测任务有:"Hinode"卫星、"STEREO"卫星、"TIMED"卫星、"MMS"卫星等。

4)"与恒星共存"计划

"与恒星共存"计划是 NASA 为了研究日地联系对人类社会的影响而实施的一项科学计划。该计划由 NASA 科学任务理事会的太阳物理分部实施,对影响人类社会和生活的日地太空环境体系进行科学解读,其最终目标是实现太空环境的监测和预报。该计划的前两个任务分别是于 2010 年发射的太阳观测卫星"SDO"和于 2012 年发射的辐射带风暴探测器,此外还有"Solar Probe Plus"卫星、与欧空局合作的"SOLO"卫星,以及辐射带相对论电子损失气球探测阵列(BARREL)和太空环境测试平台(SET)。其中,太空环境测试平台项目将利用在轨实验和地面实验等手段,研究和描述太空环境及其对硬件性能的影响。其目标包括明确太空环境的分布和影响,减小对航天器及载荷太空环境效应应对的不确定性,改善航天器的设计和操作指南,减少航天器运行异常等。该项目将促进军用和民用空间工程技术的进步,改善航天器的设计和运行方式,使其能够经受或减缓来自空间天气的影响。

5)太空环境及效应计划

太空环境及效应计划最早于 1995 年提出,由工业界、学术界和政府各部门合作完成。该计划包括为航天器的设计持续提供最新的工程环境定义;获得用于航天器早期设计的"工具",包括工程模型、数据库、设计指南、过程、工艺;不断将研究成果应用于航天器的设计建造过程,对"工具"进行升级；对"工具"的使用进行简化。其目标是通过对太空环境相关的技术进行收集、研发和发布，改善航天器的设计、制造和运行等环节，从而为美国政府和商业部门提供可靠性更好、性价比更高的航天器。通过对太空环境效应的理解制定设计指南，并在航天器的早期研发过程中贯彻，以减少不必要的损失和费用。该计划将帮助美国保持其空间能力的卓越性，并提升其在全球市场的竞争力。

2. 基础投入

美国十分重视太空环境预报模式研究，在这方面开展了大量工作，研发的预报模式总量近百个。但这些模式直接向应用转化十分困难，特别是理论模式和数值模式。目前，美国国家大气海洋局的空间天气预报中心常规应用的预报模式至少有 9 个，主要包括 Wang-Sheeley-Arge 背景太阳风理论和 WSA-ENLIL 太阳风理论两个预报模式，以及太阳活动、地磁活动、高能电子、电离层等 7 个统计预报模式。

俄罗斯的太空环境监测、研究和保障服务的基础雄厚，几十年前就构建了强大的地基和天基太空环境监测网络。但随着苏联的解体，其监测能力下滑，近些年逐步恢复。相对而言，俄罗斯是目前仅次于美国的太空环境监测大国。

欧盟在空间天气研究领域起步较早，以研究为目的的太空环境监测研究基础扎实。但限于体制的原因，缺乏统一的应用策略，其军事保障体系较为零散。法国和英国的太空环境监测保障工作做得相对较好。2008 年 12 月，欧空局的部长会议提出 SSA 筹备计划。拟建设的 SSA 系统包括两个层面：第一个是对空间物体进行探测、跟踪和成像；第二个就是空间天气，监测预报太阳活动对卫星、通信和地基系统的影响。

日本、澳大利亚等国都积极开展太空环境的监测、研究和保障业务，其天基数据主要源于自主发射的航天器和国际相关合作。日本等国积极参加美国、欧盟的空间探测计划，共享探测数据。中国台湾地区也积极发展电离层和中高层大气的探测和研究工作，利用卫星、火箭等在区域电离层、中高层大气探测方面做出了极富影响的贡献。

中国于 2008 年启动了属于国家重大科技基础设施的"东半球空间环境地基综合监测子午链"工程（简称"子午"工程），于 2012 年 10 月完成建设并投入正式运行。这项工程利用 120°E 子午线附近，北起漠河，经北京、武汉，南至海南并延伸到南极中山站，以及东起上海，经武汉、成都，西至拉萨的沿 30°N 纬度线附近现有的 15 个监测台站，建成一个以链为主、链网结合，运用地磁(电)、无线电、光学和探空火箭等多种手段的监测网络。该工程旨在了解 120°E 子午链上太空环境的变化规律,逐步厘清其 120°E 子午链区域性环境特征与全球环境变化间的关系,为研究与预测空间环境变化提供地基观测数据。它是世界上最长的子午台链观测工程,跨越地球纬度范围达 130°,具有地域特色不可替代和多种国际先进观测手段综合性高等优势,为进一步推动我国太空环境地基观测实现跨越式发展奠定了坚实基础。为了实现对我国区域太空环境更精细、更综合的探测,2019 年 7 月底,国家正式启动了"子午二期"工程,在 100°E 和 40°N 附近增加了两条观测链,形成两纵两横"井"字形的探测网,探测重点将放在我国北方中纬度地区(空间天气扰动从极区向赤道传播的必经之路)、青藏高原地区(独特的地理环境产生独特的岩石圈-大气层-电离层耦合现象)、南海地区(低纬电离层异常频发的区域)和南北两极地区(太阳风进入地球磁层的窗口),以进行空间天气扰动源区的感知。

5.2 太空环境监测能力

5.2.1 太阳爆发及其对地有效性感知

欧美发达国家已经建立了较为完善的天基与地基相结合的太阳活动和行星际监测网络,并在科研机构的支持下建立了多种太阳活动和行星际传播预报模型,形成了完善的太阳活动和行星际监测与预报信息产品体系,主要包括太阳耀斑监测与预报、日冕物质抛射监测与对地有效性预报、太阳质子事件监测与预报、太阳射电爆发监测与现报、太阳活动周监测与预报等。

1. 监测能力

获取持续不断的太阳活动和行星际状态监测数据,确保其具有多方位、多波段、高精度的特征,是建立高效太阳活动和行星际传播预报模型的基础,也是实现可靠太阳活动警报、预报的必要条件。

在地球表面,单个太阳观测站点只能提供约 8h 的有效信息。为了延长地基太阳活动监测时间,在低纬度地区至少需要 3 个分布在相隔 8 个时区经度区间的观测点,才能实现全天不间断的太阳活动监测。

地基太阳活动监测网是指在地球表面相隔一定经度区间设置太阳活动监测站点组成的网络。为了组成这种网络,需要对所用的太阳活动监测仪器进行小型化和集成化,以便运输和安装。遍布在世界各地的太阳观测台站不仅为科学家提供了用于科学研究的观测数据,也为空间天气预报提供了太阳活动数据,其数据类型主要为太阳黑子相对数、太阳射电流量、太阳可见光和红外图像、全日面与局部磁场等。

1) 太阳活动监测

由于太阳射电爆发对导航通信、雷达观测等活动影响较大,长期以来,美国十分关注太阳射电爆发的监测和预报。为了实现地基太阳射电爆发的监测,美国空军从 1977 年就建立了射电太阳望远镜网络(radio solar telescope network,RSTN),该网络由分布在美国、意大利、澳大利亚的 5 个观测站点组成,主要监测 18MHz~15GHz 频段内的太阳射电流量变化,提供太阳射电频谱和射电爆发监测信息,并以此为基础,开展太阳射电爆发现报。

美国空军在 20 世纪 70 年代中期建立了太阳监测光学网络(solar observing optical network,SOON),在 20 世纪 90 年代对该网络进行升级,形成改进型太阳监测光学网络(improved solar observing optical network,ISOON)。21 世纪以来,美国空军借用已经形成的全球日震观测网络(global oscillation network group,GONG)进行地面太阳活动监测。GONG 原先是由美国国立太阳天文台负责运行的全球规模的日振观测网络,用于观测太阳大气中的振荡现象,分析研究太阳的内部结构和动力学过程。该网络由 6 台相同的太阳观测仪器组成,分别放置在 6 个天文台:西班牙加纳利群岛的泰德天文台(Teide Observatory,Canary Islands)、西澳大利亚的利尔蒙斯天文台(Learmonth Solar Observatory,Western Australia)、美国加利福尼亚州的大熊湖天文台(Big Bear Solar Observatory,California)、美国夏威夷州的莫纳罗亚太阳天文台(the Mauna Loa Solar Observatory,Hawaii)、印度的乌代普尔太阳天文台(Udaipur Solar Observatory,India)、智利的托洛洛山天文台(Cerro Tololo Inter-American Observatory,Chile)。2001 年,GONG 的观测单元改进为能够连续观测 1000×1000 像素的多普勒图像和视向磁图的仪器,并在 2010 年增加了 Hα 单色像观测,升级为地基太阳活动监测系统。目前,该系统能够实现对太阳磁场和色球的持续监测,提供太阳磁场和耀斑等的监测信息。

2) 行星际传播监测

太阳爆发活动在行星际空间的传播还可以通过天体辐射源的行星际闪烁(interplanetary scintillation,IPS)来监测。行星际闪烁是指在射电源观测记录中由太阳风的不规则性引起的不规则强度起伏信息,源于约 200km 的小尺度电子密度变化,反映了与地磁暴相关的太阳活动扰动日变化信息。人们不仅可以通过地基射电观测研究太阳风的特征,还可以利用多站

IPS 观测确定太阳风的速度。这种方法在某种程度上突破了空间探测的限制，不仅可用来研究任何日心距和任何日球纬度上的太阳风，还能够长期监测行星际空间环境的变化，特别是能够研究日心距较短的地方，即空间探测达不到的区域。如果 IPS 与空间飞行器的直接探测相配合，则可以阐明太阳风的结构与物理性质。早在 20 世纪 50 年代到 60 年代，英国剑桥大学就用面积为 36 000m^2 的中星仪天线，在 81.5MHz 每天观测到 900～2500 个射电源的闪烁指数，从而每天都可以提供一幅三维的太阳风层电子密度分布图。20 世纪 60 年代，苏联的普鑫那在利用中星仪系统的过程中，也开展了相似的数据处理工作，每天可以"取样"150 个射电源。日本和美国采用三站模式来测量太阳风的风速。美国采用的 74MHz 频率监测系统已于 1987 年停止观测。

在国外各个行星际闪烁观测站中，印度的单站系统和日本的多站系统是比较有代表性的且能长期监测的系统。印度的行星际闪烁观测研究开始于 20 世纪 70 年代，行星际闪烁望远镜位于印度乌提（Ooty），是一架宽 30m、长 530m 的抛物柱面射电望远镜，总面积约为 16 000m^2，每天可观测的射电源约 800 个。乌提射电望远镜利用单站单频模式观测致密射电源，可通过谱拟合方式得到的闪烁功率谱获得太阳风风速和闪烁指数。日本的 IPS 望远镜系统由 4 架宽 20m、长 100m 的抛物柱面天线组成，四面天线分别位于富士、菅平、丰川和木曽。两两间距在 100km 左右，观测时用其中三面天线组成一个三站系统，望远镜采用机械赤纬扫描，在中天附近观测，每天可观测的射电源数目约为 100 个，可直接测出投影太阳风风速。

近年对 IPS 观测的兴趣并未因空间卫星（SOHO、ACE）等直接测量设备的增加而减弱；相反地，因可观测尺度大（0.1～1AU）、日纬范围广和可测量到卫星难以企及的日球层等优点，IPS 探测得到了长足发展。旧设备的更新（印度的乌提射电望远镜，日本的四站系统）、新设备的投入和研制（西澳大利亚的 MWA、欧洲的 LOFAR 和墨西哥的 MEXART）均提升了 IPS 的观测能力并拓展了其应用。

由于地球大气（常规气象）的影响，地面很难得到高质量的监测数据。位于地球同步轨道、地球晨昏轨道和日地第一拉格朗日点 $L1$ 的卫星可以实现不间断的太阳活动监测，但只能从日地连线的单一方向获得监测数据。最理想的监测是在日地空间多个位置设立监测点，实现从太阳赤道到太阳两极的多方位监测。目前，美国的 GOES 系列卫星搭载了太阳活动监测仪器，开展太阳 X 射线和高能粒子流量监测、X 射线成像监测。经过近 30 年的发展，美国、欧洲和日本等发达国家已经建立了从太阳源头、行星际空间、磁层和电离层的立体空间环境探测体系,构成有效的空间环境天基监测网。

3）主要监测资源

美国在轨运行的空间环境探测卫星或具有环境探测功能的卫星总数超过 40 颗,包括"DMSP""DSP""GPS""POSE""ACE""GOES""SOHO""Hinode""STEREO""COSMIC""SDO""IRIS"等,探测区域覆盖地球低轨、中轨、高轨一直到拉格朗日点、地球公转轨道、太阳极轨等深空区域,探测内容覆盖目前空间环境关注的所有要素,其中,"GOES""SOHO""Hinode""STEREO""SDO""IRIS"等卫星为太阳监测提供了丰富的观测数据,包括太阳高能粒子流量、多波段日冕成像和太阳光谱与磁场测量等。美国的天基和地基空间天气监测设施如图 5-1 所示。

美国、日本、欧空局等国家和机构通过天基和地基相结合的观测网来获取海量的太阳活动监测信息,并组织高等院校和研究机构的科研人员开展太阳活动预报研究,形成了诸多预报模式,用于支撑空间天气预报业务。SOON 专用于太阳磁场和太阳色球观测,RSTN 专用于太阳射电爆发频谱监测。天基的太阳活动和行星际监测卫星分为两大类:一类是专门的太阳活动监测卫星,如"GOES""SDO"等卫星,以提供空间天气监测信息;另一类是具有国际合作背景的科学卫星,如"ACE""SOHO""Hinode""STEREO""IRIS""DSCOVR"等卫星,在本领域实现了科学探测和空间天气监测并重。

以下着重介绍其中的 5 颗卫星。

（1）"SDO"卫星

2010 年 2 月发射的"SDO"(solar dynamics observatory)卫星运行于地球同步轨道,是 NASA"与恒星共存"计划的第一个任务,它主要用于了解太阳活动的起因及其对地球的影响。其搭载了 3 台载荷,分别为多波段极紫外成像仪(AIA)、极紫外谱仪(EVE)、全日面矢量磁场成像仪(HMI),可以对太阳进行近乎连续的观测,产生 130MB/s 的巨量数据。

（2）"ACE"卫星

"ACE"(advanced composition explorer)卫星是 NASA 空间探测的科学卫星之一,由约翰斯·霍普金斯大学的应用物理实验室(The Johns Hopkins University Applied Physics Laboratory,JHU/APL)研制,于 1997 年 8 月 25 日在美国佛罗里达州发射升空,主要探测来自太阳和行星际数千电子伏到上百兆电子伏间不同能量的粒子种类和通量信息。卫星探测数据由 NASA 的戈达德太空飞行中心(NASA-GSFC)进行初步整理。"ACE"

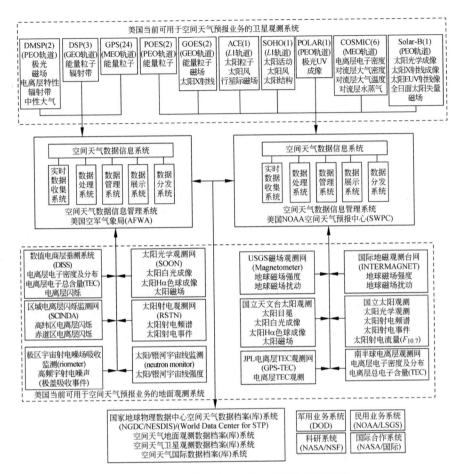

图 5-1 美国的天基和地基空间天气监测设施

数字代表卫星数量

卫星位于地球和太阳的第一拉格朗日点($L1$),其可比位于地球赤道的"GOES"卫星更早观测到来自太阳爆发的高能粒子通量变化。由于高能粒子从 $L1$ 点到地球同步轨道附近需要一定的传播时间,这个传播时间为利用"ACE"卫星高能质子通量数据对质子事件的预警提供了可用条件。

（3）"SOHO"卫星

"SOHO"(solar and heliospheric observatory)卫星是由欧空局和 NASA 共同研制的,旨在研究太阳的内部结构和动力学过程、太阳日冕及其加热机制、太阳风的起源与加速机制等。卫星于 1995 年发射升空,轨道为第一拉格朗日点($L1$),在日地连线上绕太阳公转。该卫星共搭载了 12

台仪器,其中针对太阳活动监测的有 6 台,分别为日冕成像(LASCO)、极紫外成像(EIT)、全日面速度场和磁场成像(MDI)、紫外光谱成像(SUMER,CDS,UVCS);针对太阳风监测的有 4 台仪器,分别为荷电成分和同位素分析系统(CELIAS)、超热能量粒子综合分析仪(COSTEP)、能量和相对论核子和电子分析仪(ERNE)、太阳风各向异性探测仪(SWAN)。这些仪器可以实时监测太阳大气中的多种物理参数和地球上游 150 万 km 处的太阳风参数,获得速度、密度、角度和粒子成分等数据,并将数据实时传回地球。

(4)"STEREO"卫星

"STEREO"(solar terrestrial relations observatory)卫星包括两颗几乎完全相同的卫星,由 NASA 设计,于 2006 年 10 月 25 日发射升空。这两颗卫星在逃离地球的引力后,分别位于地球的前方和后方绕太阳公转。通过对太阳进行立体观测,研究日冕物质抛射的成因、触发、传播特征等,从而实现对太阳风暴的监测和预报。

"STEREO"和"SOHO"卫星相似,主要目标是研究日冕物质抛射的全过程。因此,"STEREO"的双子卫星载荷都有与"SOHO"卫星相同的白光日冕仪和极紫外成像仪。同时,"STEREO"卫星还搭载了粒子/日冕物质抛射就地测量仪(IMPACT)和等离子体与超热粒子成分分析仪(PLASTIC)等 4套设备。IMPACT 主要用于测量等离子体的三维分布、高能粒子的特征参数和地磁场数据。PLASTIC 主要用于对地日冕物质抛射中等离子体的质子、阿尔法粒子和重离子的取样,并分析其成分和特性。PLASTIC 的数据可以用来区分日冕物质抛射和背景太阳风。

(5)"DSCOVR"卫星

"DSCOVR"(deep space climate observatory)卫星于 2015 年 2 月发射升空,并于 2015 年 6 月达到预定轨道 L1 点,可以用于各种太阳风情况、日冕物质抛射,以及臭氧、沙尘、云量和植被覆盖率等天气和环境的监测。目前,NASA 已经开始准实时地发布图像和数据资料。

由于所处轨道的优势,"DSCOVR"卫星可以实现地球光照面的持续观测,主要科学目标包括通过在日地中间的拉格朗日点 L1 测量太阳风来监测太阳活动;通过等离子体和磁强计观测太阳风情况,提前 15~60min 预警地磁暴的到来,提前 1~3 天预警地磁暴强度;接替"ACE"卫星,保持太阳风测量数据的连续性;通过国际实时太阳风网络(RTSWnet)下行传输。"DSCOVR"卫星搭载了多台载荷设备,其中的等离子体磁强计(PlasMag)主要用于监测太阳风,其通过三种方式为空间天气预报提供数据支持:一是利用磁通门磁强计测量时间分辨率为 30~40ms 的磁场向量;二是利用法拉第杯以 90ms 的时间分辨率测量太阳风等离子体中质子和 α 粒子的三维分布；三是以 800ms 的时间分辨率给出电子速度的三维分布。

国际上曾经长期监测太阳和行星际的卫星包括①"Yohkoh"卫星：运行于地球晨昏轨道，由日本、美国和英国合作研制，于 1991 年 8 月发射升空，所有的仪器成功地运行了 10 年；②"Ulysses"卫星：运行于黄道面外大倾角绕日轨道，由欧空局和 NASA 合作研制，于 1990 年发射升空，借助木星引力场实现黄道面外大倾角运行，每 6.2 年绕太阳极区一周，对太阳极区和行星际空间进行观测和采样分析，于 2009 年结束使命。

欧美国家多年来计划向日地 $L5$ 点发射太阳监测卫星，主要是因为在该点可以提前 4～5 天看到太阳东边缘大气中的各种现象，有利于空间天气预报。

另外，美国还拥有专门的空间天气监测卫星，如"DMSP"和"COSMIC"系列卫星，其主要任务是太空环境态势感知，部分数据对全球科研人员开放。天基和地基空间天气监测信息经由空间天气预报中心汇总处理后形成预报产品，发送至遍布全球的各类作战单元。

太阳活动是空间天气事件的源头，天基与地基相结合的太阳活动监测网络提供的太阳活动监测与预报信息在支援作战中发挥了重要作用。图 5-2 给出了美国天基和地基太阳活动信息服务于战场环境的信息流示意图。

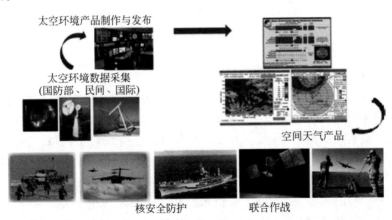

图 5-2　美国天基和地基太阳活动信息服务于战场环境的信息流示意图

2. 预报能力

目前，国际上多家研究单位（如美国 NOAA 空间天气预报中心、NASA

空间天气研究中心、密歇根大学、科罗拉多大学、英国气象局、比利时皇家天文台等)正在开发空间天气预报数值模型,但其中有关太阳活动的预报模型数值化程度相对较低。其中,基于爆发源区形态特征的经验预报方法研究开始于 20 世纪中期,基于爆发源区物理参量的统计建模方法研究开始于 20 世纪 90 年代。近年来,随着太阳物理研究及其空间天气应用研究的快速发展,国外太阳活动预报建模方法正在从大样本统计建模向数值化计算方法建模转变,可以向用户提供精确、及时、有效的多种类型的太阳活动预报信息产品。

作为空间天气业务预报的基础,大力发展天地一体化、全要素、无缝隙的监测体系,实现数据的实时处理和共享一直是各国努力的方向,目前已初步显露成效。许多空间天气预报产品就是基于互联网监测数据完成的。

开发基于物理过程的业务预报模型已经被气象预报证明是一条行之有效的、能够提高预报量化水平和预报精度的有效途径。以美国为代表的航天发达国家的成功经验是对相对成熟的科研成果进行业务转化。例如,SWPC 成立了模式转化小组,专门负责科研部门产出的物理模型的验证和业务转化,目前已经在业务上使用的包括太阳风、高能电子、电离层等多个预报模型。其中,计算 CME 传播的 ENLIL 模型预报精度很高,已在日本、韩国等的空间天气预报机构中使用。

目前,国际太阳活动预报模型依然处于以统计预报模型为主的发展阶段,其中,太阳风扰动的行星际传播模型具有较好的数值预报能力。

以下重点介绍背景太阳风、扰动太阳风和日冕物质抛射行星际传播方面的预报和模型。

1) 背景太阳风参数预报

背景太阳风参数预报需要给出行星际空间太阳风的三维分布,包括太阳风的速度、密度和磁场,主要通过预报模式来实现,包括经验模式和物理模式。在实际的操作中,背景太阳风的预报往往分成两个区域:一是日心距在数个到一二十个太阳半径以内的近日冕区域;二是日心距在数个到一二十个太阳半径以外的远日冕区域(或行星际区域)。在近日冕区域,主要利用光球层的磁场观测资料,模拟预报从源表面出发的太阳风粒子速度。在远日冕区域,主要通过模拟计算从源表面出发的不同速度的太阳风粒子在行星际空间的相互作用,预报太阳风到达指定位置(如地球轨道附近)的速度、密度及其携带的行星际磁场的特征。近年来,也有学者试图建立可以从近日冕(以太阳光球层为内边界)一直模拟计算至远日冕的行星际空间太阳风预报模型,并取得了一定的进展。在目前国内外的业务预报中,仍然以近日冕模型与远日冕模型相结合的方式进行太阳风参数的模拟。

目前,近日冕区域和远日冕区域都已发展有不同的预报模型。每个区域按照预报方法的不同,大致又可以分为经验预报模型和物理预报模型。经验预报模型主要基于对大量历史数据的统计分析,预先得到太阳风参数(目前主要是太阳风速度)和一些可观测计算量的某种关联函数,再在实际的操作中,根据这些可观测计算量的实时数据,代入已有的关联函数,计算未来一段时间太阳风参数的变化。物理预报模型主要在给定的边界条件和初始条件下,直接求解磁流体力学(megneto-fluid mechanics,MHD)方程,得到太阳风相关参数随时间的演化。其中,最著名的近日冕太阳风模型为Wang-Sheeley-Arge(WSA)模型;远日冕太阳风模型则有两个,分别为半物理、半经验的 Hakamada-Akasofu-Fry(HAF)三维运动学模型和基于磁流体力学模拟的 ENLIL 模型。美国 NOAA 的空间天气预报中心将 WSA模型和 ENLIL 模型进行耦合,建立了业务化运行的 WSA-ENLIL 太阳风预报系统。中国科学院空间环境预报中心对 WSA 模型和 HAF 三维运动学模型进行了改进和耦合,建立了自主的太阳风预报系统(WSA-HAF)。

(1) Wang-Sheeley-Arge 模型

1990 年,Wang 和 Sheeley 发现了太阳风速度与日冕磁通量管膨胀因子(f_s)具有显著的反相关特性,高速的太阳风来自于磁通量管膨胀较慢的区域。1991 年,Wang 和 Sheeley 还发现这个直观的物理经验与几个考虑Alfven 波的太阳风加速模型是一致的。

2000 年,Arge 等在 Wang 和 Sheeley 工作的基础上,提出了以 f_s 为参数的预测太阳风速度的连续函数,这就是第一代经验模型的来源,故称为"Wang-Sheeley-Arge 模型"。

2003 年,Arge 等发现太阳风速度也受冕洞边界到开放磁力线足点的最小角距(θ_b)的影响,于是在太阳风速度公式中引入 θ_b 这个几何参量,使预测结果更接近观测值。

后来,Arge 和 Luhmann 等于 2004 年、Owens 和 Arge 等于 2005 年、Owens 和 Arge 等于 2008 年分别对太阳风速度与日冕磁场几何因子的关联函数关系做了修正,目的是想找到最理想的经验公式。直到 2011 年,McGregor 和 Arge 等对以前的公式进一步修正,使其看起来更具有物理意义。

在整个 WSA 模型的运行过程中,源表面背景太阳风速度模型的实现主要包括 4 个关键步骤,分别对应模型具有的 4 个组成部分:光球层观测磁图的输入、日冕磁场的外推计算模型、具有决定意义或相关度很高的日冕磁场位形几何因子的提取、在某参考面(一般为源表面)计算太阳风速度的经验公式。在整个过程中,最为关键的一点是经过磁场外推得到磁场位形几何因子后,确定磁场几何参数和太阳风速度间的关联函数。

（2）基于 MHD 的 ENLIL 模型

MHD 模型是一种物理模型,它是建立在 MHD 方程之上的动力学模型,能够提供三维全球解决方案的关键等离子体参数。在理论上,MHD 模型是一个理想的可靠模型,但在实际操作中,往往有一定的困难。例如,即使在低分辨率下,模型完成一步计算也需要花几个小时,计算速度太慢;需要提供较多可靠的内边界等离子体参数才能得到较好的预报结果,在目前的观测条件下,这些边界参数常常不易获得,需要做很多假设;模型的计算需要对太阳风的加热/加速机制有比较清晰的了解,但太阳风是如何加热和加速的仍是日地空间物理需要研究的重大基础问题之一。

MHD 模型的研究思路:通过解 MHD 方程得到太阳风关键参数如密度 ρ、温度 T、磁场强度 B 和速度 v 等随时间和空间的演化规律。Odstrcil 等在 2003 年提出的 ENLIL 模型是第一个模拟近地球太阳风的 3D MHD 模型,模拟范围从太阳 60°S 到 60°N,把太阳风从 $21.5R_s$ 传播到 1AU 以远。

（3）HAF 三维运动学模型

HAF 三维运动学模型是一种半物理、半经验模型,其计算速度快,可以即时利用整个太阳源表面处的太阳风速度和磁场资料,很好地再现行星际磁场和扰动在行星际空间传播的大尺度三维结构,目前已由第一代模型发展到第二代模型。

HAF 三维运动学模型是 1986 年由 Akasofu 和 Fry 在 Hakamada 与 Akasofu 工作的基础上发展起来的第一代行星际扰动和地磁暴预报模式。Fry 等在 2001 年又发展了第二代的三维运动学模型,故又称为"Hakamada-Akasofu-Fry 模型"。通过这个模型,人们可以根据卫星观测资料计算得到行星际磁场和等离子体的密度、速度。其基本假设是单个太阳风粒子在离开源表面时,只有径向运动,并按照磁冻结理论把太阳的磁场带出去,而背景太阳风在源表面处的速度和密度分布可以根据不同模型给定（如 WSA 模型）。

背景源表面磁场为用光球磁场的观测值,采用势场模型计算得到的源表面磁场。由于太阳的自转,以不同初始速度离开太阳源表面的粒子在行星际空间将发生相互作用,速度快的粒子被减速,速度慢的粒子被加速。原则上,粒子的这种相互作用受 MHD 方程的约束,通过求解 MHD 方程可以

得到各粒子的速度 V 随时间的变化,从而确定粒子在时刻 t 距太阳源表面的距离 R(R-t 关系)。三维运动学模型关键的部分是在观测和理论 V-R 关系的基础上,形成一个经验的 R-t 关系曲线,以合理地表征依托观测和MHD 模型确定的行星际激波结构及其对地有效性。在只有背景太阳风恒定的条件下,从源表面同一位置但不同时刻出发的太阳风粒子在行星际空间位置的连线才为一条根部位于该源表面位置的行星际磁力线。由磁力线的疏密程度或磁通量守衡可以计算得到行星际某处的磁场强度。该处的太阳风速度则由其邻近区域太阳风粒子的平均速度求得。该处太阳风等离子体的密度也可以根据从太阳表面出发的太阳风密度通量守衡求得(图 5-3)。

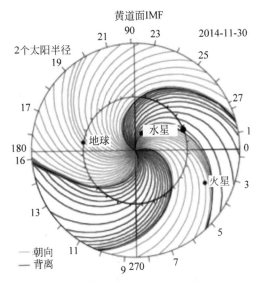

图 5-3　利用 HAF 三维运动学模型计算得到的黄道面上行星际磁场和密度分布

2)扰动太阳风参数预报

扰动太阳风参数预报主要基于太阳风模型开展,在业务预报中得到应用的包括 WSA-ENLIL 模型和 WSA-HAF 模型。这两种模型的基本功能是将近太阳的太阳风边界条件根据磁流体力学或者运动学的理论,推算到行星际空间 1AU 甚至更远。

因此,对扰动太阳风参数的物理模式预报思路为在 CME 发生后,通过 CME 三维参数反演模型,得到日冕物质抛射的运动学参数(位置、速度、传播方向、张角);将 CME 三维参数与源表面背景太阳风分布一起作为边界条件,代入 WSA-ENLIL 或 WSA-HAF 太阳风模式,计算 CME 在行星际中的传播过程。

（1）三维参数获取

常用的日冕物质抛射及其驱动激波参数的获取方法包括基于Ⅱ型伽马射线暴观测的激波速度获取法、基于锥模型的日冕物质抛射参数获取法、基于 GCS 模型的日冕物质抛射参数获取法和基于方位角的日冕物质抛射传播参数获取法。其中，基于锥模型的方法使用得最为广泛，也是当前国内外业务预报中所采用的模型。

基于锥模型的日冕物质抛射参数获取法的基本原理：假设日冕物质抛射具有与锥类似的结构，不同的锥模型再配以不同的顶部形态。在此基础上，根据在日冕仪中日冕物质抛射边缘轮廓或者各个位置角方向的投影速度来拟合描述立体锥的参数，进而获得日冕物质抛射的三维传播参数（传播速度、传播方向等）。根据锥的不同顶部形态，锥模型又分为圆锥模型（图 5-4(a)）、椭圆锥模型、非对称锥模型和冰淇淋锥模型（图 5-4(b)）。

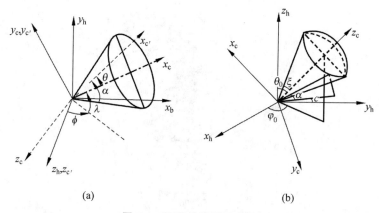

(a)   (b)

图 5-4　两种锥模型示意图
(a) 圆锥模型；(b) 冰淇淋锥模型

（2）扰动太阳风模拟模型

将获得的 CME 三维参数（位置、速度、传播方向、张角）与源表面背景太阳风分布和磁场共同作为边界条件代入太阳风模型，就可以模拟 CME 在行星际空间中的传播过程了。图 5-5 分别给出了 WSA-ENLIL 模型和 WSA-HAF 模型的运行实例。

结合了锥模型的 WSA-ENLIL 太阳风模型被称为"WSA-ENLIL-CONE 模型"；结合了锥模型的 WSA-HAF 太阳风模型被称为"WSA-HAF-CONE 模型"。

太空环境信息是空间天气服务于用户的关键节点，美国的做法为广泛

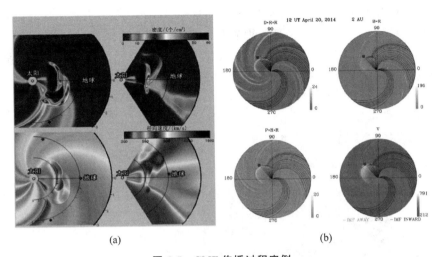

图 5-5 CME 传播过程实例

(a) WSA-ENLIL 模型；(b) WSA-HAF 模型

征集用户的需求，通过有效沟通，在充分考虑预报业务能力和产品性能的基础上，再将预报产品延伸。通过效应分析模型，生成效应服务产品，满足用户的实际需求。

目前，SWPC 已经建立了空间天气应用服务部，并在每年召开的"空间天气周"会议上，邀请用户对服务产品进行评价。当前，美国和欧洲在空间天气效应分析评估的能力发展和应用方面已经取得了实质性的进展。如美国在空间态势感知体系中建设的"空间环境效应融合系统"（SEEFS），就是针对一系列与空间相关的军事系统和活动，发展起来的可以对多种空间环境效应影响进行评估的技术系统，可以提供实时信息支援。SEEFS 针对在轨卫星，重点提供影响其安全与可靠的单粒子效应、表面充放电、深层充放电等空间环境危害的评估；针对卫星通信、早期预警雷达等，重点提供电离层扰动和太阳射电爆发对通信链路和预警区域的影响方式、程度和分布等的评估。SEEFS 在针对具体技术系统的空间环境效应评估的基础上，形成了服务于导弹预警、空间监视和情报等战略活动、并可针对具体战术活动的综合性空间环境效应提供决策支持。

3）日冕物质抛射行星际传播预报

中国科学院国家空间中心建立了日冕物质抛射行星际传播业务预报模式（图 5-6）。该模式主要由 4 个子模块组成：背景太阳风模拟、CME 探测识别、CME 参数反演和 CME 行星际传播模拟。背景太阳风模块根据太阳光球磁图，经过磁场外推和几何因子计算，获取源表面磁场、源表面太阳风速度,以及太阳大气——冕洞的分布图,这些结果提供了没有太阳爆发活动时,行星际的背景条件,是日冕物质抛射行星际传播的媒介。CME 探测识别模块根据太阳日冕仪图像,探测 CME 的发生,识别 CME 的轮廓和发展过程。CME 参数反演模块利用冰淇淋锥模型反演识别到的 CME 前沿在近太阳附近的运动学参数,如 CME 的速度、张角、运动方向。CME 行星际传播模拟模块将 CME 的运动学参数输入背景太阳风模式,利用运动学方法模拟 CME 在行星际的传播过程。

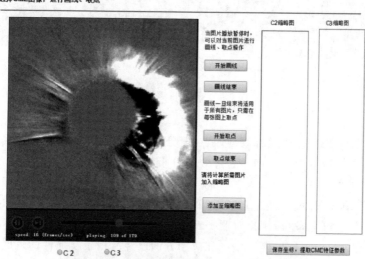

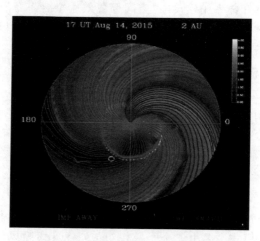

图 5-6　CME 行星际传播预报模式

　　CME 传播模式可用于日冕物质抛射对地效应的预报,即 CME 是否会到达地球、何时到达地球。通过对 2015 年 17 个 CME 事件进行预报评估,可以看到该模式对 CME 到达地球时间的预报和美国、比利时、英国等空间天气预报中心的结果相当,达到国际先进水平。

5.2.2　航天活动辐射风险感知

1. 辐射监测

　　据不完全统计,在全世界已发射的 356 颗与太空环境探测相关的卫星中,美国的卫星超过了总数的一半,其中美国 193 颗,超过总数的一半,其次为俄罗斯、德国、欧空局、日本、法国、英国、中国台湾地区、巴西、印度等,相关占比和数目见图 5-7 和表 5-1。

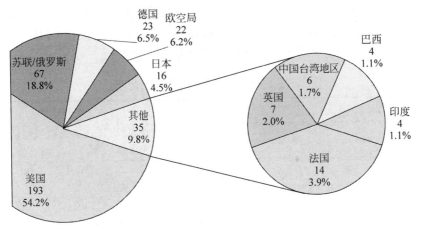

图 5-7　世界各国或地区用于战场太空环境探测的卫星数目

表 5-1　世界各国或地区用于战场太空环境探测的卫星数目

探测目标	美国	俄罗斯	德国	欧空局	日本	法国	英国	中国台湾地区	巴西	印度
太阳	50	7	0	4	1	1	0	0	0	1
太空大气	33	4	5	0	1	0	1	0	0	0
宇宙射线	20	7	0	1	0	0	0	0	0	0
电离层	28	5	1	0	6	0	5	6	3	0
磁层	47	33	7	16	3	0	1	0	1	0
微重力	6	3	2	1	3	0	0	0	0	2
微流星体	9	3	0	0	0	0	0	0	0	0
其他/综合	0	5	8	0	2	13	0	0	0	1
合计	193	67	23	22	16	14	7	6	4	4

长期以来,美国一直十分重视太空环境变化对其军事和经济活动的影响,其发射的用于空间天气观测的卫星数目在全球遥遥领先。美国通过军事卫星装载,参与 NASA、NOAA 的卫星计划形成了全球最庞大的太空环境业务监测网络。迄今为止,美国共发射 193 颗卫星用于监测近地太空环境、太阳活动和宇宙射线。

美国通过低、中、高、大椭圆 4 种典型轨道的 40 余颗业务卫星的长期搭载,具备了地球太空环境的持续态势感知能力,并计划逐步增加到 60 余颗,对全球具备 2～3h 的时空分辨力。美国除在自己的"DMSP""GPS""DSP/SBIRS""LANL"等 20 余颗卫星上开展太空环境搭载探测外,还参与了"GOES""POES""METOP""NPOESS"等 10 余颗应用卫星的太空环境探测任务。

这些卫星的运行轨道全面覆盖 $L1$ 点、地球同步轨道(GEO)、中地球轨道(MEO)、低地球轨道(LEO)、地球极轨(PEO)等,能够对太空环境进行多层次立体观测,美国的天基太空环境监测能力见表 5-2。

表 5-2　美国天基太空环境监测能力

卫星轨道	卫星型号	覆盖区域与特征
$L1$	SOHO、ACE、DSCVER 等	日地连线,日地系统物质传输必经之路
GEO	GOES、LANL 等	赤道面内地心距离 36 000km,与地面相对位置不变
MEO	GPS	导航轨道(22 000km)
LEO	DMSP、POES、MetOp、COSMIC、CNOFS 等	地面高度 1000km 左右,侦察、预警轨道,卫星多为组网探测
大椭圆(PEO/GTO)	DSP 等	贯穿 LEO、MEO、GEO

除美国以外,俄罗斯、日本、巴西、印度、欧空局等国家和组织都开展了颇具规模的天基空间天气探测,表 5-3 给出了其针对不同探测目标发射的太空环境卫星的不完全统计。

表 5-3　各国、地区和组织发射的太空环境卫星的不完全统计

卫星目标	俄罗斯	欧空局	法国	德国	英国	日本	中国台湾地区	巴西	印度
太阳	7	4	1	0	0	1	0	0	1
太空大气	4	0	0	5	1	1	0	0	0
宇宙射线	7	1	0	0	0	0	0	0	0
电离层	5	0	0	1	5	6	6	3	0

续表

卫星目标	俄罗斯	欧空局	法国	德国	英国	日本	中国台湾地区	巴西	印度
磁层	33	16	0	7	1	3	0	1	0
微重力	3	1	0	2	0	3	0	0	2
微流星体	3	0	0	0	0	0	0	0	0
其他/综合	5	0	13	8	0	2	0	0	1
合计	67	22	14	23	7	16	6	4	4

注：① "其他/综合"指太空环境的综合探测，不针对某个特定的目标；

② "欧空局"指以欧空局名义发射的卫星，欧盟国家单独发射的卫星不计入欧空局；

③ 该表以卫星数量统计。

2. 辐射预报预警

美国十分重视太空环境预报模式的研究，对此开展了大量工作，研发的预报模式总量近百个。但这些模式向应用转化十分困难，特别是理论模式和数值模式。美国地磁活动预报的探测数据以自身提供为主，其预报现状见表 5-4。从表中可以看出，目前仍缺乏针对局部区域的精细化预报和针对载人航天等任务的定制预报能力。

表 5-4 地磁活动预报现状

预报要素	产品	应用	预报水平	方法和模型	需求度
地磁场模型	地磁场状态预报	航天器姿态控制 辐射带数据处理 辐射带建模 辐射效应分析	不满足	无自主模型	重要
磁层顶穿越	短期预报	同步轨道卫星姿态	部分满足	经验统计	重要
地磁暴	短期预报	大气密度模型 轨道衰变	部分满足	经验预报	重要
地磁 Ap 指数	短期预报	大气密度模型 轨道衰变	部分满足	经验预报	核心
	中期预报		部分满足	经验统计	
	长期预报		部分满足	经验统计	
地磁 Kp 指数	警报	轨道衰变 航天器姿控	部分满足		核心
	短期预报	轨道衰变	部分满足	神经网络	核心
Dst 指数	短期预报	轨道衰变	部分满足	经验统计	重要
地磁 K 指数	现报	地磁扰动状态描述	部分满足		一般
地磁 AE 指数	短期预报	极光和 高能电子暴预报	部分满足	经验统计	重要

5.2.3 电波传播影响监测预警

受地理环境和设备自身特点的限制,地基电波环境观测存在测量范围有限、空间不连续等缺点。欧美在完善地基观测网的基础上,不断强化天基电波环境监测预警能力,逐步形成天基地基联合的电离层观测和任务保障能力。

1. 天基探测

近几十年,国外在天基电离层环境监测方面获得了长足的发展,天基电离层监测手段日益丰富。各国或地区与电离层有关的天基探测卫星见表5-5。

表5-5 各国或地区与电离层有关的天基探测卫星

序号	卫星	卫星轨道	载荷和监测物理量		输出
1	DMSP(美国)	近圆形太阳同步轨道,轨道倾角为98.7°,高度为835~850km,轨道周期约为100min	线性扫描系统	全球云层分布和云顶温度	测量降水量、地表温度和土壤水分,以及在各种天气条件下采集专业的全球气象、海洋和太阳-地球物理信息
			沉降粒子光谱仪	探测能量在32eV~30keV的沉降电子和离子的能谱特征	
			磁通门矢量磁力计	观测地磁扰动信息及其相关的物理现象	
			微波成像仪(SSM/I)	测量大气、海洋和陆地的微波亮度温度	
			大气温度成像仪	探测较高高度大气温度	
			大气水汽成像仪	提供全球水汽密度检测	
			热等离子体监测仪	提供电离层顶部热等离子体的密度、温度、速度、离子相对丰度等数据	
2	COSMIC(美国与中国台湾地区)	6颗卫星分布在约800km轨道高度,倾角为72°,相邻卫星轨道平面夹角为30°	电离层光度计	电离层总电子含量	气象、电离层科学卫星
			掩星接收机	电子密度剖面,L波段GNSS-LEO链路闪烁	
			三频信标仪	VHF/UHF/L波段LEO-地面链路闪烁,LEO-地面链路电离层TEC/电子密度	

续表

序号	卫星	卫星轨道	载荷及监测物理量		输出
3	TIMED（美国）	625km 高度，轨道倾角为 74.1°	全球紫外成像仪	测量全球 MLTI 层的成分和温度扩线，及该区极光能量的输入	了解能量是如何在地球大气层中的散逸层和低热层/电离层（MLTI）之间转移的，以及导致这一现象的基本因素
			太阳紫外实验	测量太阳紫外辐射在 MLTI 层的能量沉降	
			多普勒干涉仪	MLTI 层的全球风场和温度场	
			大气廓线测量仪	提供较高高度和谱范围内的大气热辐射	
4	C/NOFS（美国）	轨道倾角为 13°，近地点高度为 400km，远地点高度为 850km	电场测量设备	电场强度	电离层闪烁监测预报
			磁场测量设备	磁场强度	
			朗缪尔探针	离子密度、电子温度	
			等离子体分析仪	离子漂移速度、温度、密度	
			中性风计	中性风速度	
			三频信标	LEO 卫星-地面链路闪烁指数/TEC	
			掩星接收机	LEO 卫星-GPS 卫星链路闪烁指数/电子密度	
5	COMPASS-1，COMPASS-2（加拿大）	高度为 400km 的圆形轨道，倾角为 79°	VLF/LF 波谱分析仪、无线电频率波谱分析仪、三轴磁力仪、GPS/无线电断层 X 光影像接收仪、UHF 接收仪、热能粒子分析器、等离子体推进器/发生器等	监测地震有关的等离子体、波动等现象	探测与地震有关的地球物理现象
			GPS 掩星接收机、双频信标机、无线电频率分析仪、低频电磁波综合观测仪、辐射和紫外探测器	探测由灾难性事件（地震、强磁暴等）引发的大气层、电离层和磁层的异常地球物理现象	探测与地震有关的地球物理现象

续表

序号	卫星	卫星轨道	载荷及监测物理量		输出
6	DEMETER（法国）	高度为710km的准太阳同步圆形轨道，倾角为98.23°	朗缪尔探针、三分量电场探测器、三分量磁场探测器、高能粒子分析仪	探测电子的密度和温度；DC-3.5MHz的电场；10Hz～18kHz的磁场；离子的成分、密度、温度和速率；60～600keV的高能电子通量	探测由地震、火山和人类活动引起的电离层扰动

2. 天基搭载探测

在发展专用的天基电离层探测卫星（星座）的同时，国外也积极利用多种卫星平台实现了搭载观测，如专用于电离层观测的极远紫外成像光谱仪、卫星信标观测设备等，部分卫星的搭载示意图如图5-8所示，详细参数见表5-6。

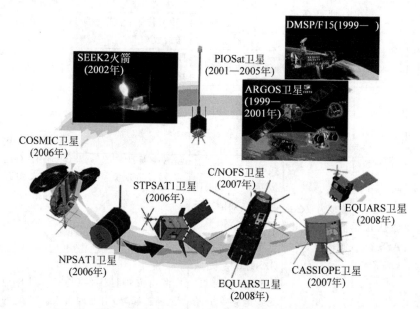

图 5-8 搭载有卫星信标的美国部分天基电波环境探测卫星

表 5-6 用于电离层观测的极远紫外成像光谱仪信息

发射时间	载荷名称	搭载航天器	国家机构	用途
1967.7	紫外气辉光谱仪	"OGO-4"卫星	美国NASA	测定地球极远紫外气辉中的氢原子拉曼 α 谱线、原子氧 130.4/135.6nm 谱线,原子氮 149.3nm 谱线和分子氮的 LBH 带辐射
1986.2	紫外极光成像仪	"Viking"卫星	瑞典SAAB和波音公司	研究全球范围内的磁层和电离层耦合作用、亚暴极光形态和动力学、电离层等离子体对磁层的加热作用等
1986.11	极光电离层遥感器	"Polar" BEAR 卫星	美国NASA	观测地球电离层的远紫外极光
2000.3	远紫外成像仪	"IMAGE"卫星	美国NASA	获得地球等离子体层的第一幅全球图像,其数据被美国和日本的国家海洋和大气部门用于空间天气预报
2000.3	极紫外成像仪	"IMAGE"卫星	美国NASA	获得地球等离子体层的第一幅全球图像,其数据被美国和日本的国家海洋和大气部门用于空间天气预报
2001.12	全球紫外成像仪	"TIMED"大气观测卫星	美国NASA	每隔 12h 左右可获得一次全球紫外气辉和极光的图像资料
2003.10	特殊传感器紫外光谱成像仪	"DMSP"系列气象卫星	美国NASA	对地球电离层大气进行远紫外波段极光与气辉的探测
2006.11	临边紫外成像仪	"DMSP F17"气象卫星	美国NASA	观测地球极光和气辉,可以获得地球大气层随高度变化的物质含量分布信息

3. 陆基探测网

通过地基 GNSS 信号监测电离层状态、识别太空环境对雷达、导航、通信的影响是各国通用的方法。电离层是影响短波信息系统和天基信息系统的重要环境因素,为了研究电离层的变化规律,全球范围内建立了广泛的电波观测站网。其中,澳大利亚建有 15 个电波观测站,日本建有 4 个电波观测站。

美国通过军民统筹、国际合作等多种模式,构建了天地一体化的太空环境观测系统,包括美国国防部 DOD、美国政府机构 NOAA、NASA,以及国外一些组织机构的天基和地基观测资源。通过基础科研、数据交换、国际合作等多种模式积累全球观测数据资源,实现天基地基数据的有效融合和开发利用,并由美国国防部和 NOAA 分别服务于军、民两类用户。

在 2013 年公布的空间天气监测系统发展规划中,美国非常重视军内和民间的观测数据融合应用、美国与同盟国家的观测数据融合应用,以及美国与非同盟国家可能实现的观测数据交换和融合应用,并计划充分挖掘可用数据资源在电波环境信息应用中的价值,加强电波环境观测和数据反演自动化建设、军民和国内外数据资源融合处理等工作,从而在不显著增加成本的前提下,大幅提升电离层及其传播模型的运用效能。

4. 预警预报

美国正在致力于打造日地空间应用环境综合体系(ISES-OE),发展基于物理模型的空间天气模拟与应用系统是其中的重要内容。2012 年,美国海军实验室开发了基于观测数据与物理模型(SAMI3)的参数化电离层模型,并成功地将其应用于电波环境信息服务中。2013 年,澳大利亚国防科技组织融合了三维射线追踪技术、大气和电离层参数经验模型,提出了一种新型电离层吸收模型(SiMIAN),实现了对电离层反射和透射电磁波(包括 O 波和 X 波)吸收损耗的快速计算,并在初步应用中取得了良好效果。

1)电离层扰动预报

国际上开展电离层预报的主要有美国、欧洲、澳大利亚等国家和地区,我国也具备了较强的预报能力,形成了多种电离层预报模式。在业务中应用较多的主要有电离层 D 区吸收模式、暴时电离层修正模式、电离层电子总含量(TEC)模式、IRI 模式,以及全球电离层同化模式(GAIM)。电离层 D 区吸收模式是一种经验模式,可预报太阳 X 射线耀斑对无线电波在电离层中的传播影响,用于预测高频无线电通信中断事件;暴时电离层修正模式可以给出电离层 F 区临界频率变化的分布,可用于估算电离层扰动对地磁的影响;电离层电子总含量模式可实时计算垂直和斜向的 TEC,给出沿 GPS 卫星和接收机路径上电子总含量变化引起的 GPS 信号延迟;电离层 IRI 模式可以计算电子、离子密度和温度等参量随太阳活动、地磁扰动和高度变化等的分布规律;美国海军实验室开发了三维中低纬电离层模式(SAMI3),考虑了 7 种带电离子,可以计算 100km 至几千千米区域的等离子体密度、速度和温度。

美国国防部把电离层数据同化定为 12 所综合大学优先研究的计划之一,并支持开发了全球电离层同化预报模型(USU GAIM、JPL/USC GAIM)、四维电离层数据同化模型(IDA4D)、数字电离层模型(IonoNumerics)、实时同化映射模型(real-time assimilative mapping,RTAM)等,欧洲开发了电离层同化模型(assimilation models of the ionosphere,AMI)、多源数据分析系统(multi-instrument data analysis system,MIDAS)、电子密度同化模型(electron density assimilative model,EDAM)等多个电离层数据同化模型。

(1)美国

美国发展的电离层 TEC 现报技术利用了包括 CODE、GPS/Met 和 IGS 等网络在内的 70 个 GPS 地面站数据,并采用了先进的插值技术,对边界附近的外插做了特殊处理。其发布的内容包括 VTEC 现报、TEC 误差分布、近期变化趋势、斜向 TEC 等,主要为单频和双频 GPS 用户提供电离层延迟信息。

(2)欧洲

从 1991 年起,先后有 20 多个国家的上百名研究人员参与了"COST"计划中电离层及其应用方面的研究。关注的重点包括电离层模拟、预测和预报模型、电离层探测方法和数据反演技术、电离层剖面及其应用技术、电离层瞬态现象及其传播效应(如闪烁)、电离层高频无线电波传播效应、电离层长波无线电波传播效应、电离层对全球定位系统(GPS)的影响等。

(3)澳大利亚

针对短波(高频)用户需求,澳大利亚研制了电离层 T 指数分布模型、电离层 foF_2 数字地图等,为用户提供电离层环境及短波系统链路信息,发布的信息主要包括区域高频链路信息(链路可靠度、高频应用环境、电离图、链路衰减、T 指数等)、高纬和国际极区科考年信息(高纬空间天气状态、国际极区科考信息等)、全球高频信息(全球高频应用环境、衰减分布、极盖吸收分布、T 指数、电离层参数分布、链路可靠度、近期 foF_2 曲线图、T 指数分布等)。其中,电离层 T 指数是基于数十年的历史数据,分析 foF_2 与太阳黑子数的相关性,根据其相关系数,反映电离层 foF_2 相对参考值的偏离,在国际上具有较高的影响力。

2)电离层扰动风险预警

(1)电离层突扰

电离层突扰主要由人工基于一些日地物理现象进行预报。美国、欧洲也发展了一些经验模型,但模型的漏报和虚报严重。在电离层突扰的效应评估方面,美国空间天气预报中心发布了全球实时 D 区电离层吸收分布模型。该模型以太阳 X 射线和高纬粒子沉降数据为电离源,根据大气电离和碰撞引起短波吸收经验公式,可以计算获得全球电离层对短波的吸收分布。

（2）电离层暴

电离层暴的预警预报涉及太阳、磁层、电离层和地磁等整个日地太空环境多参量和能量的耦合计算，目前对电离层暴的产生机制和形态规律的认识还不够清楚，要实现准确预报还存在较大难度。目前，电离层暴模型主要有美国开发的暴时电离层经验模型（STORM）、欧洲开发的实时动力学电离层暴模型和美国正在试用的电离层暴物理模型等。

① 暴时电离层经验模型

由美国开发的暴时电离层经验模型给出了全球范围的暴时电离层 foF_2 修正因子（CF），它与地磁 Ap 指数在过去 33h 内的加权滤波积分有关，同时 CF 还与观测点所在的地磁纬度和季节有关，已包含在国际参考电离层（IRI 2001）中。然而，这些暴时电离层经验修正模型也具有一定局限性，还不能完全实现对电离层暴的有效修正。

② 实时动力学电离层暴模型

欧洲实施的"COST251"计划使用了由英国卢瑟福-阿普尔顿实验室提供的短期电离层预报（STIF）软件。该软件和支持该软件的电离层垂测站网络在"COST271"计划中得到了维护和升级。短期电离层预报服务可以提供存档的测量数据和预测未来 24h 的电离层参数（foF_2、$MUF(3000)F_2$、TEC 等）。

为了满足日益增长的无线电通信对电离层暴预报能力的需求，在短期电离层预报软件的基础上，欧洲正在开发实时电离层暴动力学模型。该模型假设由太阳风参数扰动来预报电离层扰动发生的时间和强度，其技术途径是联合欧洲地区四站的实测电离层 foF_2、$M(3000)F_2$、"ACE"卫星观测到的行星际磁场（IMF）和太阳风等参数来实现电离层暴动力学模型的开发。

③ 电离层闪烁

为了在全球范围内实现对电离层闪烁造成的通信/导航系统中断的监测和预报，美国开发了 WBMOD（wide band scintillation model）模型，该模型利用美国 SCINDA（scintillation network decision aid）数据实现电离层闪烁的短期预报，以防止电离层闪烁对美国航天系统的潜在干扰和破坏。

5. 态势信息运用

美国等借助其具备的天地一体化监测手段、依托有效的数据共享和大量的理论研究成果，已初步具备了对全球范围的电离层环境影响的实时评估（现报）、短期预报和灾害性事件报警等能力，以评估电离层扰动对信息系统性能的影响，以便采取必要措施应对空间电波传播环境扰动对通信系统造成的中断和性能危害。例如,美国研制了太空环境网络发布系统(OpSend)和太空环境影响融合系统(SEEFS)等,借助其天地一体化的监测数据,具备了对全球范围的电离层环境影响实时评估能力、短期预报和灾害性事件的警报能力,并对电离层扰动引起的卫星导航定位误差、卫星通信衰落区域、短波通信覆盖范围等进行评估,将这些影响和评估分发到相关用户,其服务内容包括战略服务(包括导弹预警、空间目标监视、雷达智能控制等)、战场服务(包括中心通信、中继通信等)、城市服务、商业服务等。

以美国空间探测与跟踪系统为例,该系统包括 Eglin 基地的 AN/FPS-85 相控阵雷达,Clear 基地、Cape Cod 基地和 Beale 基地的 PAVE PAWS 雷达,Kwajalein 导弹实验场的 ALTAIR 雷达等。美国积极对电离层模型成果进行工程化应用,并对耗时巨大的电离层理论模型(LOWLAT、MIDLAT、ECSD、TDIM 等)进行工程应用的参量化,得到 PRISM、IECM 等模型,再利用实测数据进行模型驱动,实现对雷达系统的电离层误差修正。

5.2.4 太空大气环境感知

1. 太空大气环境监测

目前,国际上对太空大气密度探测的方法主要有压力计法、质谱计法和加速度计法。干涉光谱技术是以遥感模式探测大气精细光谱辐射特征的一种重要手段,其原理为通过对大气中 O_2、Na、O、O_3、OH 等粒子谱线的多普勒频移、展宽和强度的探测,获取干涉图像的相位、对比度和幅值等变化信息,反演得到风速、温度、辐射率、粒子流密度等大气物理参数。大气环境监测主要以太空环境就位搭载和专星监测为主。

国外已开展多年的太空大气探测,早期 NASA 的"AE"卫星、"DE"卫星均开展了单星大气探测,后期的"QB50"计划和"Armade 星座"计划的探测卫星多达上百个,实现了多个高度、不同倾角、不同地方时的大气探测,获取了太空大气密度、成分、风场和温度数据。

下面对几个主要探测卫星和计划进行介绍。

1)"TIMED"卫星

"热层-电离层-中层能量与动力学"(TIMED)卫星装配了大量的高层大气观测设备。其中,全球紫外成像仪(GUVI)用于测量低热层的成分与温度,大气宽带辐射(SABER)仪能测量平流层、中层和低热层的压力、温度、大气成分和大气辐射,多普勒干涉仪(TIDI)可以测量 MLT 的水平风场矢量。此外,"CHAMP"和"GRACE"等卫星的加速度计还可以对全球热层高度的风场、密度进行就地测量。这些仪器分别对全球 MLT 和热层等区域的大气温度、密度、风场进行了长期的高精度观测,所取得的资料对支撑太空大气动力学研究具有重大意义。

2)"ANDE-2"计划

由 NASA 主导的"大气中性密度实验计划 2 号"(atmospheric neutral density experiment-2,ANDE-2)卫星于 2013 年发射,其由两颗球形卫星组成,运行在 100~400km,采用电场偏转探测技术对太空大气进行原位探测,卫星的设计寿命为一年。

3)"QB50"计划

由欧盟主导的"50 立方星"(QB50)于 2017 年发射,该卫星网络由 50 颗立方体卫星组成,运行在 90~320km,采用电场偏转探测技术对轨道中性大气进行原位探测,卫星网络的设计寿命为三个月。

4)"ARMADA"计划

由美国海军研究实验室和 NASA 戈德达航天中心联合研发的"低热层探测"(ARMADA)计划于 2017 年实施,该卫星由 48 颗 3U 立方体卫星组成,运行在 120~550km 的 6 个轨道面上,采用小型偏转能量分析技术对太空大气环境进行原位探测,设计寿命为两年。

2. 太空大气环境预报

1)大气密度的建模与修正方法

大气密度的建模与修正方法主要包括基于物理过程的理论分析建模、基于观测数据的半经验模式建模与模型修正、基于观测要素的模型修正、基于实时监测数据的短期动态模型修正等 4 种方法。

(1)基于物理过程的理论分析建模

从描述粒子的输运方程出发,借助一定的数据方法和计算手段,通过一系列能量、动力学和化学方程式组合对高层大气中复杂而紧密的耦合过程进行描述,得到大气中的粒子浓度、速度、温度的时空分布特征,最终建立由质量、动量和能量守恒方程,以及连续性方程组成的大气密度模型。

理论模型受数据源的限制相对较小,能够对特定物理问题进行模拟,但需要准确地给出初始条件和驱动参数。经过几十年的发展,数值模型已经逐渐成熟并开始应用于空间天气预报业务。数值模型更加全面地考虑了高层大气的变化机制和物理内涵,在描述磁暴等特殊扰动事件时具有一定的优势。然而其计算量较大,需要专门的设备来运行。另外,其边界条件也需要实测数据的引入。因此,该类模型一般用于理论研究和特殊事件分析,目前还没有用于卫星轨道预报业务的报道。

（2）基于观测数据的半经验模型建模与模型修正

由于空间中大气运动变化的物理过程非常复杂，目前还没有很好的物理模型能够准确地描述太空大气的物理状态。因此现有的大气密度模型基本是基于观测数据的半经验模型。建模的基本过程是在一些简单物理过程的基础上，考虑大气密度随季节、纬度、地磁活动和太阳活动等因素的影响，利用实际观测数据建立统计的半经验模型。建模采用的实际观测数据主要包括卫星轨道数据、大气原位探测和卫星加速度仪反演等大气密度反演数据等。随着精密卫星轨道数据、实测大气密度探测数据的不断丰富与增加，各类半经验模型也随之改进并投入使用。

（3）基于观测要素的模型修正

尽管人们不断使用精度更高的数据对模型进行改进，但是大气密度的模型精度始终不能有效提高，均方根误差始终处于 15%～20%。为此，相关研究者考虑从影响大气密度的因素上对模型进行修正，例如，在模型中增加太阳辐射指数、地磁指数等信息。国外的 JB2006 和 JB2008 模型在引入紫外波段太阳辐射指数、Dst 地磁指数后，在地磁平静期大气密度的标准偏差可以降低至 10%左右。目前，国内尚不能实时获取上述指数，且指数的预报水平有限。

（4）基于实时监测数据的短期动态模型修正

现有大部分模型研究主要是基于大气长期变化的规律，旨在提高大气模型在大尺度下的平均精度。但美国较早地认识到提高大气模型的短期精度更具有可行性。美国太空作战实验室于 2002 年 8 月完成了一项名为"高精度卫星阻力模型"（HASDM）的计划。该计划历时 18 个月，旨在建立一个"大气模型短期动态修正模型"，利用美国空间监测网的数据对大气模型进行修正，并用于 3 天内的全球大气短期预报，从而提高卫星轨道的预报精度。该计划放弃了对大气模型精度在长时间跨度上的改进，转而用近期的实测资料对短期内的大气进行修正，使其满足跟踪、编目、甚至战时的需要，"HASDM"计划可以显著改善轨道短期预报精度。

2）常用于预报的大气密度模型

常用于预报的大气密度模型主要包括标准大气模型和参考大气模型，具体介绍如下。

（1）标准大气模型

标准大气模型主要用于描述在一定的太阳活动条件下，某地区（如中纬度）从地表到上千千米高度垂直方向上稳态的地球大气气温、气压、湿度等的平均参数。

① USSA-1962 标准大气模型

1962年,美国标准大气推广委员会提出了 USSA-1962 标准大气模型,其能够反映太阳黑子数从最小值到最大值期间,中纬度地区在 5～700km 的大气全年平均状况。根据不同的精度要求,该模型被分为 4 个高度范围:位势高度 5～20km 为标准模型、位势高度 20～32km 为建议性标准模型、位势高度 32km 至几何高度 90km 属于实验性的摸索、几何高度 90～700km 属于探索性的摸索。

② USSA-1976 标准大气模型

USSA-1976 标准大气模型是在 USSA-1962 标准大气模型的基础上修订得到的,它代表在中等太阳活动期间,中纬度地区由地面到 1000km 的理想静态大气的平均结构。该模型在位势高度 51km 以下和 USSA-1962 完全相同,在 50～80km 与 ISO 的暂用国际标准一致。

美国标准大气推广委员工作组认为,USSA-1976 模型是表示大气平均状况的最佳模式。该标准大气模型得到了广泛的应用,并被 ISO 等国际组织和许多国家作为标准。

(2) 参考大气模型

标准大气模型能够粗略反映中纬度地区多年的大气年平均状况。随着人类航天技术的快速发展,标准大气模型在航天工程的应用中已不能满足使用要求,参考大气模型应运而生。参考大气模型是同时考虑大气参数随纬度和季节等变化而拟订的大气模型,可以描述不同太阳活动和地磁活动条件下的各种大气参数的变化,主要包括以下模型。

① Jacchia 系列模型

20世纪60年代,基于大量卫星的轨道衰变反演的大气密度数据建立了 Jacchia64(简称"J64")模型。随着卫星轨道监测数据和卫星质谱仪等大气密度测量数据的不断丰富,在随后的数十年里,通过不断地修正与改进,又相继开发了 J70、J71、J73、J77 等模型,其在空间目标定轨预报中得到广泛应用,是许多大气模型发展的基础。目前,J70 模型一直是美国海军和空军空间目标定轨预报的标准模型。

2006年以后,在不断吸取新的探测数据和研究手段的基础上,美国空军空间指挥中心组织对 J71 模型进行了改进,开发了 Jacchia 系列的最新模型——JB2006 和 JB2008 模型,引入了新的太阳活动指数、地磁活动指数和外层大气温度等参数,形成了计算公式,同时在模型数据库中加入了"CHAMP"和"GRACE"卫星反演的高精度大气密度数据,并融合了

"SOHO"卫星和"NOAA"系列卫星获取的太阳活动指数信息,取得了很好的效果。据国外文献报道,这两个模型在400km处平静地磁条件下的内符合精度首次达到10%,是近年来大气模式研究的一个较大突破。

② MSIS系列模型

20世纪70年代,美国戈达德飞行中心开始以火箭、卫星质谱仪和地基非相干散射雷达的观测数据为基础,建立了MSIS系列模型,先后形成了OGO-6、MSIS77、MSIS79、MSIS83、MSIS86、MSISE90等不同版本的模型,主要应用于研究领域,并服务于航天工程。

21世纪初,美国海军实验室以J70和MSISE90模型为基础,完善并发展了MSIS系列模型,在最新版本的NRLMSISE-00模型中,引入了更加充分的卫星加速度计和精轨衰减反演得到的大气密度信息,并首次考虑了氧对500km以上高纬度地区大气密度的影响;同时还吸收了太阳峰年美国科学卫星"SMM"上太阳紫外掩星观测的氧分子数密度,以及地基非相干散射雷达的温度等数据。与其他模型相比,该模型可以描述从地面到热层高度范围(0～1000km)的中性大气密度、温度、成分等大气物理信息,并且可以给出这些参量随太阳活动、地磁活动的年、季节乃至昼夜的变化。目前,NRLMSISE-00模型在卫星轨道预报、寿命估计等方面已得到了比较理想的应用。

③ DTM系列模型

DTM系列模型是由法国地球和行星测量的相关机构(Department of Terrestrial and Planetary Geodesy)研制的,是少有的非美国开发的优秀模型之一。DTM系列模型采用了J71模型中基于不同大气层成分的独立静态扩散平衡假设,结合卫星阻力、加速度计数据、卫星测量的大气成分和温度等数据,建立了DTM-78、DTM-94、DTM-2000三种模型。其中,DTM-2000模型增加了非相干散射雷达的温度观测数据,以及UARS卫星的温度和风场观测数据,使120km高度上的温度和温度梯度更加符合理论和实际分布。

④ CIRA模型和GRAM模型

CIRA模型和GRAM模型是两家国际机构各自推荐的参考大气模型,这些模型将他人已经发表的比较成熟的模型加以集成并推广运用。

CIRA是国际空间委员会的参考大气模型,包含CIRA 1961、CIRA 1965、CIRA 1972、CIRA 1986和CIRA 2008等。CIRA 2008是CIRA系列模型的最新版本,可以计算高度为0～4000km的大气温度和密度。

GRAM是NASA马歇尔飞行中心(Marshall Space Flight Center, MSFC)的全球参考大气模型,包含GRAM1974、CIRA 1986、CIRA 1988、CIRA 1990、CIRA 1995、CIRA 1999和CIRA 2007等。

⑤ MET 系列模型

MET 模型由 Hickey 在 1988 年发布首个正式版本——MET 模型 (MET-1988),该版本实际是结合 J71 模型的时间和空间变化对 J70 模型的修正,改善了大气热力学特性的计算结果。目前,最新的版本为 2002 年发布的 MET-V2.0。MET-V2.0 可以给出 90～2500km 的大气总质量密度、温度和各个成分的密度。

与其他模型相比,MET-V2.0 的不同之处是它所采用的 $F_{10.7}$ 指数是 162 天 $F_{10.7}$ 指数的平均值。目前,MET-V2.0 的主要用户也是一些航空航天机构。

⑥ HASDM

HASDM(high accuracy satellite drag model)是 2002 年 8 月美国空军空间作战实验室(Air Force Space Battle Lab)历时 18 个月,利用一系列低轨定标卫星的阻力数据建立的高精度卫星阻尼模型。该模型可以估计并预报全球大气密度场的动力学变化,以满足美国对空间目标跟踪预报的高精度需求。HASDM 通过定标卫星的阻力数据,利用动力学大气定标 (dynamic calibration atmosphere,DCA)算法估计大气密度的周日变化和半周日变化,并将大气密度纬度、地方时和高度等信息进行函数化表达。同时也可将 SOLAR2000 模型的输出作为 HASDM 的输入,使 HASDM 具有预报功能。此外,HASDM 可利用时间序列预报滤波器(prediction filter)将太阳极紫外辐射指数($F_{10.7}$)、地磁指数(Ap)与 DCA 密度修正参数结合起来,取得较为完备的修正效果。HASDM 可使定轨误差(RMS)降低约 32%,预报 1 天的误差降低约 25%。目前,该数据并未公开。

HASDM 放弃了对大气模式精度在长时间跨度上的改进,转而用近期的实测资料对短期内的大气进行修正,提高时变性,使其更加满足跟踪、编目甚至战时的需要。

5.2.5 临近空间飞行环境监测能力

1. 临近空间大气监测

1) 重点区域监测能力

国外一方面利用多个站的单个设备组网,形成某些参量的区域监测能力;一方面采用多种地基设备和探空火箭等方法,建设综合性的观测台站,形成重点地区的综合监测能力。目前,临近空间地基探测正向着多台站、网络化、多手段联合观测的方向发展,实现"由点到线、由线到网"。国际上诸多地基监测大国均力求通过在本国多建监测台站来实现对临近空间大气环境的加密监测,同时开展国际合作,在全球陆地和海洋岛屿建立观测网络,实现全球探测资料共享。

在组网监测能力方面,世界气象组织建议在陆地人口密集区域布设的地基高空大气台站的最小水平间距为250km,在人口稀疏地区和海洋地区布设的高空大气台站的最小水平间距为1000km。目前,美国本土的高空大气台站的平均间距为315km。

目前,全世界共有各类气球探空站约1300个,另外还有15个船舶探空站,在1300个探空站中包括900个全球资料交换站和400个非全球资料交换站,绝大多数位于亚洲、欧洲和北美洲。

在地基探测方面,美国、加拿大、澳大利亚、日本、印度、印度尼西亚等多个国家和欧洲依托SCOSTEP等国际组织,联合建立了数十个MST雷达、流星雷达、中频雷达、激光雷达、被动光学中高层大气综合观测站。日本气象局和几所高校联合建立了由MU雷达、MST雷达和流星雷达组成的中高层大气监测网。德国、挪威、俄罗斯等也建有多台套激光雷达、被动光学设备、流星雷达和中频雷达。

2) 综合站监测能力

临近空间地基探测台站一般都会综合利用无线电雷达、激光雷达、被动光学甚至火箭探空等方法,业务化或准业务化地开展临近空间多要素环境的实时监测,长期积累区域临近空间环境数据。例如,挪威安多亚(Andoya)火箭发射基地下属的Alomar观测站就集中了大量地基临近空间环境探测设备(表5-7),实现了10～100km大气温度、密度、风场,以及臭氧、气辉、流星通量等多环境要素的实时准业务化监测,并长期与探空火箭开展联合观测。国际上比较知名的临近空间地基综合台站还有澳大利亚的Buckland Park台站、日本在南极地区的Syowa台站、法国的Haute Provence台站、印度的Gadanki台站、美国的Poker Flat台站和Bear Lake台站等。

表5-7 Alomar 观测站地基临近空间环境探测设备列表

序号	设 备 名 称	探测能力和指标
1	拉曼-米-瑞利激光雷达	10～100km;大气温度、密度,10～80km大气水平风场
2	臭氧激光雷达	8～55km;臭氧分布
3	铁荧光激光雷达	80～105km;大气温度
4	MST雷达	4～20km、50～100km;大气水平风场
5	MF雷达	50～100km;大气水平风场
6	流星雷达	80～100km;大气水平风场、流星通量

续表

序号	设 备 名 称	探测能力和指标
7	全天空气辉成像仪	约 87km、约 96km；夜气辉全天空成像观测
8	中间层温度成像仪	约 90km；大气温度

3）全球监测能力

国外在临近空间天基探测方面非常注重卫星计划和探测载荷系列的发展和更新换代，以保证持续监测能力。目前，国际上专门用于临近空间大气探测的卫星计划主要包括"SME""UARS""Odin""TIMED""AIM"等。此外，从 1960 年至今，搭载过临近空间环境探测载荷的卫星包括"Nimbus"系列气象实验卫星、"艾萨"（ESSA）卫星（共 9 颗）、"艾托斯"（ITOS）卫星（共 1 颗）、应用技术卫星（ATS）（地球同步气象卫星，共 5 颗）、欧空局的"Odin"卫星和"ENVISAT"卫星、日本的"GOSAT"卫星、巴西的"Lattes"卫星、美国的"OCO-2"卫星、"NPP"卫星、"AURA"卫星等，各卫星的主要情况见表 5-8。

表 5-8　探测临近空间大气的卫星计划和载荷一览表

探测卫星/ 国家（组织）/时间	主要载荷	观测方式/ 波段（通道）	测量参数/垂直范围
太阳-地球中层大气探测器（SME） 美国 1981.10.06— 1989.04.14	紫外臭氧光谱仪 1.27μm 光谱仪 NO_2 光谱仪 4 通道红外辐射计	中间层测量采用临边扫描	中间层 O_3、NO_2、H_2O； 50～80km
高层大气研究卫星（UARS） 美国 1991.09.12— 2005.12.14	改进的平流层和中层探测器	临边测量地球方向的热红外辐射	温度和一些成分（CO、H_2O、CH_4、O_3、HNO_3、N_2O_5、NO_2、N_2O 和气溶胶散射系数）的垂直廓线；15～80km
	微波临边探测器	临边扫描测量大气微波热辐射	大气成分、温度和冰云的垂直廓线，地面～90km
	低温临边阵列标准光谱仪	临边测量 10～60km 的红外热辐射，谱段为 3.5～12.9μm	温度廓线、臭氧、甲烷、水汽、N_2O 及其他痕量气体（包括 CFCs）的浓度；平流层气溶胶的水平与垂直分布，垂直分辨率为 2.5km；10～60km

续表

探测卫星/ 国家（组织）/时间	主要载荷	观测方式/ 波段（通道）	测量参数/垂直范围
高层大气研究卫星（UARS） 美国 1991.09.12— 2005.12.14	卤素掩星实验	太阳掩星	O_3、HCl、HF、CH_4、H_2O、NO、NO_2、温度廓线； 4 波段气溶胶参数廓线； 垂直分辨率 1.6km； 大气掩星：15～60km； 电离层掩星：15～130km
	高分辨率多普勒成像仪	临边测量大气分子氧及其他成分的辐射和吸收线	风速风向； 20～110km
	风成像干涉仪	临边多普勒相干技术测量气辉光谱漂移	风速风向； 80～300km
"奥丁"卫星（Odin） 欧空局 2001.02.20 至今	亚毫米与毫米波接收机	临边观测大气层	O_3、NO_2、OClO、HNO_3、NO、N_2O、O_4 等； 15～120km
	"Odin"光谱仪与红外成像系统	临边观测大气层	O_3、NO_2、OClO、HNO_3、NO、N_2O、O_4 等气溶胶； 15～120km
"TIMED"卫星 美国 2001.12.07 至今	全球紫外成像仪	临边扫描远紫外光	大气成分和温度； 60～180km
	利用宽带发射辐射计的大气廓线测量仪	临边扫描多通道红外辐射计	温度和基本成分（如 O_3、H_2O、CO_2、N_2 和 H_2）； 60～180km
	太阳极紫外实验	对太阳和太阳掩星	太阳紫外辐射,包括软 X 射线、极紫外和远紫外辐射
	"TIMED"多普勒干涉仪	临边探测（同 HRDI）	风和温度； 60～180km

续表

探测卫星/ 国家（组织）/时间	主要载荷	观测方式/ 波段（通道）	测量参数/垂直范围
"AIM"卫星 美国 2007.04.25 至今	云层成像和粒子尺度仪	在 16 个谱段利用太阳掩星的方式	测量大气温度、H_2O、OH、CH_4、O_3、CO_2、NO、气溶胶和 PMC 等参数
	冰层太阳掩星实验仪	成像观测（视场角 $120°×80°$），包括 4 个同样的照相机	提供 PMCs 的图像，包括 PMCs 的形态，以及云粒子的尺寸和云出现的时间和地点。CIPS 也测量 50km 附近的背景瑞利散射来获取重力波活动的信息
	宇宙尘实验	流星	记录进入中间层的尘埃
"GOLD"卫星 美国 2018.01.25 至今	双通道高分辨远紫外成像光谱仪	日面临边探测热层大气中的 N_2，星光掩星探测 O_2 成分	从 GEO 轨道探测西半球电离层和热层大气温度及 N_2、O_2 中性成分分布
"ICON"卫星 美国 2019.10	迈克尔逊成像干涉仪	临边测量临近空间大气温度和风场	大气温度、风速风向 $80\sim300km$

国外临近空间天基探测主要利用高倾角（$55°\sim100°$）LEO 卫星平台，采用临边遥感的方式，获取临近空间的大气成分垂直分布和大气温度、密度、风场等参数廓线。例如，美国的"AURA"卫星就是一颗高倾角的 LEO 卫星，轨道高度为 705km，轨道倾角为 $98°$。图 5-9 为"AURA"卫星上的微波临边探测器（microwave limb sounder，MLS）获取数据的全球分布图。利用接近极轨的高倾角轨道优势，MLS 数据的纬度覆盖范围为 $-82°\sim82°$，经度覆盖范围为全球。

1982 年发射的"DE-2"卫星上携带了一台法布里-珀罗干涉仪（Fabry-Pérot interferometer，FPI），它首次实现了高层大气风场的卫星测量。1991 年 9 月，美国在"URAS"卫星上搭载了两台用于大气风场和温度场探测的高分辨率多普勒成像仪（high resolution Doppler imager，HRDI）。HRDI 采用了三个串联的平面标准具测量太阳散射光的吸收线和气辉发射线。美国进一步开发研制了新一代的高分辨率法布里-珀罗干涉式光谱成像仪（TIMED Doppler interferometer，TIDI），并于 2001 年 12 月成功搭载于

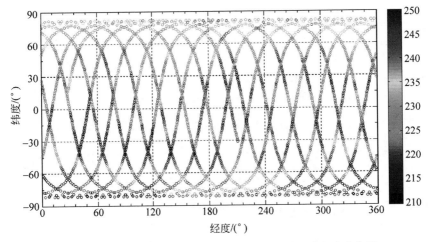

图 5-9　2016 年 4 月 22 日"AURA"卫星 MLS 数据的全球分布图

"TIMED"卫星上,实现了日夜间风场的快速测量和中高层大气风场、温度和大气微量成分的同时测量。TIDI 采用的数据反演算法比以往的测风干涉仪更复杂,考虑了多种协同探测结果,测量精度达 3m/s。

"GPS-LEO"掩星探测指在低轨卫星上加装 GPS 接收机,利用 GPS-LEO 无线电掩星技术探测地球大气。美国通过 1995 年 4 月 3 日发射的"Microlab-1"卫星进行了 GPS 掩星探测的概念验证并取得成功。随后,丹麦、南非、阿根廷、德国、澳大利亚先后发射了"Orsted""Sunsat""SAC-C""CHAMP""GRACE""FEDSAT"等卫星,开展了 GPS 掩星探测地球大气的实验和研究。美国和中国台湾地区合作,于 2006 年 4 月 15 日发射了由 6 颗 LEO 卫星组成的"COSMIC"星座,进行 GPS 掩星星座业务探测实验。欧洲于 2006 年 10 月 19 日发射了第一颗业务极轨气象卫星"METOP",装载了用于掩星探测地球大气的 GRAS 掩星接收机。

此外,美国、欧洲等国家和地区还大力发展 GNSS-LEO 掩星技术用于临近空间大气和电离层环境探测,详见表 5-9。

表 5-9　GPS-LEO 掩星探测计划一览表

卫星名称	国家/组织	发射时间	轨道高度/km	轨道倾角	接收机	说明
MicroLab-1	美国	1995.4.3	775	70°	TurboRogue/JPL 提供	全球第一颗概念验证卫星
Orsted	丹麦	1999.2.23	852	98.74°	TurboRogue/JPL 提供	概念验证卫星

续表

卫星名称	国家/组织	发射时间	轨道高度/km	轨道倾角	接收机	说明
SunSat	南非	1999.2.23	852	98.74°	TurboRogue/JPL 提供	科学实验卫星
CHAMP	德国	2000.7.15	454	87°	BlackJack/JPL 提供	主要用于固体地球研究
SAC-C	阿根廷	2000.11.21	702	98.2°	BlackJack/JPL 提供	多用途卫星
IOX	英国、美国	2001.9	800	67°		
PICOSat	美国	2001.9	800	67°		
GRACE	德国、美国	2002.3.17	485	89°	BlackJack/JPL 提供	2 颗卫星
FedSat	澳大利亚	2002.12.14	800	98.7°	BlackJack/JPL 提供	科学实验卫星
COSMIC	美国	2006.4.15	800	72°	BlackJack 改进型/JPL 提供	6 颗卫星，业务运行
METOP-A	欧空局	2006.10.19 2011,2015	840	98.8°	GRAS,瑞典爱立信公司研制	3 颗，欧洲业务极轨卫星
TerraSAR-X	德国	2007.6	514	97.44°	IGOR/JPL 提供	
EQUARS	巴西	原计划 2011	750	20°	BlackJack 改进型/JPL 提供	主要观测赤道周围热带地区
OCEANSAT-2	印度	2009	720	98°	意大利掩星接收机	印度和意大利合作
ACE+	欧空局	原计划 2008	650 850	90°	GRAS+/欧空局	4 颗卫星，业务实验
COSMIC-Ⅱ	美国、中国台湾地区	2013—2014	800	8 颗 72° 4 颗 24°	IGOR/JPL 提供	12 颗卫星
CICERO	美国	2011—2013	750	18 颗 72° 6 颗极轨	IGOR+	18～24 颗卫星
METOP-C	欧空局	2015	837	98.73°	GRAS/欧空局	
Meter-MN3	俄罗斯	2015	830	98.77°	Radiomet/俄罗斯 ROSKOSMOS	

2. 临近空间环境预报预警

1) 状态模型

为统一大气标准,美国 1962 年就开始推出标准大气模型,结合探测数据和物理规律,其发布了 USSA-1976 版标准大气模型并沿用至今。

为满足航天活动对大气模型高精度的需求,国外不断发展参考大气模型。扩充资料来源,改进建模技术,提高模型数据精度是国外大气模式的发展趋势,尤其是加入各个站点的高精度探测数据。国际空间研究组织推出 CIRA 系列参考大气模型并不断更新。美国也不断发布和更新 Jacchia/MSIS/GRAM 等系列的参考大气模型。

除了全球模式外,区域模式和分段单站模式的发展也得到重视,例如,美国在 20 世纪执行了多次空间飞行器探测任务,获取了大量数据用于区域建模。相关的航天发射基地也形成了各自的区域参考大气。

2) 数值模式和预报

在数值预报技术上,美国国家环境预报中心(National Centers for Environmental Prediction,NCEP)的全球预测系统(Global Forecast System,GFS)的预报高度可达 0.1hPa(约 55km)。美国海军研究实验室将其海军业务化全球大气预报系统(Navy Operational Global Atmospheric Prediction System,NOGAPS)和美国国防部高分辨率数值天气预报系统的预报垂直高度从 30km 扩展到 100km。欧洲中期天气预报中心(European Centre for Medium-Range Weather Forecasts,ECMWF)发展了全球中期数值预报模式,其在 2010 年就已发展到 1279 波、垂直分为 91 层、最高层可达 0.01hPa(约 80km)的水平。不过上述预报结果在 0~30km 的高度范围内比较可信,30km 以上的预报结果仅供参考。

临近空间大气环境预报的趋势为注重发展平流层、中间层、热层大气的光化学模式和环流模式,重视利用中高层大气观测资料同化技术,以形成较完善的临近空间大气的数值预报技术系统。

5.3 太空环境态势融合现状

5.3.1 态势信息融合

太空环境态势感知是太空态势感知的重要组成部分,随着人类航天活动的发展,掌握太空环境状态、甄别人工与自然诱因、识别航天员出舱风险等已成为太空态势感知的重要内容。如何生成有效的太空环境态势信息,

并融入航天活动的各个阶段,是太空活动安全的重要组成之一。美国在
2009 年版的《太空作战》条令中强调了太空环境感知的重要性。2013 年 5
月 29 日,美国参谋长联席会议联会颁布《太空作战》联合条令(JP3-14),明
确要求太空环境数据必须融入太空态势感知系统,使联合作战部队能确定
环境因素对双方部队和设备系统的影响,并在太空态势感知任务中强调做
好环境威胁预警和评估(TW&A);强调在太空信息支援任务中做好环境
监测支持作战联合,强调太空控制任务中的防御性太空控制需要天基环境
监测和扰动识别;强调在灾害性空间天气应对中的军地协同。2018 年 4 月
10 日,美国参谋长联席会议联会颁布了新版的《太空作战》联合条令,进一
步明确了为联合部队提供太空环境态势感知的职责和任务。并在后续版本
的空间天气战略计划、规划等文件中予以明确,太空环境态势信息已成为美
国太空情报的一维重要信息。

5.3.2 态势图技术

1. 太空环境的显示

太空环境是各种太空实体(航天器等)所处的背景环境,其天域广、环境
要素多、扰动复杂,完整显示比较困难。太空环境中的大气层一般在 20km
以上,而高度大约为 20km 以下的大气层对太阳光有较强的散射作用,因此
利用自然光和大气成分的交互作用可以绘制具有高度真实感的大气效果。
在绘制过程中,尽量不涉及大气层的密度分布建模,以快速实现对这种自然
环境分布状态的可视化表达。绘制的大气层效果如图 5-10 所示。

电磁环境包括地球磁场、电离层、太空高能带电粒子,以及太阳电磁辐
射和地球辐射。地球磁场主要以磁力线来表示,通过计算结果的运动趋势
来动态绘制,如图 5-11 所示。电离层的显示要将模型计算的结果利用纹理
映射方式贴于地球某一高度表面,如图 5-12 所示。地球辐射带是一种环状
包围结构,可以结合 Billboarding 技术的纹理映射来实现,如图 5-13 所示。

图 5-10　大气层效果图

图 5-11　地磁场效果图

图 5-12　电离层效果图

图 5-13　地球辐射带效果图

冲击环境包括自然界产生的微流星和人类活动产生的太空碎片,后者为目前冲击环境关注的重点。太空碎片可以按照太空碎片的轨道位置来显示,以点状目标(如圆球、正方体块、四角圆锥等)绘制,可以控制的参数包括碎片显示的大小、颜色,危险程度等级较高的碎片可以用闪烁等动态方式来绘制。

其中,二维曲线显示了某种太空环境要素的属性随时间、太空或活动指数的变化趋势,能够对图形进行自由缩放和属性定义,显示了太空环境某种属性的等值线;既可以根据需要动态改变等值线的取样间隔,也可以利用体可视化技术提供某一时间、时刻的全局环境信息。

2. 地面实体的显示

1) 地面实体的几何绘制

可以利用建模工具如 3DMAX、Multigen Creator 等对地面实体进行建模,以通用三维模型文件输出,这样在进行三维场景的显示时,就可直接导入模型文件。由于该模型是在统一的太空基准坐标系上建立的,导入后能准确地融入整个场景中。也可以利用面向对象的方法,从低层设计着手构建几何模型,这种方法能够简单地通过程序自主控制实体。

2) 地面实体的功能绘制

在实体模型中,部分构件的行为(如雷达的俯仰、转动等动作)可以在建模的过程中预留部件的动作定义,在场景中根据指控中心的指令进行几何变换,以实现对各种动作行为的描述,目标的闪烁表示受到软(信息)攻击的情况,闪烁的频率表示攻击的强弱;目标变暗或者变黑的程度表示实体的摧毁等级。

① 控制中心的功能绘制

针对信息处理功能模拟,可以用线条表示指控中心接收、发送命令时的动作。例如,运动箭头表示信息的流向、线条的颜色表示指令的类型、线条的粗细表示指令的重要性或者内容的多少、线条的虚实表示能力的有无、线条闪烁表示链路是否受到攻击、线条时断时续的频率表示受到攻击的频次等。

② 监测站的功能绘制

监测站分为固定站和机动站。其中,机动站包括陆上机动站(如汽车机动站和集装箱式机动站)、监测船和监测飞机。根据监测站任务的特点,还需利用其他方式来表达其测控能力。雷达的测控范围可以用以雷达的位置为顶点、探测半径为底面半径的透明倒圆锥来表示;整个监测站的测控范围可以用以监测站位置为底面中心,以监测半径为底面半径,以监测距离为高度的透明圆台来表示;同时可以利用面的推扫来表示雷达的指向变化。监测站的功能绘制示意图如图 5-14 所示。

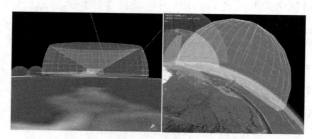

图 5-14　监测站的功能绘制示意图

3. 太空实体及其信息的显示

太空实体同样可以利用建模工具如 3dMAX、Multigen Creator 等进行建模,以通用三维模型文件输出,这样在进行三维场景的显示时,就可直接导入模型文件。由于该模型是在统一的太空基准坐标系上建立的,因此导入后能准确地融入整个场景。

也可以利用面向对象的方法从低层出发,设计和构建几何模型。这种方法能够简单地通过程序自主控制实体,太空实体基本属性绘制的具体做法为,轨道用轨道数据的连线表示;太空实体的姿态控制由控制中心发送指令,通过太空实体相对于自身坐标系的旋转来实现。

4. 星空背景显示

利用 STK(Satellite Tool Kit)软件所提供的恒星数据库,在 J2000 坐标系下根据恒星的赤经、赤纬和视星等来绘制星空背景。由于绘制恒星的参数均可以从恒星数据库中获得,系统的计算量大大减少,实时性增强。同时,恒星运行速度的量级为 10^{-3} arc second/year(弧度秒/年),在场景漫游中,恒星的运动基本可以忽略不计。星空背景的效果图如图 5-15 所示。

图 5-15　星空背景的效果图

5.4　太空环境感知趋势

太空监视能力已成为国家安全的重要基石。当前,频繁的太空发射和太空活动使太空日益拥挤、各国航天器的对抗逐渐强烈,太空环境已成为构成国家太空安全的重要一环。

围绕太空安全的环境感知正由常规气象保障向感知、应用一体化的模式发展,感知范围由空间天气向多维太空环境发展,监测模式由重要点位探测向全天域、全要素发展,预警预报由宏观向局部精细化发展,关注对象由太阳风暴向人工与自然混杂环境甄别等发展,影响评估由共性向个性发展,环境运用由天气参考向环境影响修正和主动利用方向发展,态势信息由文图曲线向态势图方向发展。

太空环境感知以聚焦典型运用为牵引,融合数智模型、高分辨率探测等手段,在全维智能感知、建用深度融合等方面效果显著。

5.4.1　感知维度不断拓展

随着人类活动空域和活动方式的不断拓展,对全维感知和迅即识别的要求越来越高,主要体现在感知要素增加、维度拓展和量程拓宽等方面。发展宽量程、高分辨率、多参数组的探测是能力建设的关键。

1. 感知要素增加

随着太空拥挤度和竞争性的增加,诸多太空环境要素逐渐进入关注视野,除常规认知的太空辐射、电离层外,太空大气、太空声光背景、电磁辐射和微小碎片等也逐渐进入环境感知范畴。对太空环境要素危害程度的认识也在不断加深,如低轨道航天器/目标/碎片运行在大气环境,地磁暴、太阳辐射、主动加热等均会导致太空轨道大气密度急剧增加,影响空间飞行器的轨道预测和轨道寿命,严重时可导致目标监视失锁。例如,1989 年 3 月发生的太阳风暴使高度为 800km 的大气密度增加约 9 倍,大量目标需轨道维持,美国弹道导弹防御中心的空间目标数据库有几千个目标需要重新搜索定位,新发射飞行物的跟踪辨认困难。2000 年 7 月发生的太阳活动"巴士底日"事件,使国际空间站轨道下降 15km。2003 年 10 月发生的"万圣节"事件,使某飞船的轨道每天下降 2km。2022 年的小磁暴导致低轨大气密度增加,使美国近 40 颗"星链"卫星坠毁。相比太空大气而言,临近空间大气更容易受到干扰,扰动威胁着飞行器的气动参数,严重时甚至会烧毁飞行器。如美国的"太阳神"(Helios)原型机在低空通常以 30～43km/h 的速度飞行,但在高空中能达到 274km/h,由于飞行中缺乏及时有效的临近太空环境预报信息,难以规避前方大气湍流区域,导致飞行器解体并坠毁。同时,由磁暴诱发的太空环境中的极光、气辉、红闪、蓝急流等大气发光现象也会引起天基地基望远镜成像图像质量下降,进而影响太空高分辨率成像等活动。

2. 感知维度拓展

常规空间天气领域多立足日地拉格朗日点、地球静止轨道等重要点位的探测数据,驱动相关物理模型,生成预警预报信息。这种模式在感知宏观尺度空间天气信息方面比较适用,但精细化分辨能力较差,难以满足电离层微扰甄别、卫星辐射差异化风险预警等需要。因此,急需发展高时效、高分辨能力的太空环境多维感知能力,并依托规模化探测、数据同化、数值孪生等手段,生成多维感知信息,提升局部天域、轨道等精细化微扰感知能力,并将态势信息融入运用实践。

以电离层活动感知为例,应在常规空间天气领域多关注电离层出现电离层暴、电离层闪烁、电离层突扰等现象及其影响,定性评估太空环境事件对雷达、导航等的影响,并生成预警预报信息,支撑应对灾害性空间天气事件,目前,其业务范畴不涉及导航、雷达等系统电离层修正参量的生成、不涉及电离层主动干扰识别、也不涉及电离层微扰信息反演地震、航天发射等太空活动的监视应用等,而这些正是未来太空环境感知领域所重点关注的能力。

3. 探测量程拓宽

常规空间天气领域所关注的参量探测范围有限,难以满足太空环境精细化感知的需求。以卫星深层充电驱动源高能电子为例,目前业务系统多以大于或等于 2MeV 的高能电子的通量变化来进行卫星深层充电风险预警。而随着微小型元件、立方体卫星、高集成电路、商业卫星等的发展,实际上低于 2MeV 能量的电子也能诱发卫星出现深层充电故障,关注的能量范围需向下拓展。随着卫星个体差异和精细化预警的需求,对高可靠性、高分辨率、高灵敏度、多方向、宽能量覆盖等的需求越发旺盛。在高分辨率探测中,需处理好不同类型粒子间的相互干扰,为保证效应分析的精确度,需提升粒子种类鉴别能力,支撑扰动源项的精准甄别。

4. 新手段发展迅速

围绕太空环境微扰信息识别、人工与自然环境甄别、规模化搭载等新需求,探测载荷的高集成、低噪声、大动态范围、轻小型和低成本等成为发展趋势。同时,在配套的信息处理手段中,对大数据同化、人工智能、数字孪生等的需求越发显著。

5.4.2　人影甄别运用融合

由于太空具有天域广、空域开放、环境扰动复杂等特点,卫星的运行环境易受人为干扰。同时,太空环境可与卫星发生种种效应,引起卫星损坏或失效。评估太空环境对卫星的影响并区分卫星故障诱因,已成为美国 SWOC 等环境部门的重要任务。2009 年,美国参谋长联席会议颁布了新版的《太空作战》条令,将应对太空环境主动干扰作为重要的内容,予以优先发展,并在历次版本修订中不断强调其重要性。以美国 DARPA、欧洲 EISCAT 等为代表的研究力量,围绕电离层主动干扰开展了大量研究,在人工电离层、人工辐射带、太空粒子束干扰、高空核事件监视等领域具有较好的发展潜力。下面重点介绍在人工电离层领域在人工辐射带领域的情况。

1) 在人工电离层领域

通过对自然电离层观测研究和早期高空核事件实验发现,科学家们提出了人工调控电离层的设想。经过多年探索与实践,已发展形成三种人工调控电离层技术:一是能量注入,即向电离层发射大功率高频电波;二是物质释放,即向电离层中释放特定物质;三是物质与能量联合注入,如高空核事件。从技术基础、环境可恢复性和实验可重复性等方面综合考虑,能量注入(又称"电离层加热")已成为人工调控电离层的主要技术途径。

2) 在人工辐射带领域

近地空间内束缚着大量的质子和电子及其内外辐射带等,受地磁场扰动等影响,其处于时刻变化的状态,影响着在轨卫星的安全。例如,高能电子易诱发航天器出现内带电故障；高能质子易诱发航天器出现单粒子故障；辐射带粒子的沉降也会影响电离层、大气层的电化学与物理特性，对星地链路、通信导航、雷达运行、精密测定轨等带来影响。国外关于人工影响辐射带的研究已进入初步的实验论证与效能评估阶段。例如，法国的"DEMETER"卫星的利用地基甚高频天线阵向磁层空间注入低频波，调整辐射带粒子分布；美国的"DSX"卫星开展了在轨主动发射低频波对辐射带能量粒子进行调制等实验。

5.4.3 多方合作资源共享

太空环境感知涵盖了太阳、行星际、磁层、电离层和太空大气等自然环境要素，同时包含了高空核事件等主动环境干扰监测，需以高时空分辨率、精细化的探测数据为支撑，以诸多大型模型为手段，并融合海量大数据，并进行多方合作与资源共享。美国在多方资源融合、国际合作和任务协同方面优势显著，如 SWPC、NASA 戈达德空间飞行中心及 SWOC 的数据共享和信息互通，形成了以"GOES"系列、"GOES-R"、"ACE"、"DSCOVR"、"Voyager"卫星、"Geotail"卫星、"Wind"卫星为重点的监测网络，并搭载了上百台/套太空环境载荷，同时依托 GIG 网实现了数据的多方共享。在发展太空环境感知新技术的过程中，美国国防部支持约翰斯·霍普金斯大学发射"TIMED"卫星，验证电离层和高层大气天基监测新技术，如支持"GOLD"卫星研制，以开展临近空间环境实验等。

在美国太空环境领域军民融合体系建设和运行的过程中，通用太空环境预报等消息主要依托国家海洋和气象管理局的空间天气预报中心，其业务重点在于管理太空环境数据，并针对重要雷达、航天器的运行管理等特性，生成个性化的太空环境信息。

5.4.4 数字模型集成发展

太空环境技术复杂，有限的探测数据难以支撑全天域、精细化的太空环境状态感知和风险识别，需借助数字孪生、大数据等手段，构建急需的核心模型，发展个性化的预警预报技术，发展重点如下。

一是聚焦精细化太阳爆发活动和对地有效性监测预报，解决太阳爆发活动智能化特征信息提取和对地有效性评估等难题，着力发展太阳光球矢量磁场测量技术、太阳极紫外成像探测技术、太阳磁场与太阳风参量内边界识别技术、日冕物质抛射三维重构和对地有效性评估等技术，形成太阳活动和对地有效性数值化预报模型等。

二是发展磁层电离层热层扰动能量耦合和预报技术,解决磁层多环境参数监测建模难题,着力发展低噪声大动态范围粒子探测和辐射风险识别技术、在轨卫星内带电效应识别探测技术、无伸杆空间磁场搭载探测和反演技术、磁层顶穿越业务预报模式等,发展磁层动态环境同化模型等。

三是发展中低纬电离层不规则体结构高精度测量技术,解决电离层扰动监测预报难题,着力发展中低纬度电离层不规则体结构高精度测量技术、高纬度地区大尺度不均匀体精细探测技术、数字化全球三维电子密度建模技术等。

四是发展短临大气密度建模和预报技术,解决地磁扰动下全轨道大气密度的准确识别和短临预报难题,着力发展大气激光/GNSS掩星一体化探测技术、地磁暴期间大气密度扰动和模型修正技术、全球高层大气密度短临预报等技术,并在高精度临边探测和数值反演技术方面解决临近空间天基探测难题,构建全球高精度短临动态大气修正模型等。

五是发展太空环境风险评估和主动扰动识别技术,解决人工太空环境扰动和监测数据短缺的难题,着力发展太空环境主动干扰甄别和评估技术,并建立典型任务风险评估和预警模型等。与各运用部门的综合态势信息融合是发展的必然。

5.4.5 精细感知定向服务

高技术装备运行更依赖多维太空环境信息的支撑。随着微电子技术的发展,星载载荷等轻量化、高集成、低功耗的发展成为趋势,发展中的新技术在支持天基地基雷达、卫星、通信系统等更新换代的同时,也增加了其对太空辐射环境响应的敏感度,表现出更强的易扰性。

庞大太空资产的安全管控更需精细化环境的支撑。随着卫星的商业化、低成本、高集成趋势的发展,太空日益"拥挤",增加了太空交通安全和辐射风险应对的压力,精准的太空碰撞预警、卫星辐射风险规避、在轨异常迅即诊断等急需精细化的太空环境预警信息。由于在每次太空环境扰动事件中,太空环境参量的分布、强度、持续事件、关联要素等均表现出极强的差异性,卫星个体特征和运行状态也表现出较强的差异性,为卫星风险的准确感知带来了困难,多因素的相互印证十分必要。太空环境感知应在关注精细化环境信息的基础上,关联卫星状况、轨道特性等信息,发展多因素关联的融合预警方法,实现差异化预警。

5.4.6 综合态势生成模式

构建综合性的太空态势图是各航天大国的重要发展方向,态势图中通常融合太空环境和目标实体、空间信息、空间行动等要素,形成通用数据库和模型库,实时获取信息,并利用各种二维、三维图形图像、文字报表等可视化形式综合呈现太空态势信息,服务于太空态势信息运用。太空态势图是一个广义的概念,既包括平时空间目标分布、运行,空间环境等的状态和发展变化趋势信息,又包括电离加热扰动等人工活动信息,是一个高度综合的、具有多种表现形式的信息系统,推进太空环境信息融入综合态势信息是发展的必然。

在太空环境感知方面,应加强对太空自然环境的观测能力,掌握影响太空环境变化的主要因素与太空环境的变化规律,加强多来源太空环境数据的快速融合能力,提高太空自然环境观测和预报的精确度,同时提高太空环境数据快速处理能力和信息传输和应用能力。加强太空环境信息对通信、导航定位、航天器、侦察监视情报等应用系统影响的量化感知能力建设,以提高太空环境态势信息运用的针对性。

5.4.7 态势信息主动运用

发展围绕太空环境差异化预警、影响精准修正和太空活动反演等的运用技术,是感知的新驱动和能力发展的着力点。立足电离层等太空环境快视模型系统,使太空环境微扰识别成为可能。从扰动信息中提取能反演人类太空活动的指纹信息,是太空环境感知发展的新态势。同时,参照美国构建的 SEEFS 等诊断平台,服务相关典型的太空活动是后续太空环境感知的重要方向。

参考文献

[1] 刘培国.电磁环境基础[M].西安:西安电子科技大学出版社,2010.
[2] 刘海印,桐慧.美国空间态势感知装备发展重要动向及影响[J].国际太空,2015,7:47-51.
[3] CHEN Y,WU Y M,LIU X L. Optimal configuration analysis of electromagnetic environment load in Global Navigation Satellite System [C]//第五届航天技术创新国际会议论文集.[出版地不详:出版者不详],2013.
[4] 石荣,张伟.研发微纳电子侦察卫星面临的挑战与思考[J].航天电子对抗,2015,4:1-4.

[5] 王宇光,蒋盘林.机载信号情报侦察系统面临的挑战及发展趋势[J].通信对抗, 2015,6:1-6.

[6] 段锋.临近空间飞行器现状与发展[J].航空科学技术,2007,6:22-25.

[7] 贺欢.空间环境可视化关键技术研究[D].北京:中国科学院空间科学与应用研究中心,2009.

[8] NOAA. A Profile of Space Weather[R/OL].[2022-03-18].http://www.swpc.noaa.gov.

[9] 胡洪波,郭徽东.通用作战态势图的构成与实现方法[J].指挥控制与仿真,2006, 28(5):28-32.

[10] 胡校飞,周杨,李鹏飞,等.基于移动平台的空间环境仿真技术研究[J].系统仿真学报,2016,28(9):2017-2022.

[11] SANYAL J,ZHANG S,DYER J. Noodles:A tool for visualization of numerical weather model ensemble uncertainty[J]. IEEE Transactions on Visualization and Computer Graphics,2010,16(6):1421-1430.

[12] THE BELGIAN INSTITUTE FOR SPACE AERONOMY. The Space Environment Information System[EB/OL].(2013-10-04)[2014-07-06].http://www.spenvis. oma.be/models.php.

[13] ALEXANDER B,ASHER P. Visual verification of space weather ensemble simulations[C]//IEEE Scientific Visualization Conference.[S. l.:s. n.],2015: 17-24.

[14] KOPP D M,METTENHEIM H J,BREITNER M H. Decision analytics with heatmap visualization for multi-step ensemble data[J]. Business & Information Systems Engineering,2014,6(3):131-140.

[15] 王鹏,徐青,李建胜.近地空间环境要素三维建模与可视化仿真研究[J].系统仿真学报,2005,17(12):2957-2960.

[16] 蓝朝桢.近地空间环境三维建模与可视化[D].郑州:信息工程大学,2005.

[17] XAPSOS M. The living with a star space environment testbed experiments[C]// Single event effects (SEE) symposium and the military and aerospace programmable logic devices (MAPLD) Workshop.[S. l.:s. n.],2014.

[18] 黎芳芳,姜秀杰,刘成,等.空间天气模式集成可视化演示软件设计[J].空间科学学报,2012,32(2):245-250.

[19] 方冰,宦国杨,吴畏,等.空天地一体三维态势显示系统应用[J].指挥信息系统与技术,2015,6(2):76-81.

[20] 张海英,赵永平,李鹏.卫星空间环境效应评估可视化应用技术探索[J].航天器环境工程,2010,27(3):364-366.

[21] 施群山,蓝朝桢,周杨,等.基于过程的空间环境数据模型[J].测绘科学,2015, 40(9):23-28.

[22] 姚好海,张权,何锡玉,等.澳大利亚空间天气研究概况[J].科技创新导报, 2012(17):8-10.

[23] 魏奉思.关于我国空间天气保障能力发展战略的一些思考[J].气象科技进展,

2011,1(4)：53-57.

[24] 郭建广,张效信.国际上的空间天气计划与活动[J].气象科技进展,2011,1(4)：18-25.

[25] 国家空间天气监测预警中心——武汉电离层监测技术研发中心[J].中南民族大学学报(自然科学版),2010,29(2)：2.

[26] 肖建军,龚建村.国外空间天气保障能力建设及对我国的启示[J].航天器环境工程,2015,32(1)：9-13.

[27] 张贵银,陈世敏,崔宏光,等.军事活动与空间天气[J].中国科学：数学,2000,(S1)：25-29.

[28] 汤克云,焦维新,彭丰林,等.空间天气对技术系统和现代战争的影响[J].中国科学：数学,2000(S1)：35-38.

[29] 贾朋群.空间天气发展时间简表[J].气象科技进展,2011,1(4)：60-61.

[30] 汪景琇,季海生.空间天气驱动源——太阳风暴研究[J].中国科学：地球科学,2013,43(6)：883-911.

[31] 呼延奇,蔡震波.空间天气事件对航天器的影响[J].气象科技进展,2011,1(4)：13-17.

[32] 魏奉思.空间天气学[J].地球物理学进展,1999(S1)：1-7.

[33] 空间天气学国家重点实验室[J].空间科学学报,2017,37(4)：508-509.

[34] 王水.空间天气研究的主要科学问题[J].中国科学技术大学学报,2007(8)：807-812.

[35] 吕建永,杨亚芬,杜丹,等.空间天气研究进展[J].气象科技进展,2011,1(4)：26-36.

[36] 陶勇,高增勇.空间天气与导弹设备作战[J].中国科学：数学,2000(S1)：30-34.

[37] 陆全明.空间物理和空间天气学[J].科学通报,2011,56(7)：447.

[38] 王海名.欧美将合作建立增强型空间天气预报系统[J].空间科学学报,2019,39(5)：566.

[39] 岳桢干.欧洲空间局正在开发空间天气预警网络[J].红外,2015,36(12)：48.

[40] 方成.蓬勃发展的空间天气学[J].科技潮,2004(6)：30-31.

[41] 刘四清,罗冰显.全球空间天气路线图及对中国的启示[J].空间科学学报,2019,39(3)：275-282.

[42] 方成.新兴的交叉学科——空间天气学[J].江苏科技信息,2006(1)：1-4.

[43] 中国科学院空间科学与应用研究中心空间天气学国家重点实验室[J].中国科学院院刊,2007(4)：341-342.

[44] 王水,魏奉思.中国空间天气研究进展[J].地球物理学进展,2007(4)：1025-1029.

[45] 王劲松.中国气象局的空间天气业务[J].气象科技进展,2011,1(4)：6-12.

[46] WILKINSON P. Space weather studies in Australia[J]. Space Weather,2009,7(S06002)：1-6.

[47] LAM H L. From early exploration to space weather forecasts：Canada's geomagnetic

odyssey[J]. Space Weather,2011,9(S05004): 1-5.

[48] GONZALEZ-ESPARZA J A,LUZ V,CORONA-ROMERO P,et al. Mexican space weather service(SCIESMEX)[J]. Space Weather-the International Journal of Rescarh &. Applications,2017,15: 3-11.

[49] BAUMGARDNER J. Imaging space weather over Europe[J]. Space Weather, 2013,11: 69-78.

[50] CHRISTINA P, MARCO A, ALESSANDRO B, et al. Current state and perspectives of space weather science in Italy[J]. Journal of Space Weather and Space Climate,2020,10(6): 1-51.

[51] ONSAGER T. Advancing space weather services through international coordination[J]. Space Weather,2012,10,S04004: 1-4.

[52] BOGDAN T J,ONSAGER T G. New space weather activities in the World Meteorological Organization[J]. Space Weather,2010,8,S10004: 1-2.

[53] MANN I R,PIPPO S,OPGENOORTH H J. International collaboration within the United Nations Committee on the Peaceful Uses of Outer Space: Framework for international space weather services (2018—2030) [J]. Space Weather,2018, 16: 428-433.

[54] WILLIAMSON S P, BONADONNA M F. Unified national space weather capability (UNSWC) established[J]. Space Weather,2013,11: 211.

[55] LANZEROTTI L J. Unified national space weather capability [J]. Space Weather,2013,11: 387.

[56] GUHATHAKURTA M,DAVILA J M,GOPALSWAMY N. The international space weather initiative (ISWI) [J]. Space Weather,2013,11: 327-329.

[57] AHN B H. South Korea's renewed focus on space weather[J]. Space Weather, 2011,9(S10010): 1-5.

[58] LIU S,GONG J. Operational space weather services in National Space Science Center of Chinese Academy of Sciences[J]. Space Weather,2015,13: 599-605.

[59] NISHIDA A. The rise of space weather research in Japan[J]. Space Weather, 2010,8(S04001): 1-4.

[60] ISHII M. Japanese space weather research activities[J]. Space Weather,2017,15: 26-35.

[61] NAGATSUMA T. New ages of operational space weather forecast in Japan[J]. Space Weather,2013,11: 207-210.

[62] AFNAN T,MUHAMMAD A A,MADEEHA T,et al. Evolution of the Pakistan Space Weather Center (PSWC) [J]. History of GEO-and Space Sciences,2020, 11: 123-133.

[63] KUMAR M. ESA soon to unveil space weather services[J]. Space Weather,2010, 8(S10005): 1-2.

[64] POEDTS S, KOCHANOV A, LANI A, et al. The Virtual Space Weather

Modelling Centre[J]. Journal of Space Weather Space Clim. 2020,10(14): 1-23.

[65] UBEROI C. Geomagnetic storms over India: A close look at historic space weather at Mumbai[J]. Space Weather,2011,9(S08005): 1-2.

[66] BHARDWAJ A,PANT T K,CHOUDHARY R K,et al. Space weather research: Indian perspective[J]. Space Weather,2016,14(12): 1082-1094.